After Effects CC
中文版超级学习手册

程明才 编著

人民邮电出版社
北京

图书在版编目（CIP）数据

After Effects CC中文版超级学习手册 / 程明才编
著. -- 北京 : 人民邮电出版社，2014.7（2018.8重印）
ISBN 978-7-115-35429-7

Ⅰ. ①A… Ⅱ. ①程… Ⅲ. ①图象处理软件—手册
Ⅳ. ①TP391.41-62

中国版本图书馆CIP数据核字(2014)第094525号

内 容 提 要

本书是 Adobe 公司首次推出的 After Effects CC 中文版的学习用书，是一本知识点覆盖全面的使用手册，更是作者十多年行业实践与新版软件结合的实战型教程。

全书划分 22 章进行系统教学，从初识 After Effects CC 到各类专项应用，由入门到进阶，各章节均由理论、操作和实例三部分组成，提倡"先学合成，后学效果"，引领读者高效率学习，掌握实用知识点，并尽早投入工作实战。

本书绝大部分实例均采用高清制作，既可以作为自学教材，又可以作为专业教学参考书。随书附带一张 DVD9 光盘，提供约 4GB 的项目源文件及素材，5 小时的密集操作视频讲解，以及方便读者快速预览本书实例效果的迷你书文件（读者可以从出版社官方网站 www.ptpress.com.cn/resources.aspx 下载）。

◆ 编　著　程明才
　　责任编辑　王峰松
　　责任印制　彭志环　杨林杰
◆ 人民邮电出版社出版发行　　北京市丰台区成寿寺路 11 号
　　邮编 100164　电子邮件 315@ptpress.com.cn
　　网址 http://www.ptpress.com.cn
　　北京市雅迪彩色印刷有限公司印刷
◆ 开本：787×1092　1/16
　　印张：26.75
　　字数：817 千字　　　　　　　　2014 年 7 月第 1 版
　　印数：28 401–29 900 册　　　　2018 年 8 月北京第17次印刷

定价：99.00 元（附光盘）

读者服务热线：(010)81055410　印装质量热线：(010)81055316
反盗版热线：(010)81055315

前言

After Effects 是当前最主流的视频合成和效果制作软件之一，也是视频制作人员和相关专业师生需要学习和使用的常用软件之一。从哪学起，以及如何更好地学习 After Effects 是众多初学者共同关心的问题。

一、如何选择合适的版本

在选择某一合适的 After Effects 版本之前，先来了解一下以下相关事项。

1．After Effects 有 32 位与 64 位之分

当前的 Windows 系统平台分为 32 位和 64 位，After Effects 7.0、CS3、CS4 为 32 位系统下的版本，对当前主流硬件利用率低，After Effects CS5、CS5.5、CS6、CC 均为 64 位系统下的版本，符合当前主流硬件及系统平台，所以是首选的版本。

2．插件也有 32 位与 64 位之分

丰富的插件是 After Effects 广受欢迎的原因之一，同软件一样，插件也需要安装到对应的 32 位或 64 位的软件下。因此，早期 32 位的插件只能安装在 After Effects CS4 及更旧的版本下，64 位的插件只能安装在 After Effects CS5 及更新的版本下。随着 64 位之后 After Effects 多个版本的更新，主流的、实用的插件大多数也随之从 32 位升级至 64 位，并跟随 After Effects 新版本的脚步进行更新。当前有可能会出现某些 32 位插件不能在 64 位下使用的现象，这就需要寻找替代技术或保留一套旧版的系统和软件备用。

3．模板调用的问题

海量的模板资源能够让人以入门水平制作出大师级的作品。对于模板项目文件，也存在高版本兼容低版本而低版本不能打开高版本的现象。在当前大量较新版本制作的模板可利用的情况下，较高版本显然也更具优势。

4．软件功能运行速度的差别

较新版本的软件通常会推出一些当前流行的功能应用，有利于更方便地制作出流行的效果。对于软件的运行速度，64 位系统下比 32 位系统下相对更快。较新的版本也比早期的版本相对更快。较新的版本配合较高的硬件，有利于处理高清、2K 甚至 4K 的视频制作。

5．中英文操作界面的选择

在 After Effects CC 之前，绝大多数使用者会选择原版的英文操作界面，也有部分喜欢中文直观界面的人使用汉化补丁来实现，但使用过程中会出现多种兼容性的不便。当前 After Effects CC 发布了官方简体中文版，为国内用户开启了一个新的应用时代。如果是初学者，推荐直接从新的、更直观易懂的中文版本开始学起。

二、如何安排学习计划

After Effects 是一款较为复杂的软件，与 Photoshop 相似，入门和简单的使用不难，而深入地掌握和运用，则需要经过几个月或更长时间的学习和应用。在无序地学习 After Effects 软件时，通常会被众多精彩眩目的效果或插件所吸引，导致在较偏的一些效果制作上花费过多的时间；或者一味依赖现成的模板进行简单的修改操作，因为对软件欠缺足够和全面的认识，而不能深入分析制作方法和思路。由于每个人知识背景不一样，学习方式和目的也不同，这里在以本书做参考的基础上，仅对软件本身做一个常规的学习计划，帮助初学者尽早入门，并较为全面地了解 After Effects 各项功能，然后去进一步选择自己的主攻方向。

（1）花一周的时间了解 After Effects 的基本操作方式（参考第 1 ~ 5 章）。

（2）花两天的时间专门学习关键帧动画（参考第 6 章）。

（3）花三天的时间学习元素的叠加合成和嵌套制作（参考第 7、8 章）。

（4）花一周的时间学习三维合成（参考第 9 ~ 11 章）。

（5）花两天的时间学习键控操作（参考第 12 章）。

（6）花两天的时间学习动态蒙版抠像（参考第 13 章）。

（7）花三天的时间学习文本动画（参考第 14 章）。

（8）花一天的时间学习形状图形动画（参考第 15 章）。

（9）花一天的时间学习操控点动画（参考第 16 章）。

（10）花两天的时间学习光线追踪 3D 制作（参考第 17 章）。

（11）花一天的时间学习镜头跟踪和稳定（参考第 18 章）。

（12）花一周的时间学习表达式（参考第 19 章）。

（13）花一天的时间总结预览与输出（参考第 20 章）。

（14）长期学习实践效果与外挂插件（参考第 21 章）。

（15）长期分析制作和总结项目（包括模板）制作经验（参考第 22 章）。

（16）实践中总结和使用快捷键（参考光盘迷你书文件中的快捷键自测）。

以上仅供学习计划的参考，需要至少一个多月的学习时间来进行初步的学习，之后的扩展知识需要从多方面获得，例如从软件自身的中文帮助（包括所有内置效果在内的软件各项知识点的中文帮助）、After Effects 相关的技术网站、实际制作工作中、模板借鉴等。需要强调的一点是，初学者在没有全面了解和掌握软件的各项知识点之前，不要把大量的时间专门花在效果和插件的使用上。例如在初期的两个月学习过程中，把大量的时间用在学无止境的效果上，就不如先花两个月扎实打好 After Effects 各项操作基础，效果只作随遇随学。即遵循先学合成，后学特效的原则。

三、本书各章一览与操作实例数列表

章　　名	操作实例	章　　名	操作实例
第1章 初识After Effects CC	1个	第12章 键控操作	7个
第2章 软件界面操作	13个	第13章 蒙版抠像	9个
第3章 各类素材的导入和使用设置	17个	第14章 文本动画	14个
第4章 时间轴与合成视图面板的操作	14个	第15章 形状图形动画	6个
第5章 一个常规的合成与特效制作流程	1个	第16章 操控点动画	5个
第6章 关键帧动画	12个	第17章 光线追踪3D制作	6个
第7章 图层的模式、遮罩与蒙版	17个	第18章 镜头跟踪与稳定	8个
第8章 合成嵌套的使用	7个	第19章 脚本与表达式	16个
第9章 三维图层的合成	10个	第20章 时间、输出与备份	18个
第10章 三维场景中的摄像机操作	9个	第21章 内置效果与外挂插件	10个
第11章 三维场景中的灯光操作	4个	第22章 模板资源和AE使用小秘笈	1个

四、参编人员

本书由影视制作及教学的一线专业人员编著，参加编写与提供帮助的人员有包伟东、冯飞、高宝瑞、郭书强、海宝、姜昊、李金刚、李晓霞、李秀勇、李业刚、李毅、刘旺、吕雅君、马呼和、马玉竹、米晓飞、唐鑫、田丰、王越、徐立艳、寻平立、杨东义、杨炼、杨智超、尹全杰、赵松申等，在此表示感谢！

五、随书光盘说明

随书光盘内容包括：本书操作和实例的项目源文件、素材，实例视频教学和实例效果的迷你书文件。

目录

第 1 章
初识 After Effects CC

After Effects（缩写为 AE）是美国著名的 Adobe 公司出品的影视合成与特效制作软件，用于图片与视频的合成包装与特殊效果的模拟和创建，可以快速制作出电影级别的视觉效果、合成精美的三维动画和复杂的动态影像，帮助用户精确高效地创建各种引人注目的动态图像和震撼人心的视觉效果。After Effects 适用于从事视频特效制作与设计的机构，包括电视台、动画制作公司、个人后期制作及多媒体工作室，现在也有越来越多的网页设计和图形设计者使用 After Effects。我们平时在电视和电影中看到的很多视频特效都有可能是经过 After Effects 加工处理而来。本章带领初学的读者先来了解一下 After Effects 的历史、功能和新版的安装要求。

1.1 After Effects 的历史及版本命名

1992 年 6 月，几个 24 岁左右的美国年轻人，为了将兴趣变成现实，编写了一个叫作 Egg 的软件（按菜单中的蛋卷命名），之后取名为 After Effects，并于 1993 年 1 月发布 1.0 版本。那时版本还是令人难以想象的简单：没有时间轴，每个层只能加一个效果，没有层模式，没有动态模糊，一个层只能有一个蒙版路径（还不是贝塞尔曲线的），但就是这样，一个后来大名鼎鼎的软件诞生了。

After Effects 于 1993 年 7 月被 Aldus 公司收购，1994 年 1 月 After Effects 2.0 发布，1994 年 9 月 Aldus 被 Adobe 公司收购，1995 年 10 月 After Effects 3.0 发布，1997 年 5 月 After Effects 3.1 Windows 版本发布。之后分别是 After Effects 4.0、5.0、5.5、6.0、6.5、7.0、CS3（8.0）、CS4（9.0）、CS5（10.0）、CS5.5（10.5），前一版本是 2012 年 4 月发布的 After Effects CS6（11.0）。2013 年 6 月 After Effects CC（以下简称 AE CC）发布，这也是 After Effects 首次推出的中文版本。这些从早期到现在的众多版本跨度，可以感受到这个软件的非凡历史。After Effects 发展到如今已经拥有强大的功能和良好的口碑，并面向中国用户推出了简体中文版，现在学习和使用是不是很幸运呢？以下是 After Effects 各版本启动画面，通过这个顺序，也可以帮助读者弄清不同命名方式的版本哪个更新一些，其中最后一个启动画面是当前版本 AE CC，如图 1-1 所示。

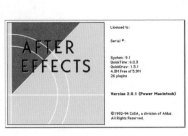

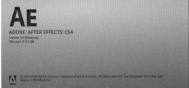

图 1-1 After Effects 各时期不同版本启动画面

2013 年 6 月，Adobe 公司统一战略，使用新的 Adobe Creative Cloud——Adobe 创意云产品，冠以 CC 品牌，将众多产品都更改了名称，包括 Photoshop CC、InDesign CC、Illustrator CC、Dreamweaver CC、Premiere Pro CC 等，同样，After Effects 当前的版本便更命为 After Effects CC。After Effects CC 同 Adobe 公司的其他产品一样，同时有 Windows 系统平台的版本和 Mac 系统平台的版本，本书以国内使用更广泛的 Windows 版本来进行讲解和操作演示，Mac 版本使用与此相似。Adobe CC 统一宣传效果设计如图 1-2 所示。

图 1-2 Adobe CC 宣传效果设计

1.2　AE CC 能使用哪些素材文件

　　这里先列举一个软件 Photoshop，这个差不多和办公软件一样普及的软件，同是 Adobe 公司下的产品，Photoshop 以处理静态图像效果为主，After Effects 则以处理动态视频效果为主。因为 1990 年发布的 Photoshop 有更庞大的用户市场、更具老资格，所以 After Effects 也被称为"会动的 Photoshop"。Photoshop 可以使用各种主流的图像文件。After Effects 作为一个主流的视频合成与特效制作软件，同样广泛地支持各种主流的视音频和图形图像文件。

　　这里可以直接查看 AE CC 能对哪些种类的素材进行合成制作：在 AE CC 软件的项目面板中双击打开"导入文件"对话框，单击文件类型下拉列表可以查看到多种认识的和可能不认识的文件格式，可以说 AE CC 能导入使用目前视频制作中主流的绝大部分视频、音频、图像素材，如图 1-3 所示。对各种素材的具体操作使用本书后面详做介绍。

图 1-3　AE CC 可以导入众多主流的素材格式类型

1.3　AE CC 如何进行合成制作

　　AE CC 软件除了可以使用广泛的素材之外，其制作过程也不难理解。一个简单的合成过程是：先在 AE CC 项目面板中导入所需的素材，然后建立一个适当尺寸、长度等规格的合成。这个合成将在时间轴面板中打开，接着将各个素材拖至时间轴面板中，按上下层叠加的方式叠加到一个画面中，这样就是最简单的合成制作了。

　　这里将对三个不相关的素材进行简单合成，初学者可以在这里了解 AE CC 的合成过程。素材分别为一个室内背景图片、一个带有透明背景通道的电视图片和一段视频文件，如图 1-4 所示。

图 1-4　背景图片、电视图片和视频

　　合成过程 1：将这些素材导入到 AE CC 的"项目"面板中，如图 1-5 所示。

　　合成过程 2：建立一个适当尺寸和长度的"合成"，即最终影片的前身；然后将背景和电视先拖放至这个合成的"时间轴"面板中。室内背景放在底层，电视放在上层，效果如图 1-6 所示。

图 1-5　素材导入到 AE CC 的项目面板中　　　　　图 1-6　时间轴面板中的素材图层和效果

合成过程 3：将这两个元素缩放到合适的大小、摆放到合适的位置，如图 1-7 所示。

合成过程 4：使用效果将背景变色、变暗和变虚，即将背景弱化，如图 1-8 所示。

图 1-7　调整素材画面的大小和位置　　　　　　　　图 1-8　使用效果调整背景

合成过程 5：在 AE CC 中为电视简单创建一个摆放用的桌面，并将桌面和电视的底座一同调暗，以减少反差，以便看上去电视确实放在桌面上，过程如图 1-19 所示。

图 1-9　创建一个桌面

合成过程 6：再将视频素材也拖至"时间轴"面板中，放置在最顶层，如图 1-10 所示。

合成过程 7：在 AE CC 中用"蒙版"工具沿电视屏幕区域绘制一个"蒙版"给视频层，这样视频只在电视中出现，完成制作，当然最后还可以输出结果，如图 1-11 所示。

图 1-10　将视频放到时间轴面板中　　　　　　图 1-11　沿电视屏幕区域绘制一个

"蒙版"后的效果

这个过程操作，初学者仅做了解，后面还有可操作的实例。通过这个合成过程的演示，我们可以大致了解到，AE CC 的合成制作就是：将素材放到建立的合成中叠加、制作（包括使用效果处理画面、创建新的元素、使用"蒙版"工具等修改画面），得到最终结果。

1.4　AE CC 的一些效果展示与功能简介

了解完 AE CC 如何进行合成制作后，再来看一下 AE CC 的一些效果展示与功能简介。

（1）AE CC 可以让静态的图片运动起来，例如这里有一个飞机图片和一个楼房的图片，制作出了一架飞机从楼顶飞过的动画，如图 1-12 所示。

图 1-12　制作飞机运动的动画

（2）以上是飞机的整体运动，其实 AE CC 也可以将画面局部动起来。这里是一个人手、弓、箭和云分离的分层图像，可以制作出拉弓射箭的动画，如图 1-13 所示。

图 1-13　制作拉弓的动画

（3）影视制作中经常使用的抠像技术，如图 1-14 所示。

图 1-14　抠像效果

（4）影视制作中经常使用的调色技术，如图 1-15 所示。

图 1-15　调色效果

（5）AE CC 可以让图片组合成立体的形状，例如这里将飞机图形的各部分分离出来并组合成一架飞机，还可以为飞机的飞行动画制作尾烟效果，如图 1-16 所示。

图 1-16　分离飞机图像制作出三维的飞机并创建尾烟效果

（6）可以在画面中添加风雪效果，如图 1-17 所示。

图 1-17　添加风雪效果

（7）制作绚丽的动态元素特效，如图 1-18 所示。

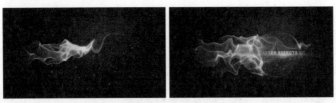

图 1-18　制作绚丽的动态元素

（8）制作影片中的效果文字动画，如图 1-19 所示。

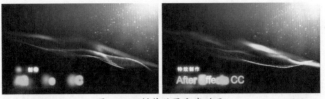

图 1-19　制作效果文字动画

（9）制作大片字幕，如图 1-20 所示。

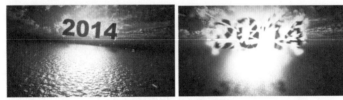

图 1-20　制作大片字幕

（10）可以进行各种日常制作，例如文字展示、为画面制作镜头光斑、制作三维场景、图形元素动画、多画面合成、卡通动画、对抖动的镜头进行镜定、使用效果制作众多发散的小画面、使用表达式进行复杂精确的动画制作等，如图 1-21 所示。

图 1-21　各种日常制作

当然仅用以上的图例展示 AE CC 还远远不够，可以翻看本书中的讲解更全面地了解。AE CC 还可以对视频画面进行修复，如稳定、校色、去噪点、去除其中的污点或穿帮元素；对动态视频制作变速的效果，从普通快慢到无级变速和超慢动作；AE CC 还可以进行周密细致的合成制作，例如用数以百计的小方块合成制作一个能自由旋转的魔方；除了对素材进行合成和添加特殊效果，在没有素材的情况下，也可以模拟和创建各类效果，制作精彩节目。AE CC 可以说从大众多媒体到高端影视均通用——从儿童电子相册小包装到好莱坞电影大制作都有其身影。

在 AE CC 之前的 After Effects 版本便可以处理非常高端的视频特效，像钢铁侠、幽灵骑士、加勒比海盗、绿灯侠等大片都使用 After Effects 制作各种特效。此外，你也可以找出 AE CC 适合自己的多项用途，例如可将 AE CC 作为一个很好的视频转换工具使用，能批量转换各种类型、各种尺寸、各种码流、各种长度范围的视频，统一或单独设置好后，一键批量生成，方便快捷。AE CC 甚至可以代替 Photoshop 来进行一些图像的处理，完毕后也可以输出各种图片格式的文件。

通过以上对 AE CC 制作的初探，可以感受到"会动的 Photoshop"名副其实，事实上 After Effects 在国内是使用最为广泛的视频合成软件，其使用技能也已成为影视后期编辑人员必备的技能之一。

1.5　与 Premiere 的区别——纵向与横向的概念

除了 Photoshop 和 After Effects，Adobe 公司相关的软件还有 Premiere 等，它们都拥有相似的菜单、界面和操作方式，现在大多也都有了简体中文版界面，根据个人兴趣和行业需求，学会其中的某个软件后，其他的软件也能比较容易地掌握。了解了 After Effects 与 Photoshop 动态与静态的区别之后，再来看 After Effects 与 Premiere 的异同之处。

Premiere 是 1991 年推出的视频编辑软件，其悠久的历史和用户人群也在 Photoshop 与 After Effects 之间。同样，其之前的版本命名也需要初学者仔细辨别才能搞清楚哪个更新：1991 年推出 Premiere。1993 年 Adobe 公司推出 Premiere for Windows，那时功能简单，只具有两个视频轨道和一个立体声音轨。1995 年升级为 Premiere for Windows 3.0，由此成为专业的非线形编辑软件。再到 Premiere 4.0、Premiere 5.0、Premiere 6.0、Premiere 6.5。2003 年 7 月推出全新的 Premiere Pro（即 Premiere Pro 1.0），之后分别为 Premiere Pro 1.5、Premiere Pro 2.0，2007 推出 Premiere Pro CS3（即 Premiere Pro 3.0），之后分别为 Premiere Pro CS4、Premiere Pro CS5、Premiere Pro CS5.5，前一版本为 2012 年 4 月发布的 Premiere Pro CS6（即 Premiere Pro 6.0）。2013 年 6 月 Premiere Pro CC（即 Premiere Pro 7.0，以下简称 Pr CC）发布，这也是 Premiere 首次推出的中文版本。

发展到现在的 AE CC 和 Pr CC 均属于影视后期视频编辑处理软件范畴。AE CC 是一款合成与特效制作软件，大多用来处理以秒为单位的精细片段加工、多元素合成和复杂特效制作；而 Pr CC 是一款视音频剪辑软件，大多用来处理以分钟为单位的完整节目剪辑、多片段连接和简单特效处理。AE CC 的工作是一种多效果、多层、纵向叠加的合成制作，预览通常需要先运算一遍才能播放最终效果；而 Pr CC 的工作是一种横向的、较少效果、较少轨道、横向连接的剪辑制作，预览通常较少需要运算即可播放最终效果。AE CC 通常可以单独制作一些复杂的片头、画面包装动画、特效文字动画等片段，然后使用 Pr CC 将这些片段和其他素材一起制作成完整节目。AE CC 的工作界面如图 1-22 所示。Pr CC 的工作界面如图 1-23 所示。

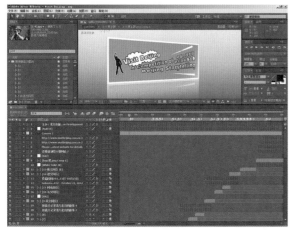

图 1-22　AE CC 时间轴面板中的合成操作以"纵向"
叠加为主

图 1-23　Pr CC 时间轴面板中的剪辑操作以"横向"
连接为主

1.6 小试身手：精彩制作有时很简单

实例文件位置：光盘 \AE CC 手册源文件 \CH01 实例文件夹 \ 换字模板 1.aep

这里现有一个 AE CC 项目文件，先看看其最终效果，如图 1-24 所示。

图 1-24　项目文件原来的效果

这里在其基础上只要小小地修改一下文字，就能成为你有用的视频了，其操作如下。

步骤 1：打开本节提供的文件"换字模板 1.aep"，在时间轴的"你的文字 1"面板中，双击文字图层，将原来的文字修改为你想要的文字，如这里的"123 工作室"，如图 1-25 所示。

步骤 2：在时间轴的"你的文字 2"面板中，双击文字图层，将原来的文字修改为你想要的文字，如这里的 www.123studio.com，如图 1-26 所示。

图 1-25　在"你的文字 1"面板中修改文字　　　　图 1-26　在"你的文字 2"面板中修改文字

步骤 3：在时间轴的"最后效果"面板中，按小键盘的 0（Ins）键渲染即可预览到你想要的结果了，如图 1-27 所示。

图 1-27　完成制作预览结果

提示：如果修改文字后，预览的结果没有更新，可以选择菜单"编辑 > 清理 > 所有内存与磁盘缓存"，重新按小键盘的 0（Ins）键预览结果。

After Effects 软件有着广大用户长期的使用基础，和上面"换字模板 1"的小实例一样，市场上存在着大量各种需求的 AE 模板。所谓的 AE 模板，是由 After Effects 软件生成的一种工程文件，其中包括音乐、图片、视频、脚本等，使用者可以用来学习和借鉴，或者根据实际需要直接拿来使用，这样对节省时间和提升效果都有很大帮助。不过要想更顺畅地运用 AE 模板，不用多说，还是需要多多学习 AE，对 AE

的操作使用越熟悉越好，这样才能让自己从"不明觉厉"过渡到"明觉不厉"的状态。

1.7　软件安装系统要求

Windows 系统下：

- Intel Core 2 Duo 或 AMD Phenom II 处理器，要求 64 位支持
- Microsoft Windows 7 Service Pack 1 和 Windows 8
- 4GB RAM（建议 8GB）
- 3GB 可用硬盘空间，安装过程中需要额外可用空间（无法安装在可移动闪存设备上）
- 用于磁盘缓存的额外磁盘空间（建议 10GB）
- 1280×900 显示器
- 支持 OpenGL 2.0 的系统
- QuickTime 功能所需的 QuickTime 7.6.6 软件
- 可选：Adobe 认证的 GPU 显卡，用于 GPU 加速的光线追踪 3D 渲染器

Mac OS 系统下：

- 具有 64 位支持的多核 Intel 处理器
- Mac OS X 10.6.8、10.7 或 10.8
- 4GB RAM（建议 8GB）
- 4GB 可用硬盘空间用于安装；安装过程中需要额外可用空间（无法安装在使用区分大小写的文件系统的卷上，也无法安装在可移动闪存设备上）
- 用于磁盘缓存的额外磁盘空间（建议 10GB）
- 1280×900 显示器
- 支持 OpenGL 2.0 的系统
- DVD-ROM 驱动器，用于从 DVD 介质进行安装
- QuickTime 功能所需的 QuickTime 7.6.6 软件
- 可选：Adobe 认证的 GPU 显卡，用于 GPU 加速的光线追踪 3D 渲染器

第2章

软件界面操作

打开软件后首先要面对的是弄清界面操作方法，这也是使用软件最基础的操作之一。After Effects CC 中文版的界面直观易懂，如果对 Premiere 或 Photoshop 有所了解将会更容易上手操作。本章就从最基础的操作常识开始，介绍 After Effects CC 软件界面的基本操作。

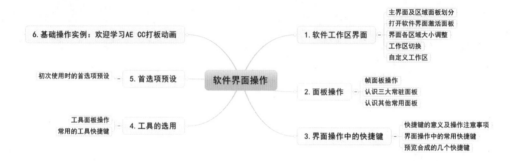

2.1 软件工作区界面

启动 AE CC 首先会出现欢迎面板，提供几个常用的"新建合成"、"打开项目"和"最近的项目"等快捷选项，这些选项在进入主界面后也都有，当取消左下角勾选后下次启动软件将不再重复出现。单击"关闭"按钮，关闭欢迎面板即可进入 AE CC 的主界面，此时是一个空的界面，除了顶部项目文件名称和菜单之外，其他各个区域主要有项目、时间轴、合成视图这三大面板，另外还有工具栏和其他面板，如图 2-1 所示。

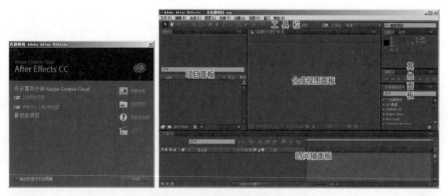

图 2-1　欢迎面板和空白主界面

这里从打开一个现有的项目文件开始，在进行操作的同时介绍主界面。

操作文件位置：光盘 \AE CC 手册源文件 \CH02 操作文件夹 \CH02 操作 .aep

操作1：打开软件界面激活面板

（1）按快捷键 Ctrl+O 键（菜单"文件 > 打开项目"命令）在"打开"对话框中选择本书光盘中对应的文件"CH02 操作 .aep"，此时界面中各个区域出现相关的内容，如图 2-2 所示。

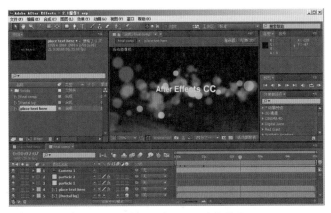

图 2-2　打开一个项目后的主界面

（2）在主界面，可以看到这些面板中始终有一个面板以黄色轮廓显示，表明当前这个面板处于优先操作的激活状态，例如图 2-2 中第二个合成的时间轴面板。当鼠标在某个面板上按下时，这个面板将被激活。

操作2：界面各区域大小调整

界面中的各个区域可以通过调整相邻的边缘来改变彼此的大小。将鼠标移至两个面板邻边或三个面板相接处，鼠标会变化指针形状，这时拖动可改变面板相互之间的大小比例，如图 2-3 所示。

图 2-3　左右、上下及自由变改面板之间大小比例

操作3：工作区切换

AE CC 针对不同的制作需求预设了几种工作区布局，默认界面处于标准工作区状态，通过以下操作可以切换到其他工作区状态。

（1）在工具栏右侧的工作区下拉选项（或者选择菜单"窗口 > 工作区"命令）可以看到有多种工作区布局方式，如图 2-4 所示。

（2）将工作区选择为"效果"，可以看到界面的变化，左侧原项目面板关闭显示，与效果有关的"效果和预设"及"效果控件"面板显示在界面中，如图 2-5 所示。

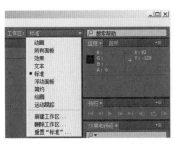

图 2-4　工作区下拉选项

图 2-5　选择"效果"工作区

（3）将工作区选择为"浮动面板"，可以看到界面中除项目、时间轴、合成视图三大面板之外的其他几个面板脱离原布局，浮动在界面上，可以随意移动，如图 2-6 所示。

提示： 当使用多个监视器时，应用程序窗口会显示在主监视器上，可以将浮动窗口置于第二个监视器上。

（4）将工作区选择为"所有面板"，可以看到原来 AE CC 有这么多的面板，大多面板仅显示出名称标签，这也是设置不同工作区来有选择地显示少数几个面板的原因，如图 2-7 所示。

图 2-6 选择"浮动面板"工作区　　　　　图 2-7 显示所有面板

（5）可以通过切换不同的工作区来使用合适的面板布局，如果不小心弄乱了界面的面板，例如在"标准"工作区状态多打开或关闭掉了一些面板，想恢复到原先的状态，可以选择重置"标准"，这样又恢复到默认状态，如图 2-8 所示。

图 2-8 恢复工作界面

操作4：自定义工作区

可以为自己建立一个或多个自定义的面板布局，方便操作时切换。例如经常渲染输出时可以建立一个方便操作的自定义工作区，操作如下。

（1）调整界面中的面板布局，如图 2-9 所示。

（2）选择"工作区 > 新建工作区"，在弹出的对话框中将名称进行自定义，如"我的渲染输出"，如图 2-10 所示。

（3）还可以为自定义的工作区分配快

图 2-9 先调整面板布局

捷键，AE CC 为工作区准备了 Shift+F10、Shift+F11 和 Shift+F12 三组快捷键，可以任意重新分配给常用的工作区。选择菜单"窗口 > 将快捷键分配给'我的渲染输出'工作区 >Shift+F11"，这样原来的 Shift+F11 的快捷键将改变为"我的渲染输出"工作区，如图 2-11 所示。

图 2-10　新建自定义工作区

图 2-11　为自定义工作区分配快捷键

2.2　面板操作

帧面板，这里不同于时间帧的概念，而是指一个矩形载体，其上排列一个或多个带有名称标签的功能面板，在使用中帧面板常被忽略，通常只提其上有名称标签的功能面板，例如"信息"面板、项目面板等。

操作5：帧面板操作

（1）这里在四个合成时间轴所在帧面板的右上角单击 ![icon] 图标弹出菜单，当选择"关闭面板"时，只关闭四个合成时间轴中的一个，其他三个还存在；当选择"关闭帧"时，当前这个面板包括这些合成时间轴将全部关闭显示，如图 2-12 所示。

提示： 当帧上的合成时间轴面板有很多个，而只想保留其中的一个时，"关闭其他时间轴面板"这个选项很有用。

（2）同样，选择"浮动面板"时只有一个合成时间轴面板脱离开为浮动状态，而选择"浮动帧"时则是几个合成时间轴面板一起转变为浮动状态，如图 2-13 所示。

图 2-12　面板右上角菜单

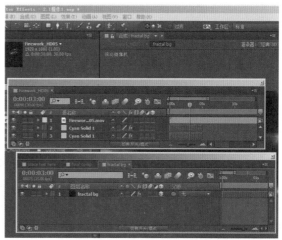

图 2-13　上面的浮动面板与下面的浮动帧

（3）面板之间均可以拖移，可以将多个面板拖至一个帧上排列放置。拖放到目标时，当浅蓝色目标区域提示在中央时，面板以排列方式加入到目标所在的帧，如图 2-14 所示。

（4）拖移时，当浅蓝色目标区域提示在一侧时，面板以新的帧并排放置，并挤占相应的面积，如图 2-15 所示。

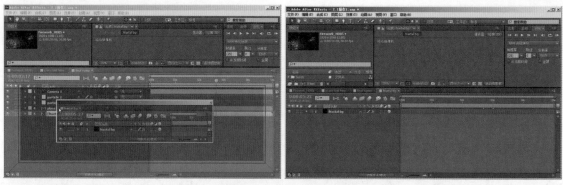

图 2-14　拖移面板到中央时以排列方式加入目标帧

图 2-15　拖移面板到一侧时以新的帧并排放置

操作6：认识三大常驻面板

（1）项目面板。界面左上角常驻着项目面板，起着放置和管理素材、合成的作用。平时所显示的项目面板列数比较少，为几项最为重要的"名称"、"类型"等，也可以在项目面板右上角的 ■ 图标上单击弹出菜单，将"列数"菜单下众多的内容按列的方式显示出来，这样可以了解到项目面板中各素材与合成的详细属性。有关项目面板导入和管理素材的内容后面将进一步讲解。项目面板如图 2-16 所示。

（2）时间轴面板。界面下部的时间轴面板是最重要的操作面板，合成制作的大部分操作都集中在时间轴面板中的众多图层上，时间轴面板也通常占据着界面下面一半的区域，其左侧是图层的各类设置属性栏列，右侧是时间标尺区域，每个图层在其所处的时间范围内显示，上面图层叠加在下面图层的画面之上，通常需要使用多种方法将上下多个同一时段的图层共同显示在合成视图面板中，如图 2-17 所示。

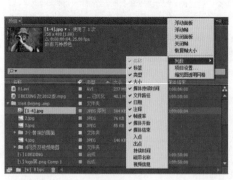

图 2-16　项目面板

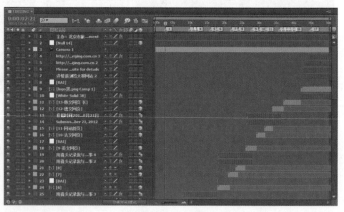

图 2-17　时间轴面板

（3）合成视图面板。三大面板中最直观的当然就是合成视图面板了，在这里，"项目面板"中的素材、时间轴中合成的效果才能完全得到展示。合成视图面板中可以对画面以不同的大小比例进行全貌或局部显示，可以使用粗略的分辨率快速查看动画的大致效果，也可以用精细的分辨率精确预览最终的效果，在合成视图面板中预览效果动画的速度取决于软硬件的配置与制作效果的复杂程度，如图 2-18 所示。

操作7：认识其他常用面板

除了三大基本的面板之外，标准工作区界面中还有"信息"、"音频"、"预览"、"效果和预设"面板，以及建立文字时进行设置操作的"字符"和"段落"面板。

（1）"信息"面板中显示当前操作状态中的一些信息供参考，如在视图面板中鼠标指针处的颜色值、位置坐标值、时间轴中选中图层的信息等。

（2）"音频"面板在预览音频时会显示有音量指示，当声音电平达到红色时说明音量过高引起音频失真，需要适当降低。

（3）"预览"面板中可以对合成中的动画进行实时的预览或每跳几帧进行快速预览，可以每次从头预览，也可以从当前时间指示器的位置点开始预览，还可以静音、循环、逐帧及全屏预览。

（4）"效果和预设"面板中可以选择效果或预设，将其拖至时间轴中的图层上，为图层添加这个效果或预设。其中预设是常用的设置好参数值的一个或多个效果组合。当添加了效果与预设后，相应会自动打开"效果控件"面板，显示为图层添加的效果，可以在"效果控件"面板中或时间轴图层的效果下进行效果设置操作。

（5）"字符"和"段落"面板是建立和修改文字时需要的设置面板，在其中设置文字的字体、颜色、大小、字符间距、行间距、描边以及文本的对齐、缩进方式等。

（6）此外还有"渲染队列"等面板，将在后面相应章节进行讲解。每个面板右上角都有弹出菜单的 图标，显示本面板的相应菜单选项，也包括浮动、关闭帧或面板的共同菜单选项。标准工作界面下的其他面板及文本相关的面板，如图 2-19 所示。

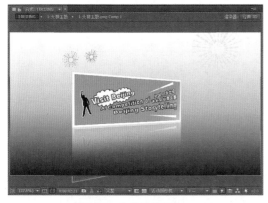

图 2-18　合成视图面板

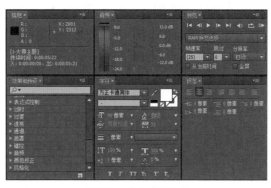

图 2-19　其他常用面板

2.3　界面操作中的快捷键

快捷键在 AE CC 中有着重要意义，可以加快操作使精力更专注制作效果，特别是在繁琐、复杂的操作中，快捷键能显著提高工作效率。在使用快捷键时要注意的是针对于哪个面板进行操作，例如本想输出时间轴中的合成 A，按 Ctrl+M 键渲染输出时，如果当前项目面板处于激活状态，这样会将项目面板中处于选中状态的 B 误输出，如图 2-20 所示。

初学者操作 AE CC 的快捷键，也是一个很好地了解 AE CC 功能的方法。AE CC 的快捷键在菜单命令后面有相应的提示。因为 AE CC 的快捷键非常多，在学习的时候可分开来逐步了解。

图 2-20　左侧正常输出 A 而右侧因激活状态输出 B

操作8：界面操作中的常用快捷键

（1）按 Ctrl+0 键，可以切换项目面板的显示和关闭。

（2）按 Ctrl+1 至 9 键，可以切换其他不同面板的显示和关闭。

（3）按 Ctrl+Alt+0 键，可以切换"渲染队列"面板的显示和关闭。

（4）按 ~ 键，可以将帧面板（包括其上的面板）最大化。操作时是将鼠标移至某个帧面板上按 ~ 键（标准键盘的 Esc 键下方），可将这个帧面板最大化。例如将鼠标停留在合成视图面板中，不必单击，按 ~ 键后合成视图面板放大至全屏，再按 ~ 键后恢复原来的大小，如图 2-21 所示。

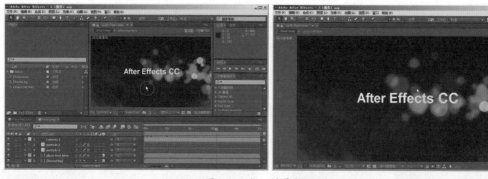

图 2-21　按 ~ 键最大化面板

（5）按 Ctrl+\ 键，可全屏或最大化界面。当 AE CC 界面在电脑屏幕非满屏时，按这个快捷键会使主界面满屏；当主界面满屏时，按这个快捷键会将最顶端的项目文件名称隐藏，将界面最大化，这也是显得很专业的操作界面，如图 2-22 所示。

（6）按 Ctrl+\ 键，全屏或最大化浮动面板。按 Ctrl+\ 键同样适用于浮动面板，将其放大到全屏或隐藏其标签名称最大化。例如在合成视图面板右上角菜单中将其设为浮动面板，然后按 Ctrl+\ 键将其全屏显示，再按一次 Ctrl+\ 则将隐藏所有信息，只显示视图中的画面，如图 2-23 所示。

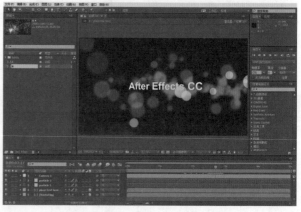

图 2-22　Ctrl+\ 键将软件界面最大化

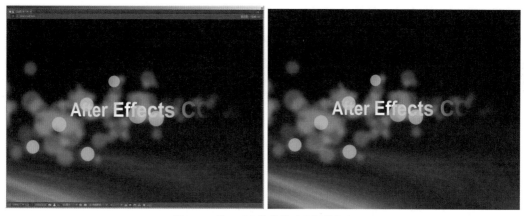

图 2-23 按 Ctrl+\ 键将浮动面板最大化

提示：隐藏所有信息后，适合专注于预览效果，但大多不了解快捷键的操作者将很难返回原界面，在合作制作中需要注意保存文件和不要给他人引起操作障碍。这时候需要再次按Ctrl+\键返回，当然通过Alt+F4键也可以关闭最大化面板。在操作界面混乱的时候，别忘记使用工作区选项和重置工作区来恢复界面。

操作9：预览合成的几个快捷键

（1）空格键，及时预览当前时间指示器后的动画。

（2）小键盘的 0 键，可以通过计算完整预览合成的视音频动画。

（3）Page Up 键，预览上一帧画面（当前时间指示器向左移动一帧）。

（4）Page Down 键，预览下一帧画面（当前时间指示器向右移动一帧）。

（5）Del 键，仅预览音频。

提示：在AE 中左右移动时间指示器用的不是左右方向键，而是上、下翻页键Page Up和Page Down键，如果使用左右方向键，则会误移动选中图层的位置。

2.4 工具的选用

AE CC 工具面板中有多种操作工具，右侧加入了工作区选择栏和 Adobe 软件帮助搜索栏的内容。最常用的工具是第一个"选择"工具，在切换使用其他工具之后常切换回选择工具状态。工具面板通常放在菜单之下形成工具栏，如图 2-24 所示。

图 2-24 工具栏

操作10：工具面板操作

（1）在工具按钮右下角若带有小三角形标记，则表明这是一组同类工具，在其上按住鼠标不放会显示出其他隐藏的工具，或者按住 Alt 键单击带有小三角形标记的按钮，会循环切换显示出所隐藏的工具，如图 2-25 所示。

（2）工具栏也是一个面板，单击工具栏的左端，可以将其转变为浮动面板，如图 2-26 所示。

图 2-25 显示下拉工具组中隐藏的工具

（3）用鼠标按住浮动面板中"工具"名称处的标签，将其拖到菜单下方，出现浅绿色的提示时释放鼠标，这样浮动的工具面板又恢复成菜单下方的工具栏，如图2-27所示。

图2-26　将工具栏转变为浮动面板　　　　　　　图2-27　将浮动工具面板转变为工具栏

操作11：常用的工具快捷键

工具通常也可以使用快捷键来操作，先掌握以下几个最常用的，其他的则在本书相关章节中讲解。

（1）按V键，为选择工具，可以对素材、图层、效果、属性等进行选择。

（2）按H键，为手形工具，可以在有扩展内容的面板中拖移查看未显示全的内容，在其他工具状态下按住空格键或鼠标中键也可临时激活手形工具，当释放空格键或鼠标中键时自动返回原工具状态，有时这样操作会更快捷。

（3）按Z键，为放大工具，按Alt+Z键则为缩小工具，可以在合成视图中进行放大缩小查看。

（4）按W键，为旋转工具，对选中的图层画面拖拉鼠标时会对其进行旋转。

（5）按Q键，为蒙版工具，可以绘制矩形等形状，蒙版工具右下角带有小三角形标记，表明这里有一组同类工具，当连接按Q键时，会循环选中蒙版工具组中的其他形状工具。

（6）按G键，为钢笔工具，可以通过建立自由的线条来绘制形状。

（7）按Ctrl+T键，为文本工具，可以用来在合成视图中单击并创建文本内容。

2.5 　首选项预设

身处数码时代，现在的After Effects离我们如此之近，但初次使用也有小小的门槛。使用AE CC时，先进行以下软件预设操作，这样看起来就是专业制作人员了，当然这也是安装好After Effects后初次使用时的惯例。

操作12：初次使用时的首选项预设

（1）打开AE CC，选择菜单"文件 > 项目设置"命令，在打开的"项目设置"对话框中，将"时间显示样式"选择为"时间码"，将默认基准的30修改为25，如图2-28所示。因为默认的时间码基准（时基）是按照美国NTSC制式设置的，而国内的电视和影像设备使用PAL制视频，所以改成25，即视频均以25帧每秒的帧速率为默认基准。

（2）选择菜单"编辑 > 首选项 > 常规"命令，在打开的"首选项"对话框中，"撤销次数"默认为32，即需要了解的是在操作过程中的撤销步骤是有限制的，当进行较多的操作后，有可能无法恢复到之前的状态。撤销次数的数值也可以更改，最大可设为99次，数值大会增加软件的负荷，如图2-29所示。

图2-28　在"项目设置"对话框中将默认基准由30改为25

图2-29　注意撤销次数的限制

（3）选择菜单"编辑 > 首选项 > 导入"命令，在打开的"首选项"对话框中，同样将"序列素材"

由原来的"30 帧 / 秒"修改为"25 帧 / 秒"。这两个数值的区别为，一段由 30 个图片组成的动态画面导入到 AE CC 中时，按"30 帧 / 秒"的设置导入后长度为 1 秒，而按"25 帧 / 秒"的设置导入后长度为 1 秒 05 帧。所以这里的设置取决于项目合成设置中使用什么样的时基标准，因为国内使用 PAL 制视频时基为 25 帧 / 秒，所以这里也统一为"25 帧 / 秒"，如图 2-30 所示。

（4）接着上一步在"首选项"中选择显示"媒体和磁盘缓存"的内容，将"符合的媒体缓存"下的"数据库"和"缓存"默认在系统盘上的文件夹设置到系统盘之外，磁盘缓存也可以重新指定路径，如图 2-31 所示。

图 2-30　在"首选项"对话框中也修改为 25　　　　　　图 2-31　重新指定缓存路径到非系统盘上

（5）接着上一步在"首选项"中选择显示"自动保存"的内容，将"自动保存项目"勾选上，这可是防止意外发生而惨痛丢失长时间工作成果的保险措施，如图 2-32 所示。

（6）接着上一步在"同步设置"中有多项勾选项，其中"可同步的首选项"指的是不依赖于计算机或硬件设置的首选项。After Effects 现在支持用户配置文件以及通过 Adobe Creative Cloud 使首选项同步。利用新的"同步设置"功能，可将应用程序首选项同步到 Creative Cloud。如果使用两台计算机，"同步设置"功能可以在这两台计算机之间轻松保持这些设置的同步性。同步设置选项如图 2-33 所示。

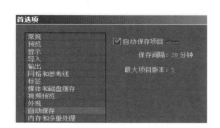

图 2-32　在"首选项"勾选上"自动保存项目"　　　　　图 2-33　可同步不受硬件影响的首选项

提示： 同步操作通过用户的 Adobe Creative Cloud 账户进行。设置先上载到用户的 Creative Cloud 账户，然后下载到其他计算机上并应用。用户也可以从其他 Creative Cloud 账户同步设置。After Effects 在用户的计算机上创建用户配置文件，并使用此配置文件与关联的 Creative Cloud 账户之间同步设置。

2.6　基础操作实例：欢迎学习 AE CC 打板动画

下面在一个项目文件的基础上进行添加制作，将本章所学到的操作知识点进行实践，效果如图 2-34 所示。

图 2-34　实例效果

实例的合成流程图示如图 2-35 所示。

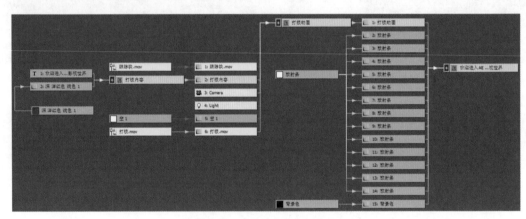

图 2-35　实例的合成流程图示

实例文件位置：光盘 \AE CC 手册源文件 \CH02 实例文件夹 \ 欢迎进入 AE CC 的影视世界 .aep

步骤 1：使用菜单打开一个项目。

选择菜单"文件 > 打开项目"（快捷键为 Ctrl+O 键），打开本书光盘中准备好的项目文件"欢迎进入 AE CC 的影视世界 .aep"。

步骤 2：从项目面板中打开合成的时间轴面板。

在项目面板中，双击打开名称为"打板内容"合成的时间轴面板，同时合成视图中也相应显示"打板内容"的画面，如图 2-36 所示。

步骤 3：在合成视图面板中调整显示状态。

在合成视图的左下角将显示比例选为"适合"，这样合成视图中的画面在当前视图面板中以最适合的大小显示，如图 2-37 所示。

步骤 4：使用右键菜单创建文本。

在"打板内容"时间轴面板的空白处右击，选择弹出菜单中的"新建 > 文本"命令（也可选择软件顶部菜单"图层 > 新建 > 文本"命令），如图 2-38 所示。

图 2-36　从项目面板中打开合成的时间轴面板和合成视图面板

图 2-37　使用"适合"的显示比例

图 2-38　使用菜单新建文本

步骤 5：输入并设置文本。

输入"欢迎进入"，然后按主键盘上的 Enter 键换行；接着输入"AE CC 的影视世界"，然后按小键盘上的 Enter 键结束输入状态。建立文本时，界面中会自动增加显示与文本设置相关的两个面板："字符"和"段落"面板，在其中设置文字大小、字体、居中对齐方式，并用鼠标将文字移至屏幕中合适的位置，如图 2-39 所示。

提示： 建立文字时也可以先选择工具栏中的文本工具，然后在视图中单击输入文字。当屏幕上方的"自动打开面板"处于勾选状态时，"字符"和"段落"面板将会随同文字的使用一同被打开。另外输入文字时，主键盘上的Enter键用来换行，小键盘的Enter键用来结束输入，主键盘和小键盘在快捷键的定义上有所区别。

图 2-39　输入并设置文本

步骤 6：调整视图的解析度。

在时间轴面板中单击"欢迎进入 AE CC 的影视世界"标签，切换到其时间轴面板，查看效果，可以看到在视图面板下部用四分之一的视图解析度时文字不太清晰，将解析度设为完整，以最清晰的状态显示，如图 2-40 所示。

图 2-40　切换时间轴面板并对比解析度

步骤 7：创建纯色层。

按 Ctrl+Y 键（菜单"图层 > 新建 > 纯色"命令）打开"纯色设置"对话框，在其中将名称设为"放射条"，将颜色改为白色后单击"确定"按钮，在时间轴中建立一个纯色层，如图 2-41 所示。

步骤 8：绘制放射条图形。

将鼠标移至合成视图内，按 ~ 键将合成视图面板最大化，并在合成视图下部的 ▣ 按钮上单击，选择弹出菜单中的"标题 / 动作安全"命令，在合成视图中显示出中心十字参考线。按 G 键在工具栏选择 ✍ 钢笔工具，确认"放射条"为选中状态，在合成视图从中心点开始依次点击三个点绘制一个放射的形状，再点击第一个点封闭图形路径并结束绘制，如图 2-42 所示。

图 2-41　按 Ctrl+Y 键创建纯色层并设置　　　　　图 2-42　按 ~ 键放大视图并使用钢笔工具绘制图形

步骤 9：设置放射条的大小与不透明度。

操作完毕后，按 V 键返回"选择"工具状态，按 ~ 键将合成视图缩小返回，在时间轴中将"放射条"层拖移至"打板动画"层之下，并单击"放射条"图层前的小三角形图标展开其下的"变换"属性，将缩放改为（150，150%），将不透明度改为 20%，如图 2-43 所示。

图 2-43　调整图层顺序并设置缩放与不透明度

步骤 10：复制放射条并旋转。

单击"放射条"图层前面的小三角形图标将其属性收合，按快捷键 Ctrl+D 键（菜单"编辑 > 重复"命令）创建一个副本层，按住 Shift 键的同时按三次小键盘的 + 键，以将其旋转 30°，如图 2-44 所示。

图 2-44　按 Ctrl+D 键创建副本层并使用快捷键旋转

提示：旋转图层时也可以使用工具栏中的旋转工具，此处小键盘的快捷键配合Shift键每次旋转 10° 更方便操作，小键盘的+键顺时针旋转，－键逆时针旋转。

步骤 11：复制多个放射条组成放射状图形背景。

同样，再按快捷键 Ctrl+D 键创建一个新副本层，按住 Shift 键的同时按三次小键盘的 + 键，将新副本再旋转 30°。经过多次操作，形成放射状背景，然后在合成视图下部的 ![] 按钮上单击，将弹出菜单中的"标题 / 动作安全"菜单去掉勾选状态，关闭视图中"标题 / 动作安全"参考线的显示，如图 2-45 所示。

图 2-45　同样复制新副本层并旋转组成放射状背景

步骤 12：创建光晕的纯色层。

按 Ctrl+Y 键（菜单"图层 > 新建 > 纯色"命令）打开"纯色设置"对话框，在其中将名称设为"光晕"，将颜色改为黑色后单击"确定"按钮，在时间轴中建立一个纯色层，如图 2-46 所示。

步骤 13：添加光晕效果。

将工作区选择为"效果"；在"效果和预设"面板中将"生成"下的"镜头光晕"效果拖至"光晕"图层上；确认时间轴左下角的"展开或折叠转换控制空格" ![] 图标为打开，这样显示有图层的模式栏，将"光晕"图层的模式选择为"相加"；在"效果控件"面板中调整"光晕中心"的位置点为打板图形的左上角外，如图 2-47 所示。

图 2-46　按 Ctrl+Y 键建立纯色层并设置

图 2-47　从"效果和预设"面板添加"镜头光晕"效果并在"效果控件"面板中设置

步骤 14：预览最终效果。

按小键盘的 0 键预览最终效果。

第 3 章

各类素材的导入和使用设置

能够使用哪些类型和格式的素材、怎样导入和使用这些素材，是制作时先要确认的工作事项，AE CC 这一方面的兼容性较好，能够使用的素材格式较多，同时针对不同的素材和不同的制作需求，也需要用不同的方法来导入和设置这些素材。本章对 AE CC 使用和设置各类素材进行列举和讲解。

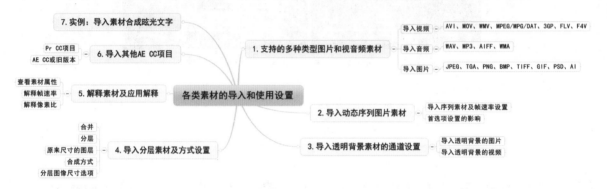

AE CC 中导入素材文件的方式较多，可以选择菜单"文件 > 导入 > 文件"命令（快捷键 Ctrl+I 键，或者双击项目面板的空白处）打开"导入文件"对话框，从一个文件夹中选择一个或多个文件，将其同时导入到项目面板中；也可以选择菜单"文件 > 导入 > 多个文件"命令（快捷键 Ctrl+Alt+I 键）打开"导入多个文件"对话框，从一个文件夹中选择一个或多个文件，单击"导入"，将其导入到项目面板中，然后继续在没有关闭的"导入多个文件"对话框中选择其他文件夹和文件，直至单击"完成"按钮；另外也可以将文件夹及其中的文件一同导入项目面板中。

AE CC 支持当前主流视频制作领域的各种视频、音频和图片素材格式，例如这里以操作说明分别导入以下不同格式的素材。

导入素材的操作文件夹位置：光盘 \AE CC 手册源文件 \CH03 操作文件夹

操作1：导入视频

在项目面板中双击打开"导入文件"对话框，选中 avi、mpg、wmv、mov、flv、3gp 这些常用格式的视频文件，单击"导入"按钮，均可以导入到项目面板中，如图 3-1 所示。

AVI 格式

AVI，音频视频交错 (Audio Video Interleaved) 的英文缩写。AVI 这个由微软公司发表的视频格式，在视频领域可以说是最悠久的格式之一。AVI 格式调用方便、图像质量好，压缩标准可任意选择，是应用最广泛、也是应用时间最长的格式之一。

图 3-1　导入常用视频的文件格式

MOV 格式

MOV 是一种大家熟悉的流式视频格式，即 QuickTime 影片格式，它是 Apple 公司开发的一种音频、视频文件格式，用于存储常用数字媒体类型。MOV 被众多的多媒体编辑及视频处理软件所支持，用 MOV 格式来保存影片是一个非常好的选择。

WMV 格式

WMV 是一种独立于编码方式的在 Internet 上实时传播多媒体的技术标准。WMV 的主要优点在于：可扩充的媒体类型、本地或网络回放、可伸缩的媒体类型、流的优先级化、多语言支持、扩展性等。

MPEG/MPG/DAT 格式

MPEG（运动图像专家组）是 Motion Picture Experts Group 的缩写。这类格式包括了 MPEG-1、MPEG-2 和 MPEG-4 在内的多种视频格式。MPEG-1 被广泛地应用在 VCD 的制作和一些视频片段下载的网络应用上面，大部分的 VCD 都是用 MPEG-1 格式压缩的（刻录软件自动将 MPEG-1 转换为 DAT 格式）。使用 MPEG-1 的压缩算法，可以把一部 120 分钟长的电影压缩到 1.2 GB 左右大小。MPEG-2 应用在 DVD 的制作上，同时在一些 HDTV（高清晰电视广播）和一些高要求视频编辑、处理上面也有相当多的应用。使用 MPEG-2 的压缩算法压缩一部 120 分钟长的电影可以压缩到 5～8 GB 的大小。MPEG 系列标准已成为国际上影响最大的多媒体技术标准，其中 MPEG-1 和 MPEG-2 是采用相同原理为基础的预测编码、变换编码、熵编码及运动补偿等第一代数据压缩编码技术；MPEG-4（ISO/IEC 14496）则是基于第二代压缩编码技术制定的国际标准，它以视听媒体对象为基本单元，采用基于内容的压缩编码，以实现数字视音频、图形合成应用及交互式多媒体的集成。MPEG 系列标准对 VCD、DVD 等视听消费电子及数字电视和高清晰度电视（DTV&&HDTV）、多媒体通信等信息产业的发展产生了巨大而深远的影响。

3GP 格式

3GP 是一种 3G 流媒体的视频编码格式，主要是为了配合 3G 网络的高传输速度而开发的，也是目前手机中最为常见的一种视频格式。是"第三代合作伙伴项目"（3GPP）制定的一种多媒体标准，使用户能使用手机享受高质量的视频、音频等多媒体内容。其核心由包括高级音频编码（AAC）、自适应多速率（AMR）和 MPEG-4 及 H.263 视频编码解码器等组成，目前大部分支持视频拍摄的手机都支持 3GP 格式的视频播放。其特点是网速占用较少，画质较差。

FLV 格式

FLV 是 FLASH VIDEO 的简称，FLV 流媒体格式是一种新的视频格式。由于它形成的文件极小、加载速度极快，使得网络观看视频文件成为可能。它的出现有效地解决了视频文件导入 Flash 后，使导出的 SWF 文件体积庞大，不能在网络上很好地使用等缺点。

F4V 格式

作为一种更小、更清晰、更利于在网络传播的格式，F4V 已经逐渐取代了传统 FLV，也已经被大多数主流播放器兼容播放，而不需要通过转换等复杂的方式。F4V 是 Adobe 公司为了迎接高清时代而推出继 FLV 格式后的支持 H.264 的 F4V 流媒体格式。它和 FLV 主要的区别在于,FLV 格式采用的是 H263 编码，而 F4V 则支持 H.264 编码的高清晰视频，码率最高可达 50Mbps。也就是说 F4V 和 FLV 在同等体积的前提下，能够实现更高的分辨率，并支持更高比特率，就是我们所说的更清晰更流畅。另外，很多主流媒体网站上下载的 F4V 文件后缀却为 FLV，这是 F4V 格式的另一个特点，属正常现象，观看时可明显感觉到这种实为 F4V 的 FLV 有明显更高的清晰度和流畅度。

提示： AE CC支持大多主流的视频文件格式，以及一些例如REDONE摄影机拍摄的R3D专业视频格式，不过也有一些视频文件的用途并不是提供制作编辑，例如rmvb、mkv等常用的影片播放格式，所以这些格式的视频需要先使用第三方转换工具（例如格式工厂等）将其转换为可编辑的文件格式。

操作2：导入音频

在项目面板中双击打开"导入文件"对话框，分别选择 wav、mp3、wma、aiff 这些常用的音频文件，单击"导入"按钮，可以将其导入到项目面板中，如图 3-2 所示。

WAV 格式

WAVE（*.WAV）是微软公司开发的一种声音文件格式，用于保存 Windows 平台的音频信息资源，被 Windows 平台及其应用程序所支持。WAV 格式支持 MSADPCM、CCITT A LAW 等多种压缩算法，支持多种音频位数、采样频率和声道，WAV 格式的声音文件质量和 CD 相差无几，也是目前 PC 机上广为流行的声音文件格式，几乎所有的音频编辑软件都支持 WAV 格式。

图 3-2　导入常用音频的文件格式

MP3 格式

MP3 格式诞生于 20 世纪 80 年代的德国。所谓 MP3，指的也就是 MPEG 标准中的音频部分。MP3 问世不久，就凭着较高的压缩比和较好的音质创造了一个全新的音乐领域。MPEG 音频文件的压缩是一种有损压缩，MPEG-3 音频编码具有 10 ：1~12 ：1 的高压缩率，同时基本保持低音频部分不失真，而牺牲了声音文件中 12kHz 到 16kHz 高音频部分的质量来换取文件的尺寸。直到现在，MP3 作为主流音频格式的地位难以被撼动。因为 MP3 没有版权保护技术，谁都可以使用。MP3 格式压缩音乐的采样频率有很多种，可以用 64kbps 或更低的采样频率节省空间，也可以用 320kbps 的标准达到极高的音质。采用默认的 CBR（固定采样频率）技术可以以固定的频率采样一首歌曲，而 VBR（可变采样频率）则可以在音乐"忙"的时候加大采样的频率获取更高的音质，不过产生的 MP3 文件可能在某些播放器上无法播放。

AIFF 格式

AIFF（Audio Interchange File Format）格式和 WAV 非常相像，大多数的音频编辑软件都支持。它是 APPLE 公司开发的一种音频文件格式，是苹果电脑上面的标准音频格式，属于 QuickTime 技术的一部分。AIFF 虽然是一种很优秀的文件格式，但由于它是苹果电脑上的格式，因此在 PC 平台上并没有得到很大的流行。不过由于苹果电脑多用于多媒体制作出版行业，因此几乎所有的音频编辑软件和播放软件都或多或少地支持 AIFF 格式。AIFF 的包容特性使其支持许多压缩技术。

WMA 格式

WMA（Windows Media Audio）是微软公司推出的与 MP3 格式齐名的一种音频格式。由于 WMA 在压缩比和音质方面都超过了 MP3，更是远胜于 RA（Real Audio），即使在较低的采样频率下也能产生较好的音质。WMA 号称低码流之王，在 128kbps 及以下码流的试听中 WMA 完全超过了 MP3 格式，但是当码流上升到 128kbps 以后，WMA 的音质却并没有如 MP3 一样随着码流的提高而大大提升。

操作3：导入图片

在项目面板中双击打开"导入文件"对话框，分别选择 jpg、png、tga、psd、ai、gif 和 tif 格式的图片，单击"导入"按钮，可以将其导入到项目面板中，如图 3-3 所示。

JPEG 格式

JPEG 文件后缀名为 jpg 或 jpeg，是最常用的图像文件格式，是一种有损压缩格式，能够将图像压缩在很小的储存空间，图像中重复或不重要的资料会被丢失，因此容易造成图像数据的损伤。尤其是在使用过高的压缩比例时，最终解压缩后恢复的图像质量将明显降低。如果追求高品质图像，就不宜采用过高压缩比例。但是 JPEG 压缩技术十分先进，它用有损压缩方式去除冗余的图像数据，在获得极高的压缩率的同时能展现十分丰富生动的图像，换句话说，就是可以用最少的磁

图 3-3　导入常用图片的文件格式

盘空间得到较好的图像品质。而且 JPEG 是一种很灵活的格式，具有调节图像质量的功能，允许用不同的压缩比例对文件进行压缩，支持多种压缩级别，压缩比率通常在 10：1 到 40：1 之间。JPEG 格式压缩的主要是高频信息，对色彩的信息保留较好，适合应用于互联网，可减少图像的传输时间，支持 24 位真彩色，也普遍应用于需要连续色调的图像。JPEG 格式的应用非常广泛，特别是在网络和光盘读物上，都能找到它的身影。目前各类浏览器均支持 JPEG 这种图像格式。JPEG 格式的文件尺寸较小，下载速度较快。JPEG 不适用于所含颜色很少、具有大块颜色相近的区域或亮度差异十分明显的较简单的图片。

TGA 格式

TGA 的结构比较简单，属于一种图形、图像数据的通用格式，在多媒体领域有很大影响，是计算机生成图像向电视转换的一种首选格式。TGA 图像格式最大的特点是可以做出不规则形状的图形、图像文件，一般图形、图像文件都为四方形，若需要有圆形、菱形甚至是缕空的图像文件时，即带有透明背景时，TGA 可就派上用场了！TGA 格式支持压缩，使用不失真的压缩算法，是一种比较好的图片格式。

PNG 格式

PNG 是网上接受的较新图像文件格式。PNG 能够提供长度比 GIF 小 30% 的无损压缩图像文件。它同时提供 24 位和 48 位真彩色图像支持以及其他诸多技术性支持。

PNG 支持高级别无损耗压缩，支持 alpha 通道透明度，支持伽玛校正，支持交错，受最新的 Web 浏览器支持。不过较旧的浏览器和程序可能不支持 PNG 文件。

BMP 格式

BMP 是一种与硬件设备无关的图像文件格式，使用非常广。由于 BMP 文件格式是 Windows 环境中交换与图有关的数据的一种标准，因此在 Windows 环境中运行的图形图像软件都支持 BMP 图像格式。BMP 支持 1 位到 24 位颜色深度，与现有 Windows 程序（尤其是较旧的程序）广泛兼容。但 BMP 不支持压缩，生成的文件非常大。

TIFF 格式

TIFF 是一种主要用来存储包括照片和艺术图在内的图像的文件格式，图像格式复杂，支持多种编码方法，其中包括 RGB 无压缩、RLE 压缩及 JPEG 压缩等。TIFF 存储内容多，可以像 PSD 似的进行分图层存储，文件占用存储空间大，其大小是 GIF 图像的 3 倍，是相应的 JPEG 图像的 10 倍。TIFF 与 JPEG 和 PNG 等一起是流行的高位彩色图像格式。

GIF 格式

GIF 是一种基于 LZW 算法的连续色调的无损压缩格式。其压缩率一般在 50% 左右，不属于任何应用程序。目前几乎所有相关软件都支持它，公共领域有大量的软件在使用 GIF 图像文件。GIF 图像文件的数据是经过压缩的，而且采用了可变长度等压缩算法。所以 GIF 的图像深度从 1 位到 8 位，即 GIF 最多支持 256 种色彩的图像。GIF 格式的另一个特点是在一个 GIF 文件中可以存多幅彩色图像，如果把存于一个文件中的多幅图像数据逐幅读出并显示到屏幕上，就可构成一种最简单的动画。GIF 解码较快，因为采用隔行存放的 GIF 图像，在边解码边显示的时候可分成四遍扫描。第一遍扫描虽然只显示了整个图像的八分之一，第二遍的扫描后也只显示了 1/4，但这已经把整幅图像的概貌显示出来了。在显示 GIF 图像时，隔行存放的图像会给您感觉到它的显示速度似乎要比其他图像快一些，这是隔行存放的优点。

PSD 格式

PSD 是 Photoshop 图像处理软件的专用文件格式，可以支持图层、通道、蒙版和不同色彩模式的各种图像特征，是一种非压缩的原始文件保存格式。PSD 文件有时容量会很大，但由于可以保留所有原始信息，在图像处理中对于尚未制作完成的图像，用 PSD 格式保存是最佳的选择。

AI 格式

AI 格式是一种矢量图形文件，适用于 Adobe 公司的 Illustrator 输出格式。与 PSD 格式文件相同，AI 也是一种分层文件，每个对象都是独立的，它们具有各自的属性，如大小、形状、轮廓、颜色、位置等。以这种格式保存的文件便于修改，并可以在任何尺寸大小下按最高分辨率输出。

3.2　导入动态序列图片素材

　　视频是由一系列连续的静帧图像构成的，当一组连续的图片被导入后快速播放也就成为了视频动画效果。这里专为动态的序列图片提供了一种导入成视频的选项。

　　操作4：导入序列素材及帧速率设置

　　（1）在项目面板中双击打开"导入文件"对话框，选择"光斑"文件夹中的第一个文件，将 PNG 序列勾选中，单击"导入"按钮，将图片序列当作一段视频导入到项目面板中，如图 3-4 所示。

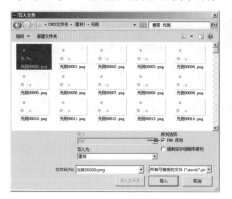

图 3-4　导入图片序列

　　（2）在项目面板中双击导入的素材，打开其素材视图面板，按空格键可以预览其动态画面，如图 3-5 所示。

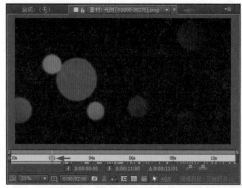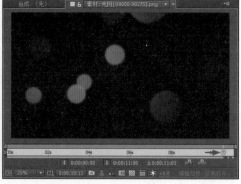

图 3-5　播放导入的图片序列动画

　　（3）选择菜单"编辑 > 首选项 > 导入"命令，打开"首选项"对话框，显示"导入"部分的设置内容，从中可以看到所设置的序列素材导入时默认的帧速率。上面按 PAL 制式 25 帧 / 秒的方式导入的 276 帧的序列动画长度为 11 秒 1 帧；如果这里默认为 NTSC 制式的 30 帧 / 秒，那么导入 276 帧的序列动画长度将会变成 9 秒 06 帧，如图 3-6 所示。

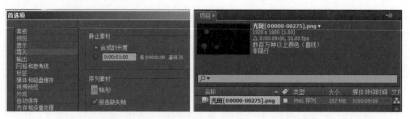

图 3-6　首选项的帧速率设置影响导入后素材的长度

3.3　导入透明背景素材的通道设置

在 AE CC 中合成画面时，上层会遮挡下层的画面，具有透明背景的素材对于合成使用十分有利。这些透明背景的素材具有 Alpha 通道属性，有些不同通道设置的文件在导入时需要注意对其通道的正确选择。

操作5：导入透明背景的图片素材

（1）在项目面板中双击打开"导入文件"对话框，选择"TGA 预乘 .tga"图片文件，单击"导入"按钮，将会弹出解释素材对话框，一般在不知道图片使用何种 Alpha 通道时，可以单击"猜测"按钮自动进行判断，这时自动选择为"预乘 - 有彩色遮罩"，单击"确定"按钮，将图片导入到项目面板。双击打开图片的素材视图面板，在其中打开"切换透明网格"按钮，查看透明效果，如图 3-7 所示。

图 3-7　查看选择为预乘后的透明背景效果

（2）再次导入同一图片文件，这次使用"直接 - 无遮罩"选项，同样在素材视图面板中查看透明效果，此时会发现这个选项并不正确，导致了所导入图像在透明背景中显示有黑色的边缘，影响使用的效果，如图 3-8 所示。

图 3-8　查看选择为直接后的透明背景效果不理想

操作6：导入透明背景的视频素材

在项目面板中双击打开"导入文件"对话框，选择"透明背景文字 .avi"文件，单击"导入"按钮，将其导入到项目面板中，双击打开其素材视图面板，在其中打开"切换透明网格"按钮，播放查看透明效果，如图 3-9 所示。

图 3-9　导入透明背景的 avi 视频

3.4 导入分层素材及方式设置

Photoshop 等软件可以提供分层的图像，由多层具有透明部分的图像组成，导入到 AE CC 中可以将其作为单独的一个图像，也可以作为多个具有透明部分的图像使用，多层图像往往在进行一些设计元素组合摆放的制作时有很多优势，可以利用其他软件将部分效果提前设计好，最后在 AE CC 中进行动画制作和效果处理。

操作7：以合并图层的方式导入分层图像

在项目面板中双击打开"导入文件"对话框，选择"时刻钟 .PSD"文件，单击"导入"按钮，弹出导入种类选项对话框，在其中将导入种类选择为"素材"，图层选项设为"合并的图层"，单击"确定"按钮将其导入到项目面板中，如图 3-10 所示。

图 3-10　以合并图层方式导入

操作8：以选择某一层的方式导入分层图像

在导入种类选项对话框中将导入种类选择为"素材"，图层选项更改为"选择图层"，选择其中的"图层 5"，将素材尺寸设为"文档大小"，单击"确定"按钮将其导入到项目面板中，如图 3-11 所示。

图 3-11　导入某一层图像

操作9：导入原来尺寸的图层

在导入种类选项对话框中将导入种类选择为"素材"，图层选项更改为"选择图层"，选择其中的"图层 5"，将素材尺寸设为"图层大小"，单击"确定"按钮将其导入到项目面板中。因为这个"时刻钟 .PSD"文档的尺寸为 1920×1080，而其中"图层 5"的尺寸为 2078×1397，所以在以文档尺寸导入时会以 1920×1080 为标准对画幅之外的内容进行裁切。这里选择以图层的方式导入后，可以看到更大的原图层尺寸的画面被完整导入，另外可以单击打开素材视图面板下方 ▥ 切换透明网格按钮查看黑色的内容，如图 3-12 所示。

提示： 在导入分层图时，需要注意是否有大于文档尺寸的图像，防止制作中需要但在导入时却被裁切的现象发生。

图 3-12　导入时保留原图层尺寸

操作10：以合成方式导入分层图像

在导入种类选项对话框中将导入种类选择为"合成"，单击"确定"按钮将其导入到项目面板中，可以看到全部图层被导入并放置在一个文件夹中，并按原文件名称和属性自动建立一个合成，如图 3-13 所示。

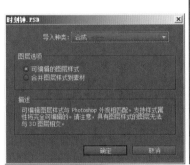
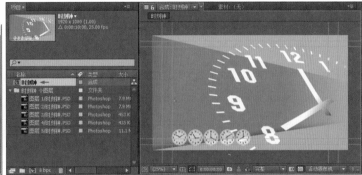

图 3-13　以合成方式导入

操作11：导入分层图像时尺寸选项的区别

同样，在导入合成时也有文档与图层两种方式的尺寸区别。在导入种类选项对话框中将导入种类选择为"合成－保持图层大小"，单击"确定"按钮将其导入到项目面板中，可以看到这次导入的有一样的合成与放置图层的文件夹，但各个图层的尺寸将不再与合成保持统一，可以单击项目面板右上角的 ▼ 图标，选择弹出菜单中的"列数 > 视频信息"，显示出"视频信息"栏列，查看各层的尺寸，如图 3-14 所示。

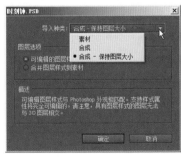

图 3-14　在项目面板中查看视频信息

3.5　解释素材及应用解释

对于已经导入到项目面板的素材，可以再次更改某些属性设置，例如帧速率、像素比等。

操作12：导入和查看视频素材存在的不同属性

在项目面板中双击打开"导入文件"对话框，选择"电影机.mov"及其相同内容不同规格的文件，单击"导入"按钮将这些文件一同导入到项目面板中。可以单击项目面板右上角的■图标选择弹出菜单中的"列数"下的相关栏列，在项目面板中显示出"帧速率"、"视频信息"、"媒体持续时间"和"大小"这几项栏列，用来分析和比较，如图 3-15 所示。

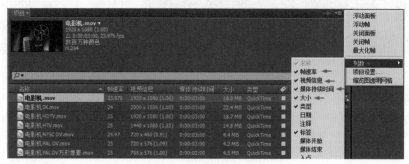

图 3-15　在项目面板中显示出栏列比较视频

这些常用视频规格的素材具有相同时长、相同画面和相同的编码方式，这里进行以下比较。

（1）同等情况下分辨率越高（视频信息中的画幅大小）占用存储空间越大，例如"电影机 2K.mov"为 22.4MB。

（2）像素比越小占用存储空间越大，例如"电影机 HDTV.mov"的像素材比为 1.00，比"电影机 HDV.mov"的 1.33 小，前者为 18.7MB，后者为 14.8MB。

（3）帧速率越大占用存储空间越大，例如"电影机 HDTV.mov"帧速率为 25，"电影机.mov"帧速率为 23.976，前者为 18.7MB，后者为 18.0MB。

通常这些占用空间越大的视频画质也越高，也就是说画质的高低有多方面综合因素，其中在制作中主要受分辨率、像素比和帧速率影响。除此之外的其他因素还有：前期拍摄现场光线条件、摄影设备品质及设置合理性的影响，后期制作过程中添加效果、调色等引起损失的影响，输出转制时视频编码压缩引起的损失影响等。

操作13：重新解释素材的帧速率属性

在项目面板中选中"电影机.mov"，选择菜单"文件 > 解释素材 > 主要"命令，打开"解释素材"对话框，在其中将匹配帧速率改为 25 帧 / 秒，这样在项目面板中素材属性得到更新，同时素材长度相对减短，如图 3-16 所示。

图 3-16　解释素材的帧速率

操作14：重新解释素材的像素比属性

在项目面板中选中"电影机 HTV.mov"，选择菜单"文件 > 解释素材 > 主要"命令，打开"解释素材"对话框，在其中将像素长宽比改为"方形像素"，这样在项目面板中素材属性得到更新，如图 3-17 所示。

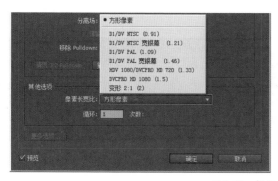

图 3-17　解释素材的像素比

双击打开"电影机 HTV.mov"的素材视图面板，可以看到无论 ▦ 切换像素长宽比校正按钮是否打开，其画面始终为变窄的效果。

重新在"解释素材"对话框还原像素比为 1.33，在素材视图面板中打开或关闭 ▦ 切换像素长宽比校正按钮，对比画面，如图 3-18 所示。

图 3-18　对比像素比对画面宽度的影响

提示： HTV的1440×1080实际上是由4：3的视频采用1.33的像素比后将画面变宽为16：9，HDTV的1920×1080则是真正的16：9。两者的画质对比中通常细微的区别用肉眼是无法识别的。另外对于拍摄的素材，对画质起关键作用的还是信噪比等其他一些指标。

3.6　导入其他 AE CC 项目

除了导入视音频和图片素材之外，AE CC 还可以导入相关的项目文件，例如 Pr CC 的项目、其他 AE CC 的项目、以及之前版本的项目等。

操作15：导入 Pr CC项目

在项目面板中双击打开"导入文件"对话框，选择 Pr CC 的一个项目文件"Pr CC 项目 CAR.prproj"，单击"导入"按钮，弹出导入选择对话框，在其中选择"CAR 剪辑版"这个 Premiere Pro CC 中的序列，单击"确定"按钮将其导入到项目面板中，即不用经过先由 Pr CC 将"CAR 剪辑版"序列时间轴中的内容输出为某个文件再提供给 AE CC 这样的中转，AE CC 可以直接使用其序列作为素材文件，如果在制作的过程中，导入的 Pr CC 序列内容也有所修改，因为两个软件存在着动态链接的关系，AE CC 中也会及时得到更新的结果，如图 3-19 所示。

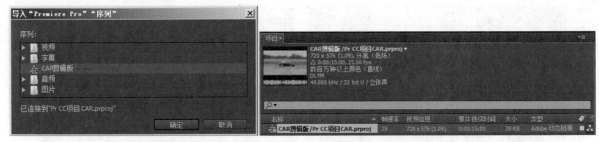

图 3-19　导入 Pr CC 项目文件

操作16：导入其他AE CC项目

在项目面板中双击打开"导入文件"对话框，选择 AE CC 的一个其他项目文件"换字模板 1.aep"，单击"导入"按钮，将其以文件夹的方式连同原来的项目状态全部导入到项目面板中，可以像打开原来的项目一样方便地进行制作，如图 3-20 所示。

提示： 在项目面板中导入其他AE CC项目文件不影响原来的项目文件，也不会更新原来项目的修改，两者没有动态链接关系。除了相同版本之外，AE CC 也可以导入以前版本的项目文件。

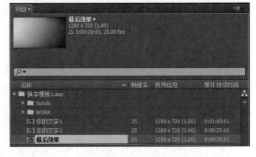

图 3-20　导入其他 AE CC 文件

3.7　实例：导入素材合成眩光文字

这里演示一个实例，通过导入几个视频、图片和音频文件素材，包括图片序列、带有透明透道的视频以及分层的图像素材，建立合成，最后制作成一段视音频动画。实例的最终效果如图 3-21 所示。

图 3-21　实例效果

实例的合成流程图示如图 3-22 所示。

实例文件位置：光盘 \AE CC 手册源文件 \CH03 实例文件夹 \ 导入素材合成眩光文字 .aep

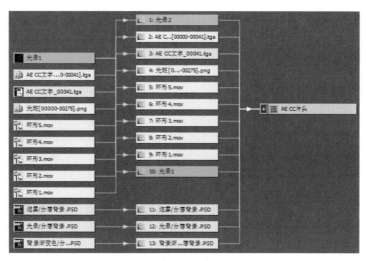

图 3-22　实例的合成流程图示

步骤 1：导入素材。

（1）导入"AE CC 文字"序列。在项目面板中双击打开"导入文件"对话框,选择本实例文件夹下"AE CC 文字"文件夹中的第一个文件,将"Targa 序列"勾选中,单击"导入"按钮,弹出解释素材对话框,在其中单击"猜测"按钮,再单击"确定"按钮,如图 3-23 所示。

图 3-23　导入文字序列动画

将序列文件导入到项目面板中,双击将其在素材视图面板中打开,可以打开视图面板下面的▨切换透明网格按钮,查看透明背景,按空格键播放或拖动时间位置预览这个序列文件的画面,如图 3-24 所示。

图 3-24　查看文字动画效果

（2）导入"光斑"序列。用同样的方式导入光斑序列,如图 3-25 所示。

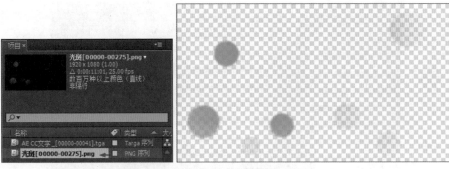

图 3-25　导入光斑序列

（3）导入环形动画素材。在项目面板中双击打开"导入文件"对话框，选择"环形 1.mov"至"环形 5.mov"这 5 个文件，单击"导入"按钮，将其导入到项目面板中，这 5 个动画元素也是带有透明背景的文件，其中的一个图像如图 3-26 所示。

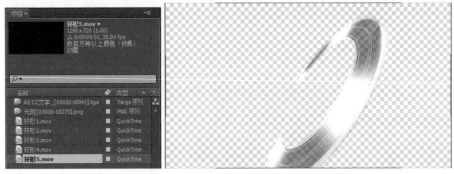

图 3-26　导入环形动画的视频素材

（4）导入分层背景。在项目面板中双击打开"导入文件"对话框，选择"分层背景 .PSD"文件，单击"导入"按钮，在弹出的对话框中将导入种类选择为"合成－保持图层大小"，单击"确定"按钮将其导入到项目面板中，可以看到自动以文件名称建立合成，并建立文件夹放置分层图像，其中图像的尺寸也各不相同，如图 3-27 所示。

图 3-27　导入分层图像

（5）导入音乐。同样，将"片头音乐 01.wav"文件导入到项目面板。

步骤 2：建立合成。

按 Ctrl+N 键打开"合成设置"对话框，将合成名称设为"AE CC 片头"，将预设选择为 HDTV 1080 25，将持续时间设为 10 秒，单击"确定"按钮，建立合成。

步骤 3：放置图层。

（1）先放置背景素材。将"背景渐变色 .jpg"、"光晕 .png"和"烟雾.mov"拖至时间轴中并以从下往上的顺序放置，如图 3-28 所示。

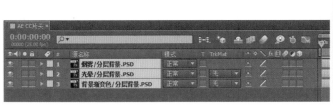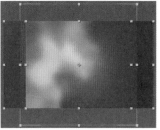

图 3-28   放置图层

（2）选中"烟雾"层，按 P 键展开其"位置"参数，调整第一个数值即 X 轴参数，将其位置移到左边缘，这里为 677。

（3）选中"光晕"层，展开其变换，将"缩放"设为（260，260%），将位置设为（0，1080），放大并将中心移至左下角。

（4）确认时间轴面板左下角的 展开或折叠转换控制窗格按钮为打开状态，显示出模式栏，将"烟雾"层的模式选择为"叠加"，如图 3-29 所示。

图 3-29   设置图层的变换属性和模式

（5）从项目面板选中"环形 1.mov"至"环形 5.mov"并将其拖至时间轴中，保持选中这 5 个图层的状态，按 Ctrl+Alt+F 键，其缩放数值会改变为（150，150%），统一放大至全屏的大小，接着将模式选择为"叠加"，如图 3-30 所示。

图 3-30   放置图层并设置大小和模式

（6）接着从项目面板中将光斑和文字序列素材拖至时间轴，文字放在顶层，选中光斑层，将其模式设为"相加"方式，按 T 键展开其不透明度，设为 50%，如图 3-31 所示。

图 3-31   放置图层并设置不透明度和模式

（7）因为文字动画的长度较短，这里导入其最后一幅画面，连接在动画之后。在项目面板中双击打开"导入文件"对话框，选择"AE CC 文字"文件夹中的最后一个文件，确认"Targa 序列"不被勾选，单击"导入"按钮，弹出解释素材对话框，在其中单击"猜测"按钮，再单击"确定"按钮将其导入到项目面板中，然后拖至时间轴中文字动画的下层，将时间移至第 1 秒 17 帧处，按 [键移动其入点，即在文字动画结束之后立即出现，如图 3-32 所示。

图 3-32　导入图片并放置到时间轴

步骤 4：合成动画。

（1）为添加的静止文字制作一个缓慢缩小的动画。选中文字图层，按 S 键展开其"缩放"属性，在第 1 秒 17 帧处单击打开"缩放"前面的秒表开启关键帧记录，当前数值为（100，100%）；按 End 键将时间移至合成结束的位置，即 9 秒 24 帧处，将"缩放"数值设为（80，80%），如图 3-33 所示。

图 3-33　添加缩放动画

在两个关键帧之间文字慢慢变小，如图 3-34 所示。

图 3-34　查看缩放效果

（2）为画面添加新的光晕效果。先按 Ctrl+Y 键打开"纯色设置"对话框，从中将名称设为"光晕 1"，将颜色设为黑色。单击"新建"按钮在时间轴中建立纯色层。然后将其移至"烟雾"层之上，将模式设为"相加"，选择菜单"效果＞生成＞镜头光晕"命令，添加效果，如图 3-35 所示。

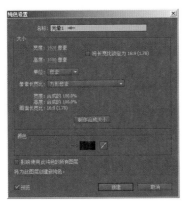

图 3-35　建立纯色层并添加效果

（3）将"镜头光晕"效果的"镜头类型"设为"105 毫米定焦"，将时间移到第 0 帧，单击打开"光晕中心"和"光晕亮度"前面的秒表，开启关键帧记录，"光晕中心"第 0 帧时为（960，1080），第 1 秒16 帧时为（960，540）；"光晕亮度"第 0 帧时为 0%，第 10 帧时为 150%，第 1 秒 16 帧时为 120%，这样动画文字飞入时伴随有背景高亮的光晕，如图 3-36 所示。

图 3-36　设置光晕效果动画

（4）选中"光晕 1"层，按 Ctrl+D 键创建一个副本层，按主键盘上的 Enter 键将其重命名为"光晕 2"，移至顶层，将时间移至第 3 秒处，按 [键将入点移到第 3 秒处。快速按两次 U 键展开其更改过的属性，将"镜头类型"设为"50-300 毫米变焦"，删除所有原来的关键帧，将"光晕亮度"设为 80%，在第 3 秒时，再次单击打开"光晕中心"前面的秒表，将数值设为（600，620），即光晕中心点位于两行文字之间的左侧；将时间移至第 9 秒 24 帧，将数值设为（1230，620），即光晕中心点位于两行文字之间的右侧，如图 3-37所示。

图 3-37　创建图层副本并修改效果

（5）最后，从项目面板中将音乐素材拖至时间轴中，完成制作。可以按小键盘的 0 键预览最终的视音频效果。

第4章
时间轴与合成视图面板的操作

打开软件，导入素材之后，接下来就需要建立合成，在合成的时间轴面板中放置素材图层或创建新图层进行制作，在合成视图中查看时间轴中的制作效果。本章介绍建立合成的选项、在时间轴中的操作和在合成视图中的操作。

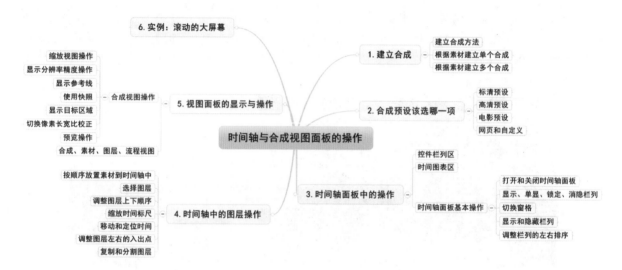

4.1 建立合成

当建立一个合成时，也就意味着建立了一个影片"容器"，在其中进行处理制作，完成制作后，即可将这个"容器"输出为最终的影片。

操作文件位置：光盘 \AE CC 手册源文件 \CH04 操作文件夹 \CH04 操作 .aep

操作1：建立合成的方法

（1）可以在启动 AE CC 时的欢迎屏幕中单击"新建合成"。

（2）在主界面中选择菜单"合成 > 新建合成"命令。

（3）在项目面板中单击面板下部的 ▣ 新建合成按钮。

（4）在项目面板中将素材拖至面板下部的 ▣ 按钮上释放，按素材的属性新建合成。

（5）在项目面板的空白处右击，选择弹出菜单"新建合成"命令。

（6）使用快捷键 Ctrl+N 键来建立合成。

操作2：向新建合成按钮同时拖放多个素材建立合成

在项目面板中将多个选中的素材拖至面板下部的 ▣ 按钮上释放时，会有建立一个或多个合成的选择，操作如下。

（1）在项目面板中导入三个素材文件；选中这三个素材，将其拖至面板下部的 ▣ 按钮上释放，会弹出对话框，如图 4-1 所示。

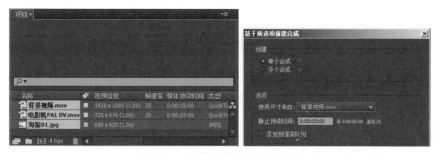

图 4-1　从多素材建立合成的选项

（2）如果选择创建多个合成，则会根据三个素材各自的尺寸、帧速率和长度来建立各自名称命名的合成；如果选择创建单个合成，则按"使用尺寸来自"后选项素材的尺寸、帧速率、命名方式建立一个合成，合成长度为最长素材的时长；如果其中有静止图像，则会按设定的"静止持续时间"来预设静止图像的时长，当然这个长度可以在合成中随意更改；如果勾选序列图层，则会将几个素材在合成中前后连接起来，并且可以预设是否重叠和重叠时长，当然这个功能也可以在菜单"动画 > 关键帧辅助 > 序列图层"中进行操作，如图 4-2 所示。

图 4-2　创建多个合成与创建一个合成

4.2　合成预设该选哪一项

建立合成命令时，会弹出"合成设置"对话框，按制作目的，在这里进行相应的设置，例如定义视频的分辨率、像素比和帧速率等。AE CC 中有多种常用视频制作的预设，这样就不用每次都进行参数设置了，而众多预设的选择也是合成制作的第一个关键工作，如图 4-3 所示。

面对众多的预设，在制作中该如何选用呢，国内常用的制作设置有以下操作中的几种可能。

操作3：合成预设的选择使用

（1）制作标清视频，即标准清晰度视频。在标清预设中可以看到有NTSC 和 PAL 的区别，国内使用 PAL 制式，所以首先可以排除 NTSC的选项。而 PAL 制式又有四种针对不同像素比的选项，其中 PAL D1/DV 的画面为 4:3，像素比为 1.09:1,；PAL D1/DV 宽银幕的画面为16:9，像素比为 1.46:1。另外两种方形像素的预设则直接按 4:3 或 16:9的画面比例重定画面分辨率，播放结果与对应画面比例的预设相同。制作标清视频通常会选择 PAL D1/DV，其分辨率为 720×576，像素比为1.09:1，帧速率为 25 帧／秒，是国内电视台播放节目的格式，也是高清之前音像光盘、磁带等制品主流的视频规格，如图 4-4 所示。

图 4-3　建立合成时提供的视频预设

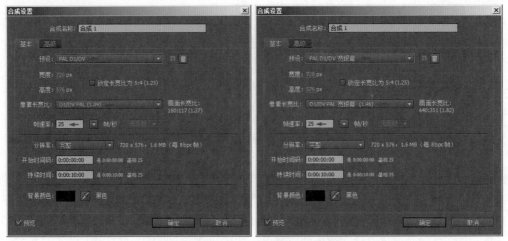

图 4-4　标清 4:3 与 16:9 视频的预设选项

（2）制作 1080P 视频，也称高清晰度视频、高清视频，在国内制作首先在帧速率为 25 帧 / 秒的选项中选择。高清制作通常选择的预设为 HDTV 1080 25，其分辨率为 1920×1080，像素比为 1:1 的方形像素，帧速率为 25 帧 / 秒，是当前已经或正要代替标清的主流视频规格。另外的一种 HDV 1080 25 的分辨率为 1440×1080，通过改变像素比为 1.33:1，也能达到 16:9 的画面，如果拍摄素材使用了这一分辨率时，制作时可以保持一致选择此项，如图 4-5 所示。

图 4-5　高清方形像素与非方形像素的预设选项

（3）制作 720P 视频，也称准高清，选择 HDV/HDTV 720 25，其分辨率为 1280×720，像素比为 1:1 的方形像素，帧速率为 25 帧 / 秒，是美国一些电视台视频格式的标准，也是目前网络上常用的一种兼高画质与便于传播的折中方案。国内使用 25 帧 / 秒，美国则使用 29.97 帧 / 秒，如图 4-6 所示。

图 4-6　准高清 720P 国内和美国的预设选项

（4）制作电影视频包装特效时，根据需要可能会选择胶片 2K 或胶片 4K 的预设。由于电影视频画面的像素数量较大，通常以 K 为单位表示，1K=1024，2K=2048，4K=4096，即 1K 画面宽度为 1024 像素，2K 画面宽度为 2048 像素，4K 画面宽度为 4096 像素，不管说几 K 指的都是水平方向的像素数量。常规的电影视频都统一为 24 帧 / 秒，如图 4-7 所示。

图 4-7　电影 2K 和 4K 的预设选项

（5）制作网页或自定义视频，可以选择提供的两个 Web 视频预设，例如 Web 视频 320×240，像素比为 1:1 的方形像素，帧速率为 15 帧 / 秒。需要注意的是网页视频一般采用较低的帧速率来控制文件的占用存储的大小，而其他用途的视频帧速率一般有电影使用的 24 帧 / 秒、PAL 制式视频使用的 25 帧 /秒和 NTSC 制式视频使用的 30 帧 / 秒。网页通常会自定义尺寸，另外电影、电视之外的其他实际需求也经常需要自定义设置，例如为一个 2:1 的大屏幕制作播放的视频节目，可以自定义 2:1 的宽、高度比例，如 2000×1000，使用方形像素，帧速率设为 25 帧 / 秒，如图 4-8 所示。

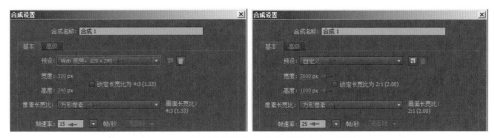

图 4-8　一种网页预设和一个大屏幕自定义设置

提示： 对于经常使用的自定义设置，可以单击预设右侧的 按钮新建预设，这样下次可以直接选用。

4.3　时间轴面板中的操作

每个合成都有其自己的时间轴面板，绝大多数合成操作将在时间轴面板中完成。时间轴面板的左侧是图层的控件栏列区，显示图层名称和部分常用的栏列，其他栏列可以在需要的时候打开显示。时间轴面板的右侧是时间图表区，包括当前时间指示器和时间标尺图层条等，如图 4-9 所示。

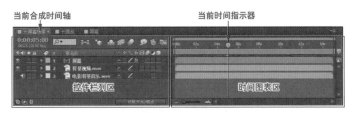

图 4-9　时间轴面板

合成的当前时间由当前时间指示器（CTI）予以指示，该指示器是时间图表中的垂直红线。合成的当前时间还显示在时间轴面板左上角的当前时间显示区中。下面进行熟悉时间轴面板的基本操作。

操作4：时间轴面板基本操作

（1）打开和关闭时间轴面板。

在项目面板建立一个新的合成时会自动打开其时间轴面板；在项目面板中双击已存在的合成会打开

其时间轴面板，双击多个选中的合成会同时打开多个时间轴面板；当同时显示多个时间轴面板时，可单击上面的标签进行切换；可以一个一个关闭多余的时间轴面板，也可以在时间轴面板右上角选择弹出菜单中的"关闭其他时间轴面板"保留当前打开的时间轴面板，一次性将其他时间轴面板关闭，如图4-10所示。

图4-10　只保留当前时间轴的菜单选项

（2）显示、单显、锁定、消隐栏列。

在时间轴左侧，通过对图层👁栏的开关，可以切换视频或图片图层的使用状态，关闭即不在合成画面中显示。

如果是音频素材则通过切换🔊栏开关来决定是否使用。

打开●（独奏）栏的开关则在合成中排除其他层，只启用当前层或打开相同标记的层。

打开🔒栏开关，可以锁定层，防止对其意外操作，关闭后才能对其修改。

单击➕（消隐）栏开关可以切换为➖状态，这样打开时间轴上部的➕总开关后，这个标记的图层将在时间轴中隐藏，主要用在时间轴有较多的图层时，减少图层显示以方便操作，如图4-11所示。

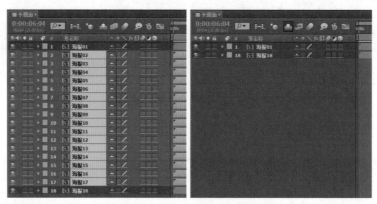

图4-11　用消隐开关切换显示和隐藏图层

提示： 不同于👁开关的是，➕栏的切换不影响当前层在合成视图中的状态，只是为了方便其他图层在时间轴的显示操作。

（3）切换窗格。

单击时间轴左下部的▦（图层开关）、🔁（转换控制）和🎞（时间栏）可以切换这些栏列的显示和关闭，其中图层开关和转换控制比较常用，一般在制作中都可显示出来，也可以为了节省空间显示出其中一个，通过单击 切换开关/模式 来切换显示。时间栏中有"入点"、"出点"、"持续时间"和"伸缩"百分比例，一般在操作涉及的时候才显示出来，操作完毕后关闭显示，如图4-12所示。

图4-12　切换窗格

（4）显示和隐藏栏列。

时间轴中除了默认显示出来的栏列，还有一些隐藏的栏列可以在时间轴右上角的弹出菜单"列数"下面勾选显示，也可以在已显示栏列上右击，从弹出菜单"列数"下面勾选显示，例如勾选"父级"可以将其栏列显示出来。要隐藏某个栏列，可以在其上右击，选择弹出菜单中的"隐藏此项"命令，如图 4-13 所示。

（5）调整栏列的左右排序。

用鼠标左右拖动栏列，可以自定义其左右排列的顺序，如图 4-14 所示。

图 4-13　显示或隐藏栏列　　　　　　　　　　　图 4-14　拖动栏列左右排列的顺序

4.4　时间轴中的图层操作

合成是影片的框架，每个合成都有其自己的时间轴，典型的合成包括多个不同类型的图层：视频素材、音频素材、动画文本、矢量图形、静止图像以及在 AE CC 中创建的纯色层、摄像机、灯光、调节层等。

操作5：按顺序放置素材到时间轴中

在时间轴可以单独选中素材拖至时间轴中，也可以选择多个素材同时拖至时间轴中。当选择多个素材时，可以配合 Ctrl 键累加选择，也可以配合 Shift 键选中首尾之间全部素材，这样拖放到时间轴中将会按选择的顺序从上至下放置图层。

（1）在项目面板中素材按名称正常排序，先选中 01 素材，再按住 Shift 键单击 06 素材，拖至时间轴中，将按 01 至 06 从上至下排序。

（2）在项目面板中素材按名称正常排序，先选中 06 素材，再按住 Shift 键单击 01 素材，拖至时间轴中，将按 06 至 01 从上至下排序。

（3）在项目面板中先选中 01 素材，再按住 Ctrl 键依次单击 03、05、02、04、06 素材，拖至时间轴中，将按选择时的顺序从上至下排序，如图 4-15 所示。

图 4-15　选择的顺序影响放置的排序

操作6：选择图层

（1）在时间轴中单击图层可以将其选中，配合 Ctrl 或 Shift 键单击可以选中多层。

（2）按数字小键盘的数字可以选中所在序号的层，超过第 9 层时可以快速键入数字来选择，例如键入 2 和 1 键可以选中第 21 层。

（3）按住 Shift 键按小键盘的数字键可以增加选中多个键入序号的图层。

（4）按 Ctrl+ 上下方向键可以选择上一层或下一层；按 Ctrl+Shift+ 上下方向键可以向上或向下增加选中多个图层。

（5）按 Ctrl+A 键全选时间轴中的图层，按 Ctrl+Shift+A 键取消全部选中状态。

提示：　锁定标记的图层不可选中，这样可防止被修改，但可以打开或关闭图层的显示状态。

操作7：调整图层上下顺序

（1）使用鼠标可以将选中的一个图层或多个图层上下拖动，改变图层顺序。

（2）也可以使用 Ctrl+Alt+ 上下方向键将选中的一个图层或多个图层上下移动，改变图层顺序。

（3）按 Ctrl+Alt+Shift+ 上下方向键可以将选中图层移至时间轴顶层或底层。

操作8：缩放时间标尺

（1）按主键盘的 + 或 - 键，可以放大或缩小时间标尺的刻度显示。

（2）可以拖动时间轴时间图表区顶部的时间导航器两端来放大或缩小时间标尺的刻度显示。

（3）可以拖动时间轴时间图表区左下部的时间缩放导航器来放大或缩小时间标尺的刻度显示。

（4）在时间标尺刻度放大的状态下，按住顶部的时间导航器、或下部左右查看滑条、或使用 手形工具（空格键临时切换）左右拖动，都可以向左或向右查看时间位置，如图 4-16 所示。

图 4-16　缩放时间标尺

操作9：移动和定位时间

（1）拖动时间定位器可以将时间移至某个时间点。

（2）按 Page Up、Page Down 或 Ctrl+ 左右方向键可以向左或向右移动 1 帧距离的时间位置。

（3）按 Shift+Page Up、Shift+Page Down 或 Ctrl+Shift+ 左右方向键可以向左或向右移动 10 帧距离的时间位置。

（4）按 Home、End 或 Ctrl+Alt+ 左右方向键，可以将时间定位到合成开始或结束位置。

（5）单击时间轴左上角的时码，激活为输入状态，输入时码来定位时间点，可以直接输入数字而省略标点，按右对齐位数自动变换时码，例如用小键盘输入 100 即定位到第 1 秒 00 帧处（省略标点）；按 25 也定位到第 1 秒 00 帧处（自动换算 25 帧为 1 秒）；还可以输入算式，例如单击激活原来 1 秒的时码，输入 +100 会变成 2 秒，如图 4-17 所示。

图 4-17　输入时码算式来定位时间

操作10：调整图层左右的入出点

（1）选中图层，移动时间定位器到某一时间点，按 [键和] 键可以将图层的入点或出点移动到当前时间点，图层整体移动，如图 4-18 所示。

图 4-18　移动图层的入点

（2）选中图层，移动时间定位器到某一时间点，按 Alt+[键和 Alt+] 键可以剪切图层的入点或出点到当前时间点，图层位置不变，如图 4-19 所示。

图 4-19　剪切图层的入点

操作11：复制和分割图层

（1）Ctrl+C 和 Ctrl+V 键复制和粘贴选中的 1 个或多个图层。

（2）按 Ctrl+D 键可以重复创建选中的 1 个或多个图层的副本。

（3）按 Ctrl+Shift+D 键可以分割选中的 1 个或多个图层，如图 4-20 所示。

图 4-20　分割图层

4.5　视图面板的显示与操作

在视图面板中可以按多种方式来显示合成的画面，合成视图左上部是相关合成的名称，单击可切换合成；面板下方有显示的百分比、参考线、当前时间码、分辨率选项、切换透明网格按钮、像素比校正按钮等，通过以下操作来熟悉合成视图面板中的常用操作，合成面板其他项将在后面涉及部分逐一讲解。合成视图面板如图 4-21 所示。

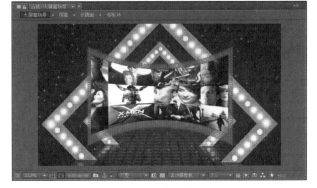

图 4-21　合成视图面板

操作12：合成视图操作

（1）缩放视图操作。

在合成视图面板左下角的百分比选项中可以选择视图显示大小的百分比，选择"适合"选项时，将始终根据视图面板的大小来自动调整比例显示画面全貌。也可以使用如下快捷键来进行缩放操作。

① 按 < 键和 > 键缩放视图画面显示的大小。

② 按 / 键以 100% 比例显示画面。

③ 按 Alt+/ 键以适合大小的比例显示画面。

（2）显示分辨率精度操作。

在视图面板下部的分辨率选项中可以选择以完整分辨率、二分之一、三分之一、四分之一或自定义来显示视图中的画面。此外也有一个自动选项，根据当前画面显示比例来自动选择分辨率，例如 50% 以上自动使用完整分辨率来显示；33.3% 至 50% 自动使用二分之一的分辨率；25% 至 33.3% 自动使用三分之一的分辨率。

（3）显示参考线。

单击打开 按钮，可以选择显示标题／动作安全框、网络、参考线和标尺等。

（4）使用快照。

单击 按钮可以为当前合成视图中的画面拍摄快照，用来与后来制作调整的画面作比较；经过制作调整之后，用鼠标按住▇按钮将对比显示拍摄的快照。

（5）显示目标区域。

单击打开▇按钮，然后在合成视图中绘制矩形局部显示区域，这样有利于在复杂计算的制作过程中更快地刷新局部关键的画面显示，也可以选择菜单"合成>剪裁合成到目标区域"命令将合成的尺寸重新定义为所绘制区域的大小。

（6）切换像素长宽比校正。

对非正方形像素比的合成画面，单击▇按钮将切换当前像素比与正方形像素比的显示。

（7）预览操作。

通过按空格键或拖动时间轴中的时间定位器来在合成视图中预览视频效果，也可以在预览面板中通过相关播放按钮进行预览操作。

操作13：合成视图、素材视图、图层视图、流程图

视图面板有不同的类型，如合成视图、素材视图、图层视图以及流程图。

（1）双击合成大多会显示合成视图的状态。

（2）在项目面板中双击素材，会显示素材视图。

（3）在时间轴中双击素材层，会显示素材视图。

（4）在时间轴中双击创建的纯色层，将会显示其图层视图。

（5）在时间轴中选中合成层，在其上右击，选择弹出菜单"打开图层"，会显示图层视图。

（6）在合成视图中单击▇按钮，将会显示合成的流程图示，如图4-22所示。

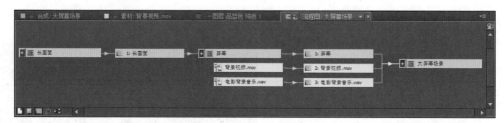

图4-22　几种类型的视图

4.6　实例：滚动的大屏幕

本章介绍的时间轴和合成操作中，时间轴可以进行很多复杂的操作，是整个合成制作的主要工作对象；合成视图的作用主要是显示功能，同时也可以直接对素材画面进行摆放、旋转、缩放、对齐等操作。这里将利用多个图片在合成视图中进行对齐排列，制作一个滚动的大屏幕动画，效果如图4-23所示。

图4-23　实例效果

实例的合成流程图示如图 4-24 所示。

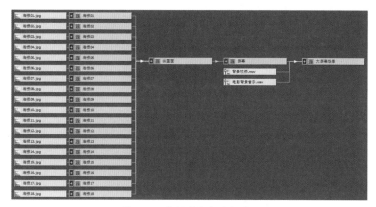

图 4-24　实例的合成流程图示

实例文件位置：光盘 \AE CC 手册源文件 \CH04 实例文件夹 \ 滚动的大屏幕 .aep

步骤 1：导入素材。

在项目面板中双击打开"导入文件"对话框，将本实例准备的一个视频文件、一个音频文件和多个图片文件全部选中，单击"导入"按钮，将其导入到项目面板中，如图 4-25 所示。

图 4-25　导入素材

步骤 2：建立海报合成。

（1）建立海报合成。

按 Ctrl+N 键打开"合成设置"对话框，将合成名称设为"海报 01"，可以先将预设选择为 HDTV 1080 25，这样确定了方形像素比和帧速率，然后将宽度修改为 400，高度改为 225，再将持续时间设为 15 秒，单击"确定"按钮建立合成。

（2）放置海报调整大小。

可以从项目面板中将"海报 01.jpg"拖至时间轴中，展开图层的变换属性，适当调整其位置和缩放属性，使其在画面中合理地显示。也可以从项目面板中将"海报 01.jpg"直接拖至合成视图中，确认使用的是工具栏的▶选取工具，在合成视图中对图像进行拖移，或者拖动边角时按住 Shift 键进行等比缩放，如图 4-26 所示。

步骤 3：建立长画合成。

（1）建立长画面合成。

按 Ctrl+N 键打开"合成设置"对话框，将合成名称设为"长画面"，合成的其他参数设置默认沿用上次使用的设置状态，这里将宽度修改为上次 400 的 6 倍，即 2400；高度修改为原来 225 的 3 倍，这里可以在原来 225 的后面输入 *3，即乘以 3，数值会自动换算为 675，单击"确定"按钮建立合成，如图 4-27 所示。

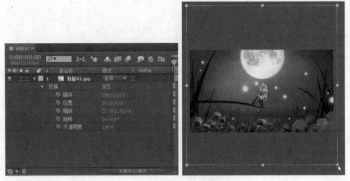

图 4-26　放置素材并调整大小位置

（2）放置和复制图层。

从项目面板中将合成"海报 01"拖至时间轴中，按 Ctrl+D 键 5 次，新创建 5 个副本层，如图 4-28 所示。

图 4-27　建立自定义合成

图 4-28　创建副本层

（3）排列和对齐。

选择菜单"窗口 > 对齐"命令显示出"对齐"面板。按 Ctrl+A 键全选时间轴中的图层，在"对齐"面板中"将图层对齐到"选择为"合成"，单击 按钮垂直靠上对齐，如图 4-29 所示。

图 4-29　垂直靠上对齐

选择最下一个图层，单击 按钮水平靠左对齐，然后选择最上一个图层，单击 按钮水平靠右对齐，如图 4-30 所示。

图 4-30　水平靠右对齐

再按 Ctrl+D 键全选图层，单击 ![]按钮水平居中分布按钮，将这 6 个海报图像等距离分布排列，如图 4-31 所示。

图 4-31　水平居中分布

（4）复制图层。

在时间轴中选中这 6 个图层，按 Ctrl+C 键复制，再按 Ctrl+V 键粘贴，新的图层被放置在时间轴上层，处于选中状态，此时紧接着单击 ![]按钮垂直居中对齐，如图 4-32 所示。

图 4-32　复制图层并垂直居中对齐

同样，再次按 Ctrl+V 键粘贴，紧接着单击 ![]按钮垂直靠下对齐，这样排列摆放好海报画面，如图 4-33 所示。

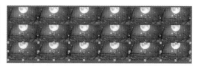

图 4-33　复制图层并垂直靠下对齐

步骤 4：建立屏幕合成。

（1）建立屏幕合成。

按 Ctrl+N 键打开"合成设置"对话框，将合成名称设为"屏幕"，宽度设为 1200，高度设为 675，持续时间设为 15 秒，单击"确定"按钮建立合成。

（2）放置图层。

从项目面板中将"长画面"拖至时间轴中，如图 4-34 所示。

图 4-34　放置合成层

步骤 5：建立大屏幕场景合成。

（1）建立"大屏幕场景"合成。

按 Ctrl+N 键打开"合成设置"对话框，将合成名称设为"大屏幕场景"，将预设选择为 HDTV 1080

25，将持续时间设为 15 秒，单击"确定"按钮建立合成。

（2）然后将"屏幕"和"电影背景音乐 .wav"拖至新建合成的时间轴中，分别放在顶层和底层，如图 4-35 所示。

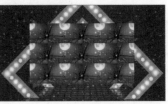

图 4-35　放置素材

（3）选中"屏幕"层，将时间移至后部画面中大屏幕静止的位置，参照背景的大屏幕，选择菜单"效果 > 扭曲 > 变形"命令，并设置变形样式为"凸出"，弯曲为 -26，如图 4-36 所示。

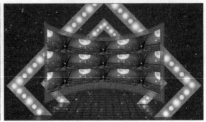

图 4-36　添加变形画面效果

（4）查看背景视频的动画在第 1 秒 10 帧处画面中的场景停止下来，所以将添加的大屏幕设为在此时出现。选中"屏幕"层，按 T 键显示其"不透明度"，将时间移至第 1 秒 10 帧处，单击打开"不透明度"前面的秒表，开启关键帧记录，将此时设为 0%；将时间移至第 2 秒 10 帧处，设为 100%，这样逐渐显示出来，如图 4-37 所示。

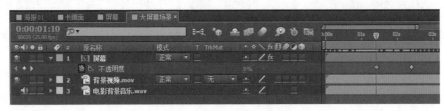

图 4-37　设置逐渐显示的动画

步骤 6：替换海报画面。

（1）创建海报合成副本。

在项目面板中选中合成"海报 01"，按 Ctrl+D 键会创建一个副本"海报 02"，并删除其中的图层。因为屏幕中将放置 18 张海报的图像，所以继续按 Ctrl+D 键，直到出现"海报 18"为止。双击打开"海报 02"的时间轴，从项目面板中放置新的海报图像，并调整大小和位置。然后用相同的方法替换所有海报合成中的图像。

提示：这里采用了一个方法，就是将海报素材先放到海报合成中，然后将海报合成放到"长画面"合成中进行对齐排列，而不是直接对齐排列海报素材，这是因为各个海报素材尺寸不一，通过放到海报合成这个环节解决了尺寸统一的问题。利用 AE 便捷的操作优势，合成数量多或图层多并不代表制作难度大、耗费时间长，有清晰的思路和正确的操作方法会很快完成看似繁琐的工作。

（2）切换到"长画面"合成的时间轴，选中第 2 层，按住 Alt 键从项目面板中将"海报 02"拖至时间轴的第 2 层上释放，将其替换。用同样的方法将"长画面"时间轴中所有图层替换为不同的画面，如图 4-38

所示。

图 4-38 替换不同画面

步骤 7：设置屏幕滚动的动画。

（1）切换到"屏幕"时间轴，选中"长画面"层，按 P 键展开"位置"属性，配合"大屏幕场景"合成中屏幕显示出现的时间点，即将时间移至 2 秒 10 帧处，单击打开"长画面"层"位置"前面的秒表，开启关键帧记录，单击"对齐"面板的 ▦ 按钮水平靠左对齐，此时位置数值变为（1200，337.5）如图 4-39所示。

图 4-39 设置起始位置关键帧

（2）按 End 键将时间移至合成的结尾，即 14 秒 24 帧处，单击"对齐"面板的 ▦ 按钮水平靠右对齐，此时位置数值变为（0，337.5）如图 4-40 所示。

图 4-40 设置结束位置关键帧

步骤 8：调整大屏幕效果。

（1）切换到最终效果的"大屏幕场景"合成，选中"屏幕"层，选择菜单"效果 > 风格化 > 发光"命令，并设置发光强度为 0.3，添加屏幕上适当的光感效果，如图 4-41 所示。

图 4-41 添加光感效果

（2）完成制作，按小键盘的 0 键预览完整的视音频效果。

第5章

一个常规的合成与特效制作流程

5. 输出和备份　　　　　　1. 导入和组织素材

一个常规的合成与特效制作流程　　2. 在合成中放置图层

4. 制作特殊效果　　　　　3. 合成图层动画

5.1　AE CC 制作流程介绍

AE CC 的操作使用有其一套通用的操作流程，例如首先进行素材的导入、制作之前需要建立合成。通常一个影片合成制作的流程包括以下几个步骤。

（1）导入和组织素材

启动 AE CC 后以一个空白的项目文件存在，对于需要利用的素材要先导入到"项目"面板中。在导入图片素材时，可能涉及通道、序列、分层画面、像素长宽比等不同类型的解释方式；在导入视频素材时，也可能涉及通道、帧速率、像素长宽比等不同类型的解释方式。除了可以导入视音频和图片素材，还可以导入相关的项目文件，如果素材较多，可以在项目面板中建立文件夹分类管理。

（2）在合成中放置图层

AE CC 所有的合成操作和效果应用都是针对于合成中的图层进行的，在这些合成与效果制作之前，需要先建立合成，然后在合成的时间轴中放置素材图层，或者由 AE CC 本身创建层，这些层的存在是下一步的操作基础。

（3）合成图层动画

对于时间轴中的图层，进行多种方法的操作，将这些图层叠加合成到一个画面中，通过建立关键帧等手段为其制作动画效果，使视频、图像和音乐合成到一起形成视频影片。

（4）制作特殊效果

对于制作合成到一起的画面往往还会进一步为其添加某些特殊效果，例如调整风格色彩，添加粒子、光效，或者应用一个追踪、爆炸等特技效果，使制作最终达到预想的目的。因为一些特效效果添加后会增加软件的运算量，所以在不影响合成操作与动画设置的情况下，一般在制作流程后一阶段来应用效果。

（5）输出和备份

完成制作后，将最终合成添加到渲染队列中，按需导出结果或输出为需要的文件，并且备份整个制作项目。

在上述整个流程的 5 个步骤中，除了最先的导入素材和最后的输出备份，中间的 3 个步骤并不是严格的先后顺序关系，可能会在放置部分图层后，立即为其制作动画和添加效果，然后再放置其他部分图层，继续添加效果或制作动画，存在一个交替的过程。

5.2　实例：旋转地球制作流程

本实例的目标是制作成一个旋转地球的场景动画，并在地球上按顺序插放着写有 AE CC 操作流程 5

个步骤的路牌。而所有这些效果，通过准备好的 8 个图片即可完成，实例最终效果如图 5-1 所示。

图 5-1　旋转地球实例效果

实例的合成流程图示如图 5-2 所示。

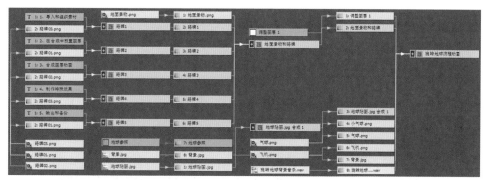

图 5-2　实例的合成流程图示

实例文件位置：光盘 \AE CC 手册源文件 \CH05 实例文件夹 \ 旋转地球 .aep

步骤 1：导入和组织素材。

（1）导入制作中使用的所有文件：一个背景、一个地面景物、一个地球贴图、一个飞机、3 个路牌、一幅气球图片素材和一段音乐，其中图片素材如图 5-3 所示。

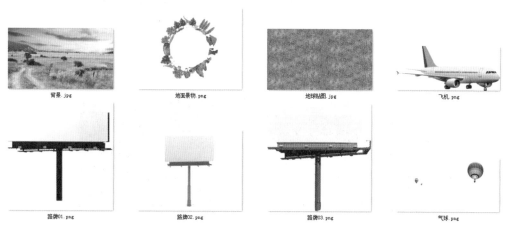

图 5-3　素材图片

（2）在项目面板中单击[图标]新建文件夹图标，在项目面板中建立文件夹并命名为"图片素材"，将所有图片拖至文件夹中，如图 5-4 所示。

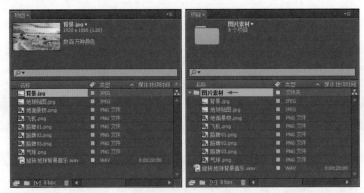

图 5-4 导入素材并将图片整理到文件夹中

步骤 2：在合成中放置图层。

（1）按 Ctrl+N 键打开"合成设置"对话框，在其中将合成名称设为"地面景物与路牌"，将预设选择为胶片（4K），将持续时间设为 20 秒，单击"确定"按钮建立新合成。

提示： 这里选择使用胶片（4K）是想利用其较大的宽度和高度尺寸，制作一个大的画面，方便操作。最终视频效果并不以4K的尺寸输出，而只取其中的一部分区域。另外，这里在4K的合成中没有涉及动画制作，否则需要统一帧速率。

（2）按 Ctrl+Y 键打开"纯色设置"对话框，将名称设为"地球参照"，将宽度和高度均设为 1000 像素，指定任意颜色，这里选用黄色，单击"确定"按钮建立新的纯色层，如图 5-5 所示。

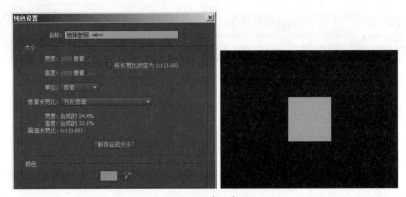

图 5-5 创建纯色层

（3）确认"地球参照"层为选中状态，在工具栏中双击椭圆工具按钮，为纯色层添加一个正圆形的蒙版，如图 5-6 所示。

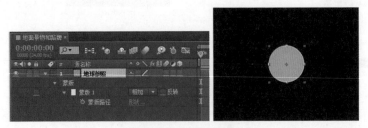

图 5-6 绘制正圆形蒙版

（4）从"项目"面板中将"地面景物 .png"拖至时间轴上层，然后将"地球参照"层放大到与景物适应的大小，这里缩放为（160，160%）。可以打开合成视图面板下部的切换透明网格的方式查看结果，如图 5-7 所示。

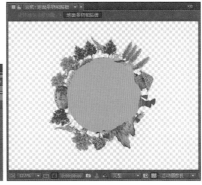

图 5-7　设置缩放参数

（5）从"项目"面板中将"背景 .jpg"拖至时间轴底层，将其移至画面上部合适的位置，这里"背景 .jpg"的"位置"为（2048，540），如图 5-8 所示。

图 5-8　放置图层并调整位置

提示： 最终的视频将以"背景.jpg"画面的区域为准。另外，在这里也可以很直观地对比一下高清画幅（"背景.jpg"）与4K画幅（当前合成画面）的大小比例。

（6）准备放置路牌画面。先建立另一个合成，按 Ctrl+N 键打开"合成设置"对话框，在其中将合成名称设为"路牌 1"，将预设选择为 HDTV 1080 25，将持续时间设为 20 秒，单击"确定"按钮建立新合成。

（7）从项目面板中将"路牌 03"拖至新时间轴中，缩放大小，调整位置，使准备放置文字的牌板居中，如图 5-9 所示。

图 5-9　放置图层并调整大小和位置

（8）在时间轴空白处右击，选择弹出菜单中的"新建 > 文本"，输入"1、导入和组织素材"，然后按小键盘的 Enter 键结束输入状态，如图 5-10 所示。

图 5-10　新建文本

（9）在字符面板和段落面板对文字进行设置，这里字体为"方正卡通体"，颜色为黑色，大小为80像素，对齐方式为居中，如图5-11所示。

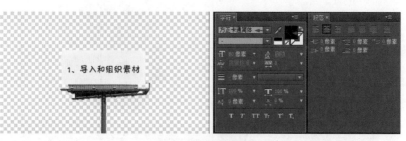

图 5-11　设置文本

（10）在项目面板中，选中"路牌1"，按Ctrl+D键将创建一个重复的副本"路牌2"，继续按Ctrl+D键创建副本"路牌3"、"路牌4"和"路牌5"，如图5-12所示。

图 5-12　按 Ctrl+D 键创建副本

提示： 在AE CC中制作同类元素的时候，通常会采用这个方法，即先做好其中一个，然后创建出副本，通过修改副本的方式来制作其他同类元素，这样有利于一致性，操作起来也更快捷。

（11）打开"路牌2"合成的时间轴，修改文字为"2、在合成中放置图层"，将图片更换为"路牌01.png"并调整大小和位置，如图5-13所示。

图 5-13　调整"路牌2"合成

（12）打开"路牌3"合成的时间轴，修改文字为"3、合成图层动画"，将图片更换为"路牌02.png"并调整大小和位置，如图5-14所示。

图 5-14　调整"路牌3"合成

（13）打开"路牌 4"合成的时间轴,修改文字为"4、制作特殊效果",图片为"路牌 03.png",如图 5-15 所示。

图 5-15　调整"路牌 4"合成

（14）打开"路牌 5"合成的时间轴，修改文字为"5、输出和备份"，将图片更换为"路牌 01.png"并调整大小和位置，如图 5-16 所示。

图 5-16　调整"路牌 5"合成

（15）在时间轴中切换到"地面景物和路牌"面板，然后单击右上角的 按钮，选择弹出菜单的"关闭其他时间轴面板"命令，这样只保留当前一个时间轴面板为打开状态，如图 5-17 所示。

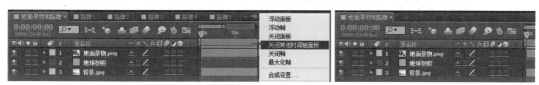

图 5-17　只保留一个合成时间轴面板的操作

（16）从项目面板中将"路牌 1"拖至时间轴顶层，如图 5-18 所示。

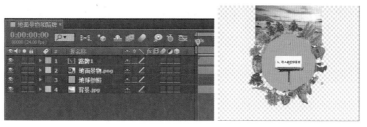

图 5-18　放置图层

（17）展开"路牌 1"的变换，将其缩放设为（92，92%），然后在锚点的第二个数值即 Y 轴数值上拖动鼠标，使图形的轴心在画面中心点处不动，图形远离轴心上移至地球表面合适的位置，这里为位置的 Y 轴数值 1940，如图 5-19 所示。

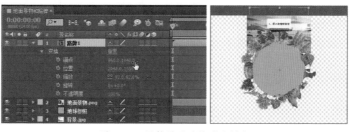

图 5-19　调整图层的缩放和锚点

（18）在时间轴中选中"路牌 1"，按 Ctrl+D 键 4 次，创建出 4 个重复的副本。然后先选中第 2 个路牌层，按住 Alt 键从项目面板中将"路牌 2"拖至其上释放并将其替换为"路牌 2"；再依次选中第 3 至第 5 路牌层，分别配合 Alt 键拖动替换为新的"路牌 3"至"路牌 5"，如图 5-20 所示。

图 5-20　创建副本层

（19）选中这 5 个路牌层，按 R 键展开其旋转，分别用鼠标拖动数值，将其按顺序旋转放置，如图 5-21 所示。

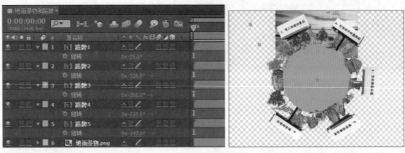

图 5-21　调整图层旋转角度

（20）将"地面景物 .png"层拖至顶层，关闭"地球参照"和"背景 .jpg"层的显示，这样完成当前这个合成的设置，如图 5-22 所示。

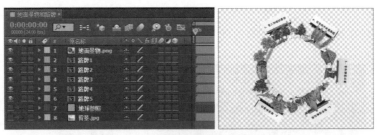

图 5-22　调整图层顺序和关闭图层显示

（21）建立另一个合成，按 Ctrl+N 键打开"合成设置"对话框，在其中将合成名称设为"旋转地球流程动画"，将预设选择为 HDTV 1080 25，将持续时间设为 20 秒，单击"确定"按钮建立新合成。

（22）从项目面板中将"地面景物和路牌"拖至新的时间轴中，调整其位置的 Y 轴为 1556，如图 5-23 所示。

提示：可以先在合成视图中粗略调整位置，然后在时间轴的变换属性下将位置参数修正为精确的数值，这个数值也可以参考与之有对应关系的锚点的参数值。

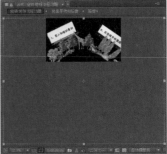

图 5-23　放置图层并调整位置

（23）从项目面板中将"地球贴图 .jpg"拖至时间轴中，从"效果和预设"面板中将"透视"下的 CC Sphere 拖至"地球贴图 .jpg"图层上，为其添加一个将平面贴图转变为球体的效果，如图 5-24 所示。

图 5-24　添加效果

（24）对 CC Sphere 下的属性进行设置，首先将其影响中心点位置的 Offset（偏移）的数值与"地面景物和路牌"层的"位置"数值保持一致，然后调整 Radius（半径）的数值将其放大，再调整 Light（灯光）下的属性数值并设置其光影效果，如图 5-25 所示。

图 5-25　设置效果

（25）此时会发现地球的纹理过大，可以选中"地球贴图 .jpg"层，选择菜单"图层 > 预合成"命令，打开"预合成"对话框，使用保留属性的第一项，勾选"打开新合成"，单击"确定"按钮，同时打开新建立合成的时间轴，如图 5-26 所示。

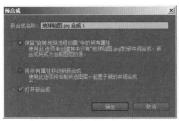

图 5-26　设置预合成

（26）从"效果和预设"面板中将"风格化"下的"动态拼贴"拖至"地球贴图 .jpg"图层上，将"拼贴宽度"和"拼贴高度"均设为 20，这样将纹理变得更细小，如图 5-27 所示。

图 5-27　添加效果并设置

(27) 关闭当前合成，返回到"旋转地球流程动画"合成的时间轴，原来的图片层被合成层取代，合成视图中地球的纹理变细，如图 5-28 所示。

图 5-28　查看图层与纹理效果

（28）从项目面板中将"飞机 .png"、"气球 .png"、"背景 .jpg"和"旋转地球背景音乐 .wav"放置到时间轴中，并将"地面景物和路牌"移至顶层，如图 5-29 所示。

图 5-29　放置素材和调整图层顺序

步骤 3：合成图层动画。

（1）选中"地面景物和路牌"层按 R 键展开其旋转属性，再展开"地球贴图 .jpg 合成 1"层 CC Sphere 效果下的 Rotation Z，按住 Alt 键用鼠标单击 Rotation Z 前面的 时间变化秒表，添加表达式，接着用鼠标按住 表达式关联器拖至"地面景物和路牌"的"旋转"属性上释放，建立属性关联，如图 5-30 所示。

图 5-30　添加表达式关联

（2）在第 1 秒处单击打开"地面景物和路牌"下"旋转"前面的秒表，开启关键帧记录，将此时数值设为 45°，如图 5-31 所示。

图 5-31　添加关键帧并设置

（3）在第 18 秒处将"旋转"数值设为 -213°，这样将景物及地球一同旋转起来，如图 5-32 所示。

图 5-32　设置关键帧

（4）双击"气球"图层，打开其图层视图，在工具栏中使用■矩形工具为其建立一个只包括右侧大气球的蒙版，将使用■锚点工具将图层的锚点移至大气球上，如图 5-33 所示。

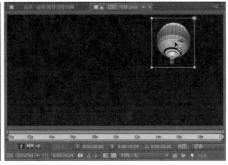

图 5-33　为图层建立蒙版

（5）在时间轴中选中"气球 .png"层，按 Ctrl+D 键创建一个重复的副本层，按主键盘上的 Enter 键可以将其重新命名，这里命名为"小气球 .png"，双击打开其图层视图，删除矩形蒙版，在工具栏中选择■椭圆工具，为左侧的小气球建立一个小的蒙版，同样使用■锚点工具将图层的锚点移至这个气球上，如图 5-34 所示。

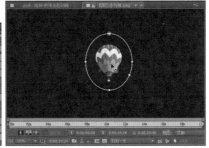

图 5-34　创建副本并重命名和添加蒙版

（6）在时间轴中选中"小气球 .png"层，按 P 键显示"位置"属性，在第 0 帧时单击打开其前面的秒表，为其设置位移动画，第 0 帧时设为（-100，800），第 19 秒 24 帧时设为（400，200），如图 5-35 所示。

图 5-35　设置左侧图像位置关键帧动画

（7）在时间轴中选中"气球 .png"层，按 P 键显示"位置"属性，在第 0 帧时单击打开其前面的秒表，为其设置位移动画，第 0 帧时设为（-100，800），第 19 秒 24 帧时设为（1700，160），如图 5-36 所示。

图 5-36　设置右侧图像位置关键帧

（8）选中"飞机 .png"层，将时间移至第 6 秒，按 [键将其入点移至第 6 秒处，按 P 键显示"位置"属性，在第 6 秒时单击打开其前面的秒表，设为（-260，1000），时间移至第 12 秒，设为（2200，1000），并按 Alt+] 键剪切出点，如图 5-37 所示。

图 5-37　设置图层关键帧和入出点

（9）在工具栏中选择■顶点工具，向上拖拉移动路径两个端点的曲线手柄，将直的路径变为曲线的路径，如图 5-38 所示。

（10）飞机的直线路径改为曲线后，飞机自身还一直处于飞平的状态，这里选择菜单"图层 > 变换 > 自动方向"打开"自动方向"对话框，选择"沿路径定向"，单击"确定"按钮，飞机沿曲线路径自动调整自身的旋转方向，如图 5-39 所示。

图 5-38　调整位移路径的曲线手柄

图 5-39　设置图层的自动定向

（11）为动画部分的地球转动设置一个缓缓起动和渐渐停止的效果，选中"地面景物和路牌"层，按 U 盘展开其关键帧，单击时间轴上方的■图表编辑器按钮，将图层状态切换到动画关键帧的图表编辑器状态，如图 5-40 所示。

（12）双击旋转属性名称，选中两个关键帧，然后单击图表编辑器右下方的■缓动按钮，这样关键帧由直线变为曲线，越接近水平曲线旋转越慢，如图 5-41 所示。

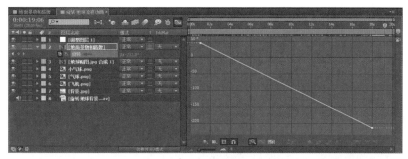

图 5-40　切换到图表编辑器

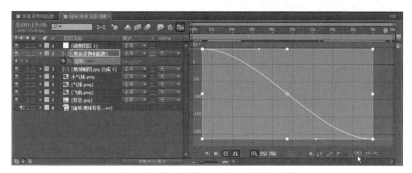

图 5-41　将关键帧设为缓动的曲线方式

步骤 4：制作特殊效果。

（1）从"效果和预设"面板的"模糊和锐化"下，将"快速模糊"效果拖至"背景 .jpg"层，设置模糊度为 16，并将"重复边缘像素"切换为"开"。

（2）将"快速模糊"效果拖至"气球 .png"层，设置模糊度为 8。

（3）同样，再将"快速模糊"效果拖至"小气球 .png"层，设置模糊度为 12，如图 5-42 所示。

图 5-42　添加快速模糊效果

（4）在时间轴空白处右击，选择弹出菜单"新建 > 调整图层"命令，建立"调整图层 1"，位于时间轴顶层。

（5）从"效果和预设"面板的"颜色校正"下将"曲线"效果拖至"调整图层 1"上，添加调色效果，如图 5-43 所示。

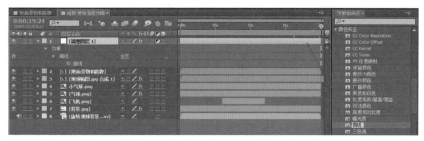

图 5-43　添加曲线效果

（6）在"效果控件"面板中，将用鼠标在调色直线的右上四分之一处建立一个点，并向上拖动一些，这样可以增强亮色调。再用鼠标在调色直线的左下四分之一处建立一个点，并向下拖动一些，降低暗色调。这样整个画面效果更加鲜艳亮丽，如图5-44所示。

图5-44　设置曲线调色效果

步骤5：输出和备份。

（1）通过以上的制作完成最终的效果，最后可以按小键盘的0键进行完整的视音频预览。

（2）可以按Ctrl+M键将"旋转地球流程动画"合成添加到"渲染队列"面板中，如图5-45所示。

（3）这里在"输出模块"后的黄色设置项上单击，打开其"输出模块设置"对话框，这里在其中设置格式为QuickTime，通道为RGB，视频编码器为H.264，选择"打开音频输出"，选择44.100kHz，16位立体声，单击"确定"按钮，如图5-46所示。

图5-45　添加最终合成到渲染队列面板中

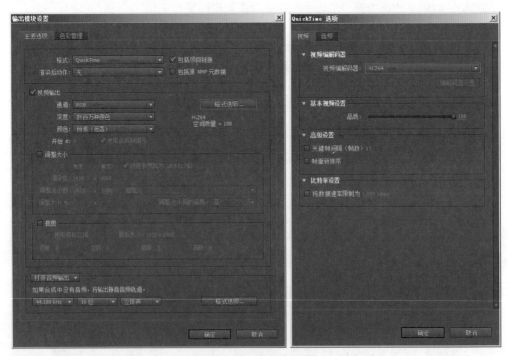

图5-46　进行输出模块设置

（4）在"渲染队列"面板的"输出到"之后选择输出文件路径并确认输出文件名称之后，单击"渲染"按钮即可渲染输出，如图5-47所示。

（5）最后，还需要确认项目文件是否保存好，或者进行备份。可以通过整理工程完整无缺地将所有素材和当前项目备份到一个文件夹。选择菜单"文件 > 整理工程 > 收集文件"命令，打开"收集文件"对话框，在其中将收集源文件选项选择为"全部"，单击"收集"按钮，指定路径即可进行完整的备份，如图 5-48 所示。

图 5-47　渲染输出过程中　　　　　　　　　　图 5-48　对项目进行备份

第6章

关键帧动画

关键帧是计算机动画的术语，帧就是动画中最小单位的单幅影像画面，相当于电影胶片上的一格镜头。在动画软件的时间轴上帧表现为一格或一个标记。关键帧也相当于二维动画中的原画，指角色或者物体运动或变化中的关键动作所处的那一帧。在 AE CC 的制作过程中会有大量关键帧操作，而关键帧在操作过程中有许多细节设置需要了解，这也是学习中的一个重点。本章对关键帧的基本操作和进一步的细节设置进行分类讲解。

6.1 关键帧的基本操作

AE CC 中，关键帧与关键帧之间的动画可以由软件计算出来，制作者只要关注关键帧的设置便能控制整个动画。当使用关键帧创建动画时，通常至少要使用两个关键帧，一个用于变化开始时的状态，一个用于变化结束时的新状态。

操作文件位置：光盘 \AE CC 手册源文件 \CH06 操作文件夹 \CH06 操作 .aep

操作1：关键帧基本操作

（1）查看弹跳动画的关键帧。

对于静态的素材可以设置一些属性的关键帧变化让其动起来，这里先查看一个设置好关键帧的图层，按 U 键可以显示图层已设置的关键帧，按空格键或小键盘的 0 键预览动画。使用关键帧导航 ◄ ► 处的向左或向右按钮来转到左一个或右一个关键帧时间位置，也可以使用快捷键 J 或 K 来向左或向右转到某个关键帧的位置，如图 6-1 所示。

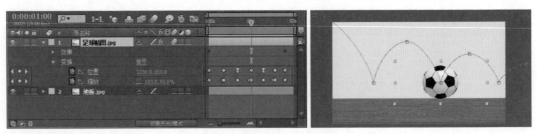

图 6-1　查看弹跳关键帧动画

提示： 不要小看这个简单的模拟足球弹跳的动画，在没有掌握好关键帧部分的知识点之前，想要制作自然流畅的动画效果可不容易。

（2）添加关键帧和选中关键帧。

在时间轴中的属性名称前有一个 时间变化秒表，单击成为 打开秒表状态，将会记录属性的参数值。再次单击会变回 关闭秒表状态。

当打开秒表时，时间轴中的当前时间处将添加一个关键帧，将时间移至另一处单击时间轴左侧关键帧导航处的 将再添加一个关键帧；可以单击选中或框选中时间轴中的关键帧，选中时将以高亮的颜色显示，如图 6-2 所示。

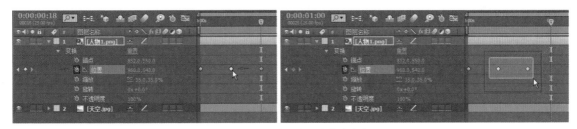

图 6-2　添加关键帧和选中关键帧

提示： 在时间轴的上部还有一个 按钮，单击打开后变成 红色的录制状态，这是个修改时的"自动关键帧"属性按钮，打开后每当调整属性的数值时，即使没有打开属性前面的秒表，也会记录关键帧。初学时暂时可以不用这个功能，以免在操作时记录多过不想要的关键帧。

（3）移动关键帧。

用鼠标选中一个或多个关键帧左右拖动，可以改变关键帧的位置。

选中一个或多个关键帧后，按住 Alt 键的同时按键盘上的左右方向键，也可以逐帧向左或向右移动关键帧。

按住 Shift 键的同时，用鼠标移动关键帧，可以将关键帧的位置吸附到当前时间指示器的位置、其他图层的一端、标记点处等可对齐时间处，如图 6-3 所示。

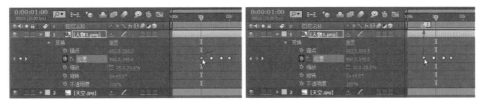

图 6-3　移动关键帧

（4）在同一属性中复制和粘贴关键帧。

可以在同一属性中选中一个或多个关键帧，先按 Ctrl+C 键复制，然后在其他的时间位置按 Ctrl+V 键粘贴关键帧，如图 6-4 所示。

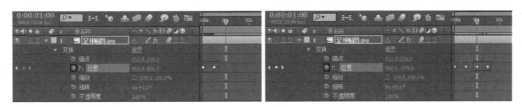

图 6-4　在同一属性中复制和粘贴关键帧

（5）在不同属性中复制粘贴关键帧。

对于相同维度数组的关键帧，先按 Ctrl+C 键复制，然后再选中相同维度的不同属性，按 Ctrl+V 键也可以粘贴关键帧，如图 6-5 所示。

图 6-5　在不同属性中复制粘贴关键帧

（6）挑选累加选择关键帧操作。

按住 Shift 键的同时单击选择或框选，可以累加选择关键帧，如图 6-6 所示。

（7）使用关键帧索引。

在时间轴右上角单击■按钮，选择弹出菜单中的"使用关键帧索引"，关键帧图标将变成带有序号的关键帧索引，便于准确识别第几个关键帧，如图 6-7 所示。

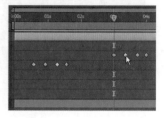

图 6-6　挑选累加选择关键帧操作

图 6-7　使用关键帧索引

6.2　运动路径的关键帧

在设置位置的关键帧动画时，关键帧路径有直线和曲线的区别，在制作中可以相互转换，对于路径曲线的形状也可以通过关键帧手柄来调整。

操作2：转换位置关键帧的曲线路径为直线路径

在第 0 帧、第 10 帧和第 20 帧建立三个关键帧，设置台球碰岸变向运动的关键帧，此时的关键帧为默认的曲线路径，如图 6-8 所示。

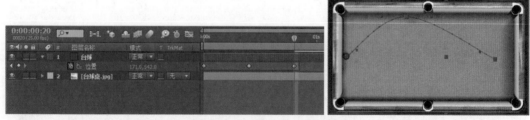

图 6-8　关键帧默认的曲线路径

方法一：双击"位置"属性的名称，将三个关键帧全部选中，然后在其中一个关键帧上右击，选择弹出菜单中的"关键帧插值"命令，打开"关键帧插值"对话框，从中将"空间插值"选择为"线性"，如图 6-9 所示。

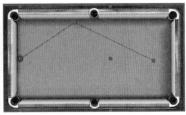

图 6-9　在"关键帧插值"对话框中设置

方法二：将关键帧恢复为原来的"自动贝塞尔曲线"路径，双击"位置"属性的名称，将三个关键帧全部选中，然后在工具栏中选择■转换顶点工具，在合成视图中的其中一个关键帧上单击，原来的曲线路径将转变为直线路径，如图 6-10 所示。

提示： 使用转换顶点工具单击合成视图中的关键帧，将在曲线路径和直线路径的类型之间来回切换。

此外，在首选项中可以更改每次添加位置关键帧的路径是使用直线还是曲线，选择菜单"编辑 > 首选项 > 常规"命令，在打开的对话框中将"默认的空间插值为线性"勾选上，单击"确定"按扭，然后关闭软件重新打开 AE CC。这样新建立的位置移动路径将是直线的方式，不过因为曲线路径的情况占大多数，所以一般情况下不勾选这一选项，当使用直线路径时，使用以上两种方法将曲线转换成直线即可，如图 6-11 所示。

图 6-10　使用转换顶点工具调整　　　　图 6-11　修改首选项中默认的空间插值为线性

操作3：调整位置关键帧的曲线路径

（1）这里将项目面板中准备的"天空 .jpg"图像拖至项目面板的■新建合成按钮上释放，建立"天空"合成，然后将"人物 1.png"拖至时间轴中放在顶层，"缩放"设为（35，35%），将时间移至第 0 帧时单击打开"位置"前面的秒表开启关键帧，如图 6-12 所示。

图 6-12　打开秒表开启关键帧

（2）将时间移至第 1 秒处，单击关键帧导航处的■添加一个关键帧，同样在第 2 秒、第 3 秒处添加关键帧，此时的"位置"数值均相同。

（3）将时间移至第 0 帧处，单击"位置"参数的 Y 轴数值，输入 +300；将时间移至第 1 秒，单击"位置"参数的 X 轴数值，输入 +300 ；将时间移至第 2 秒，在"位置"参数的 Y 轴数值后输入 -300 ；将时间移至第 3 秒，在"位置"参数的 X 轴数值后输入 -300；这样数值自动运算变化，如图 6-13 所示。

图 6-13　添加关键帧和用运算方式修改关键帧

（4）将时间移至第 4 秒，选中第 0 帧的关键帧，先按 Ctrl+C 键复制，再按 Ctrl+V 键粘贴，如图 6-14 所示。

图 6-14　在结尾处复制开始关键帧

（5）此时动画的关键帧数值都确定好了，运动路径要达到一个近似圆形的循环，可以通过调整关键帧手柄来实现。在合成视图中单击选中其中的一个关键帧，在关键帧两侧会显示两个手柄，使用■选择工具或■转换顶点工具可以调整路径的弯曲度，这样可以调整为圆形的路径，在时间轴中全选关键帧可以显示出全部的手柄，如图 6-15 所示。

图 6-15　调整手柄使路径变成圆形

提示： 在将路径调整为圆形时，可以暂时建立一个正圆的图形放在下层作为路径弯曲度参考。

（6）此时人物按圆形路径移动，但方向没有发生变化。选中"位置"属性，选择菜单"图层 > 变换 > 自动定向"命令，对打开的对话框中，将"自动方向"设为"沿路径定向"，单击"确定"按钮，这样人物的方向始终保持初始的头部向中心的状态，如图 6-16 所示。

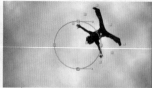

图 6-16　设为沿路径定向的方式

6.3　速度变化的关键帧

在简单的移动关键帧动画中，会存在着是均速的运动还是变速的运动，在两个关键帧之间，软件会自动计算出运动的速度，不仅能制作出均速的动画，按指定的设置还能制作出先快后慢的动画，先慢后快的动画，或者由慢起动至加速运动、再减速结束的效果等动画，这个变速的设置就是关键帧的速率。

操作4：关键帧速率的操作

（1）打开本书对应的操作项目，打开"操作 11 时间线性插值操作"合成，选择"台球"层，按 P 键展开其"位置"属性，如图 6-17 所示。

图 6-17　打开合成并展开"位置"属性

（2）在第 0 帧时打开"位置"前面的秒表记录关键帧，第 0 帧时设为（1565,540)，即从右侧开始移动；将时间移至第 4 秒处，设为（165，540)，即终点为左侧，如图 6-18 所示。

图 6-18　设置关键帧

（3）按小键盘的 0 键进行实时的预览，可以看到此时台球以均匀的速度移动。在一个关键帧上右击，选择弹出菜单中的"关键帧插值"，在打开的对话框中，"临时插值"默认为"线性"，如图 6-19 所示。

图 6-19　查看关键帧的临时插值

（4）单击时间轴上方的 开关切换到图表编辑器显示方式，单击打开"位置"前面的 按钮，在图表编辑器中显示当前这个属性。单击 选择图表类型和选项按钮，在弹出菜单中选中"编辑速度图表"，在图表编辑器中显示时间插值的曲线。此时时间插值为水平的直线，即时间从 0 帧至第 4 秒保持均匀速度，数值不变，如图 6-20 所示。

（5）单击时间轴上方的 开关切换到图层显示方式，选中两个"位置"关键帧，然后在某一个关键帧上右击，选择弹出菜单中的"关键帧插值"，在打开的对话框中，将"临时插值"设为"贝塞尔曲线"，此时可以看到关键帧的形状发生了变化，如图 6-21 所示。

图 6-20　查看时间插值曲线

图 6-21　转变为贝塞尔曲线关键帧

（6）单击时间轴上方的 开关切换到图表编辑器显示方式，使用鼠标拖动后一个关键帧的手柄向下移至 0 像素 / 秒的水平线处，然后再用鼠标拖动前一个关键帧的手柄向上移至 1000 像素 / 秒的水平线处，如图 6-22 所示。

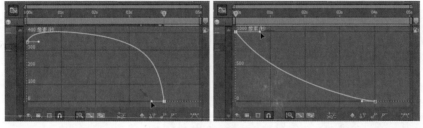

图 6-22　调整关键帧曲线

（7）按小键盘的 0 键预览动画，此时台球在从开始移动后速度逐渐放慢，直至终点处停止。这个速度变化在合成视图的移动路径中以位置点显示，即路径直线上右侧运动较快时，点之间的距离相对较大，左侧运动较慢时，点之间的距离相对较小，点之间的距离逐渐减小变得密集，说明速度也是在逐渐减慢，如图 6-23 所示。

图 6-23　关键帧动画速度逐渐减慢

6.4　关键帧的时间插值和空间插值

通过上面运动路径关键帧和速度变化关键帧的操作，其实就已经体验了关键帧插值的效果了。关键帧插值就是在两个已知的数值之间填充未知数值的过程。关键帧之间的插值可以用于对运动、效果、音频电平、图像调整、透明度、颜色变化等添加动画。

关键帧插值又分为时间插值和空间插值，分别对应上面的速度变化和路径变化。两者在操作上又有着明显的不同，即时间插值动画只能在时间轴中确定关键帧数值，空间插值动画可以在合成视图中确定关键帧数值。

操作5：关键帧的时间插值和空间插值的区别

（1）时间插值动画只能在时间轴中设置关键帧数值。

时间插值影响属性随着时间的变化方式，如"不透明度"只具有时间插值属性，需要在时间轴中进行属性的数值设置，例如正常可见状态时"不透明度"为100%，当设置为50%时将会半透明，设置为0%时则不再显示，如图6-24所示。

图 6-24　不透明度关键帧只能在时间轴中设置

（2）空间插值动画可以在合成视图中调整关键帧数值。

空间插值影响运动路径或形状，如"位置"同时具有时间和空间属性，"缩放"同时具有时间和形状属性。可以在时间轴中进行属性的数值操作，也可以在合成视图面板中进行直观的空间位置操作。例如在制作足球落下弹起的动画时，可以将时间移至第 0 帧处，打开"位置"关键帧后，在合成视图中将足球拖至画面顶部，这样确定了第一帧"位置"的数值；将时间移至第 1 秒时，将足球拖至下方的地板上，这样确定了第二帧"位置"的数值；再将时间移至第 2 秒时，将足球拖至顶部，这样确定了第三帧"位置"的数值，即可以在合成视图中调整关键帧数值，如图 6-25 所示。

图 6-25　位置关键帧可以在合成视图或时间轴中设置

此外，还可以同时在合成视图中直接调整"缩放"动画，而对于具有空间属性的关键帧操作，通常可以采用先在合成视图面板中调整大致的空间位置或形状，然后在时间轴中将数值调整精确的做法。例如制作足球弹跳的关键帧动画具有空间属性，可以先大致确定几个关键帧在视图中的空间位置，然后在时间轴中精确数值，包括三个落到地板平面上的高度相同，即"位置"属性中 Y 轴的数值保持一致，以下效果可以在学习完关键帧的内容后再作练习，如图 6-26 所示。

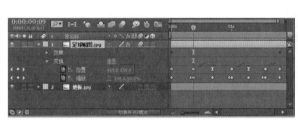

图 6-26　在合成视图和时间轴中操作空间插值动画

6.5　关键帧插值的简单分类

关键帧插值可简单分为线性插值和贝塞尔曲线插值。

在时间关键帧插值中，线性插值即以上操作中关键帧之间水平直线插值的均速效果；贝塞尔曲线插值即关键帧之间的上下高度不一样的曲线变速效果。

在空间关键帧插值中，线性插值即以上操作中关键帧之间直线的运动路径效果；贝塞尔曲线插值即关键帧之间曲线的运动路径效果。

此外无插值即表示没有关键帧，关键帧定格即表示关键帧之间没有过渡的插值数值，例如打开灯时亮度变化的动画，就可以使用定格关键帧来完成。

操作6：定格关键帧操作

（1）打开对应操作准备好的合成时间轴面板，这里要制作一个开灯和关灯时亮度的变化效果，从 0 帧开始为关灯状态，第 1 秒时打开灯，第 2 秒时关闭灯，操作如下：选中"灯光"层，按 T 键显示"强度"属性，在第 0 帧处打开"强度"前面的秒表记录关键帧，设为 0%，如图 6-27 所示。

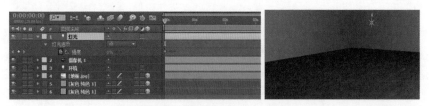

图 6-27　设置"强度"关键帧

（2）将时间移至第 1 秒处设为 100%，第 2 秒设为 0%，如图 6-28 所示。

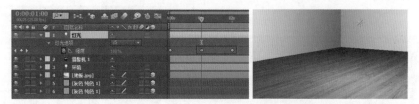

图 6-28　设置"强度"关键帧

（3）预览动画，会发现光线有一个缓慢亮起后又缓慢暗下去的效果。选中这三个关键帧，然后在其中某个关键帧上右击，选择弹出菜单中的"关键帧插值"，在打开的对话框中将"临时插值"选择为"定格"，如图 6-29 所示。

图 6-29　转换为定格关键帧

（4）预览动画效果，亮度在第 1 秒处直接变亮，在第 2 秒处直接变暗，不再有中间过渡，每个关键帧之后的时间段属性也保持不变。查看关键帧的形状发生了变化，单击时间轴上方的开关切换到图表编辑器显示方式，在图表编辑器中可以查看到三个关键帧直接变化的水平线段，如图 6-30 所示。

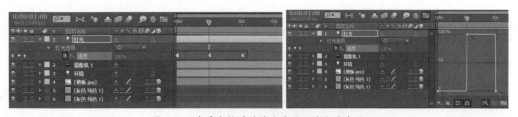

图 6-30　查看定格关键帧曲线显示为水平线段

6.6　不同形状时间关键帧的插值操作

下面再来区分关键帧的不同形状：这些是针对时间关键帧插值类型设置的形状区分，常见的◆形状即线性关键帧，其他几种关键帧如图 6-31 所示。

线性关键帧与定格关键帧上面已有列举，也比较好区别。对于贝塞尔曲线的三个类型，从以下操作中来说明。

操作7：贝塞尔曲线关键帧操作

（1）打开操作对应的合成时间轴面板，"台球"层的"位置"设置了三个关键帧，第 0 帧为（1600，

900），第 3 帧为（900，160），第 9 帧为（165，900），此时通过关键帧的形状可以看出时间关键帧插值为线性，在合成视图中可以看到前两帧之间的直线路径中显示的位置点之间的距离相等，即线性均速的动画效果，同样后两帧之间也是均速动画效果。为了对比下一步操作，这里在两个位置点处显示了辅助线，如图 6-32 所示。

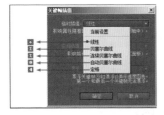 

图 6-31 不同形状的时间关键帧类型　　　　　　图 6-32 查看运动路径上的关键帧位置点

（2）单击时间轴上方的开关切换到图表编辑器显示方式，单击按钮确认选中"编辑速度图表"，查看水平均速的线性插值方式，如图 6-33 所示。

图 6-33 均速的关键帧曲线为水平状态

（3）单击开关返回图层显示状态，在中间关键帧上右击，选择弹出菜单中的"关键帧插值"，在打开的对话框中将"临时插值"选择为"自动贝塞尔曲线"，此时可以看到中间关键帧的形状发生变化，在合成视图中可以看到关键帧之间的直线路径中显示的位置点之间的距离发生变化，开始时间距变大，结束时间距变小。这是因为前两帧的速度比后两帧的速度相对较快，"自动贝塞尔曲线"自动作了些微调，使中间帧具有缓冲的效果，如图 6-34 所示。

图 6-34 自动贝塞尔曲线为前后关键帧作缓冲调节

（4）单击时间轴上方的开关切换到图表编辑器显示方式，可以看出在中间关键帧的两侧有明显的速度缓冲调节，有利于动画的流畅性，如图 6-35 所示。

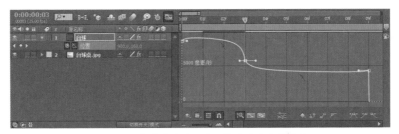

图 6-35 查看关键帧曲线调节为前后平滑过渡

（5）"自动贝塞尔曲线"是软件按默认的缓冲算法自动识别出的效果，大多情况下属于对关键帧速率的微调，如果达不到需要的效果，可以拖动其两侧的手柄来调整曲线的形状手动调整合适的速率。例如这里对中间关键帧两侧的手柄进行操作，拖动手柄向上移动，可以将关键帧的速率提高，然后对两侧手柄稍作拉长，这样时间曲线调整如图 6-36 所示。

图 6-36　进一步调整曲线手柄

（6）单击 开关返回图层显示状态，会发现此时中间关键帧由于手动调整手柄的原因，从"自动贝塞尔曲线"的形状改变为其他另外两种贝塞尔曲线的形状。为了了解这个形状是属于哪一种贝塞尔曲线关键帧，进一步在其上右击，选择弹出菜单中的"关键帧插值"，在打开的对话框中查看"临时插值"的类型，会发现为"连续贝塞尔曲线"，如图 6-37 所示。

图 6-37　手动调整使其转变成了"连续贝塞尔曲线"

（7）最后再来看"连续贝塞尔曲线"与"贝塞尔曲线"有什么不同。其实在上面将中间关键帧手柄向上拖动时，就可以看出这是一个"连续贝塞尔曲线"关键帧，因为"贝塞尔曲线"在上下拖动一侧手柄时，会得到一种将一个关键帧拆分开的现象。这里将临时插值选择为"贝塞尔曲线"，单击"确定"按钮，然后单击时间轴上方的 开关切换到图表编辑器显示方式，用鼠标拖动中间关键帧一侧的手柄向上移动，关键帧的速度不再是连续的状态，可以由慢直接跳到一个较快的速度，如图 6-38 所示。

图 6-38　"连续贝塞尔曲线"与"贝塞尔曲线"的不同

通过以上的操作，区分开三种形状贝塞尔曲线关键帧的不同之处，这样才可以有针对性地对关键帧进行动画设置，制作带有缓冲或变速的关键帧动画效果。

从上面的操作中可以看出，一个关键帧可以影响其之前和之后两段关键帧曲线，在中间关键帧的两侧调节曲线手柄可以达到像"连续贝塞尔曲线"那样衔接前后的不同的速度，达到缓冲的效果，也可以像"贝塞尔曲线"那样，更加灵活地调节曲线形状，包括使前后两个关键帧的速度产生跳跃性的差别。因为关键帧的两侧同为贝塞尔曲线，这些差别需要在图表编辑器中才能直观地查看。此外，单个关键帧的一侧如果是线性，另一侧是贝塞尔曲线，其形状又会发生变化，并容易识别。

操作8：前后不同插值的混合型关键帧

（1）接着上面的操作继续在图表编辑器中调整关键帧，包括第一个关键帧的右侧手柄和第三个关键帧的左侧手柄，制作一个速度渐慢，直至停止的动画效果，如图 6-39 所示。

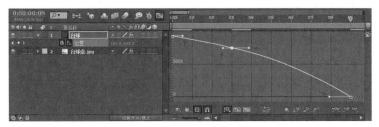

图 6-39　通过手柄调整关键帧曲线

（2）单击 ![switch] 开关返回图层显示状态，会发现此时前后两个关键帧由于手动调整手柄的原因，形状发生了变化，为了了解这个形状是属于哪一种贝塞尔曲线关键帧，在其中一个关键帧上右击，选择弹出菜单中的"关键帧插值"命令，在打开的对话框中查看"临时插值"的类型，会发现显示为"当前设置"。其实通过形状分析，可以得出这是一个混合类型关键帧的结论，第一个关键帧的左侧为线性的形状，右侧为贝塞尔曲线的形状，这与调整了原属于线性关键帧右侧手柄的操作正好相符，第一个关键帧左侧为线性进，右侧为贝塞尔曲线出；同样，第三个关键帧为贝塞尔曲线进，线性出，如图 6-40 所示。

图 6-40　混合类型的关键帧

在制作这个台球碰撞的动画中，会发现中间的关键帧不容易找准时间位置，例如上面的设置中，在台球桌上碰岸弹出的中间关键帧在开始和结束的时间段之间，由于有一个渐慢的速度变化，不会是在半程时间点处，此时可以使用漂浮关键帧来解决问题。

操作9：漂浮关键帧的操作

（1）继续上面的操作，先按住 Ctrl 键在关键帧上单击，可以改变关键帧的类型，将其全部改变为线性关键帧，如图 6-41 所示。

（2）在中间关键帧上右击，选择弹出菜单中的"关键帧插值"命令，在打开的对话框中将"漂浮"选择为"漂浮穿梭时间"，单击"确定"按钮后，会发现中间

图 6-41　按住 Ctrl 键单击关键帧

的关键帧不仅改变了形状，原来时间位置也自动发生变化。这是由于"漂浮穿梭时间"的关键帧会根据前后两个关键帧的数值、时间和速率自动计算自身的时间位置，如图 6-42 所示。

图 6-42　转换为"漂浮穿梭时间"关键帧

（3）将后一个关键帧向右侧拖至第4秒处，这时会发现漂浮关键帧跟随着自动调节时间位置，如图6-43所示。

图6-43　漂浮关键帧自动调节时间位置

（4）单击时间轴上方的■开关切换到图表编辑器显示方式，在其中调整前后两个关键帧，设置一个台球运动渐慢的动画，此时会发现不用考虑中间台球碰岸的时间位置问题，它会随着前后两个关键帧速率曲线的调整而自动修正。这样，这里台球动画的调整与之前对三个关键帧的操作相比，既方便快捷，又准确无误，如图6-44所示。

图6-44　设置漂浮关键帧后只需调整前后关键帧

（5）要将漂浮关键帧恢复为普通可编辑关键帧，可以在"关键帧插值"对话框中将"漂浮"再改回"锁定到时间"，或者在时间轴中用鼠标拖动漂浮关键帧改变其时间位置即可。

6.7　图表编辑器操作

在以上的操作中已经多次涉及图表编辑器，在时间轴面板上部单击■按钮，可以在图层模式和图表编辑器模式之间切换。在图表编辑器中，可以很方便地操作包括属性值、关键帧、关键帧插值、关键帧速率等设置。图表编辑器以图表的形式显示所用效果和动画的改变情况。图表的显示主要有两项内容，一项为数值图形，显示当前属性的数值；另一项是速度图形，显示当前属性数值变化的速度情况。

操作10：使用速度图表和值图表

（1）可以在底部单击■按钮，在弹出的菜单中选择要显示的类型，勾选"编辑值图表"，如图6-45所示。

图6-45　值图表显示

（2）勾选"编辑速度图表"，如图6-46所示。

图6-46　速度图表显示

（3）如果在显示"编辑速度图表"的同时勾选了"显示参考图表"，会将"值图表"同时显示出来，但值图表不可编辑，仅作参考，如图 6-47 所示。

图 6-47 编辑速度图表的同时显示值图表参考

同样，也可以在显示"编辑值图表"的同时参考显示"速度图表"。

前面在调整关键帧的速度操作中，已经对"速度图表"有所了解，在"编辑速度图表"中，还有一些操作如下。

操作11：编辑速度图表中的操作

（1）打开操作对应的合成时间轴，在第 0 帧、第 1 秒、第 2 秒和第 3 秒处，分别设置足球的两个高点和落地点，制作弹跳动画，如图 6-48 所示。

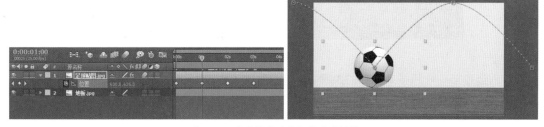

图 6-48 设置弹跳动画初步的关键帧

（2）单击时间轴上方的 开关切换到图表编辑器显示方式，查看此时速度是水平的直线，即均速的动画，足球在高点与落地点的速度相同，如图 6-49 所示。

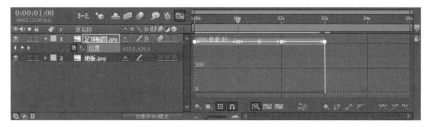

图 6-49 查看此时为均速的水平直线

（3）单独选中第 0 帧处的关键帧，单击右下方的 缓出按钮，会发现这个关键帧的速度降为 0，从停止状态开始运动，即高点有一个从静止状态缓冲启动的下落进程，然后越落越快，如图 6-50 所示。

图 6-50 调整第 0 帧后下落时速度加快的曲线

（4）单独选中第 2 秒处的关键帧，即足球的第 2 个高点处，单击 ■ 缓动按钮，会发现这个关键帧的速度降为 0，并且影响了左右两侧的关键帧速度曲线，左侧速度渐缓至停止，右侧从停止渐起加速运动，如图 6-51 所示。

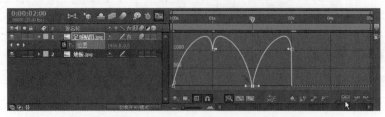

图 6-51　调整第 2 秒前后关键帧曲线

（5）单击 ■ 按钮使所有图表适于查看，即自动将关键帧曲线缩放至当前适合查看的大小，如图 6-52 所示。

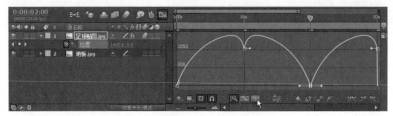

图 6-52　缩放适合查看的大小

（6）然后选中第 1 秒和第 2 秒处的关键帧，单击图表编辑器下部的 ■ "编辑选定的关键帧"按钮，选择弹出菜单中的"关键帧插值"，在打开的对话框中，将"临时插值"选择为"连续贝塞尔曲线"类型，如图 6-53 所示。

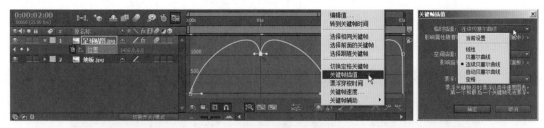

图 6-53　转换为连续贝塞尔曲线

（7）选择"连续贝塞尔曲线"类型的好处是可以一同调整当前关键帧两侧手柄的高度，便于统一这个关键帧入和出的速度，这里继续调整关键帧的速度，将关键帧曲线调整为合适的状态，关键帧的形状直接影响动画的流畅度，如图 6-54 所示。

图 6-54　调整关键帧曲线

（8）播放动画效果时会很快发现，此时的曲线不是最终需要的效果，所提供的默认的缓动按钮操作只是关键帧设置的一个快捷操作，最终还需要在此基础上进行进一步的调整。这里还要引入一个更加精确的设置方式，即"关键帧的速度"。先了解一下足球的这几个关键帧速度应该是什么样的效果，下落时一直是加速的过程，上升一直是减速过程，所以曲线应该是 U 字型的形状。另外在播放动画时足球上升至高点处的动画过慢，可以加快高点的速度，减小对比。这里先大至调整曲线，大幅度调整曲线为 U 字型，并将第 0 帧和第 2 秒处的速度向上移动，如图 6-55 所示。

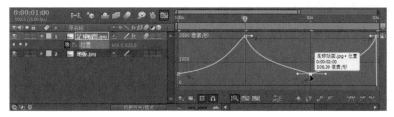

图 6-55　调整关键帧曲线为 U 字型的形状

（9）此时手动调整的曲线不太规范，先在第 1 秒处的关键帧上右击，选择弹出菜单中的"关键帧速度"命令，在打开的对话框中，"进来速度"和"输出速度"的数值由于手动调整往往不一至，这里将"速度"均设为 2000 像素 / 秒，"影响"均设为 0%。其中 0% 的数值会自动变为 0.01%，可以忽略，如图 6-56 所示。

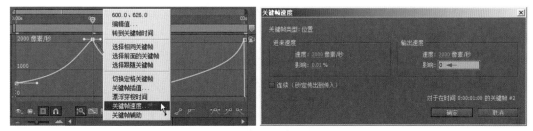

图 6-56　设置第 1 秒处关键帧速度和影响

（10）在第 2 秒处的关键帧上右击，选择弹出菜单中的"关键帧速度"命令，在打开的对话框中，将"速度"均设为 800 像素 / 秒，"影响"均设为 80%，如图 6-57 所示。

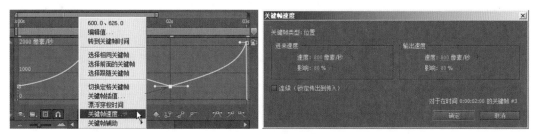

图 6-57　设置第 2 秒处关键帧速度和影响

（11）同样，为开始关键帧和结束关键帧进行类似一至的设置，如图 6-58 所示。

图 6-58　设置开始和结束关键帧的速度和影响

（12）查看关键帧的曲线形状，并播放动画效果，此时的动画速度比较流畅，也比较合理了，如图 6-59 所示。

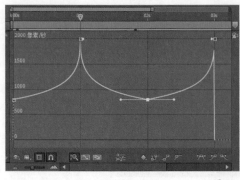 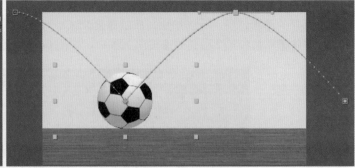

图 6-59　查看关键帧曲线和预览效果

（13）如果觉得动画的速度整体偏慢，可以双击"位置"属性名称，将关键帧全部选中，将鼠标移至选择区域右侧的控制点上，等变化为左右指向的形状后，按下拖动即可整体缩放关键帧选区的时间长度，这里将其整体缩短，出点移至第 2 秒处，如图 6-60 所示。

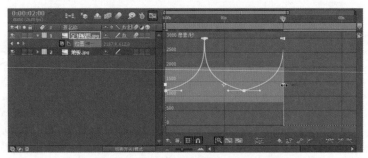

图 6-60　整体缩放关键帧选区的时间长度

对于"速度图表"的操作掌握之后，"值图表"会更加直观和易操作，这里将不再赘述。

6.8　实例：划动手机屏幕动画

本例使用桌面、手机、手和屏幕上壁纸图片制作用手划动手机屏图的动画。在制作动画时要考虑到手和屏图的缓冲动作，这就需要通过对关键帧的缓入和缓出来控制。实例效果如图 6-61 所示。

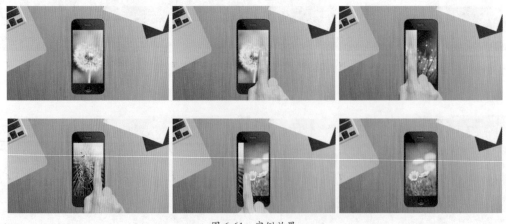

图 6-61　实例效果

实例的合成流程图示如图 6-62 所示。

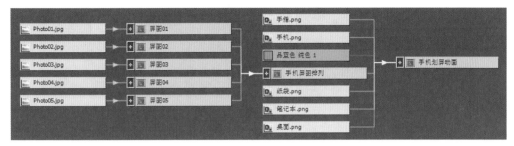

图 6-62　实例的合成流程图示

实例文件位置：光盘 \AE CC 实例源文件 \CH06 实例文件夹 \ 划动手机屏幕动画 .aep

步骤 1：导入素材。

在项目面板中双击打开"导入文件"对话框，将本实例准备的 10 个图片文件全部选中，单击"导入"，将其导入到项目面板中，如图 6-63 所示。

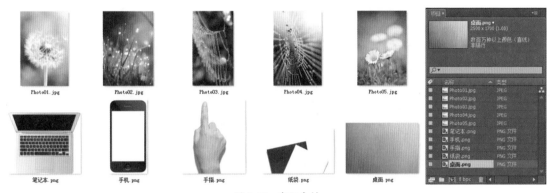

图 6-63　实例素材

步骤 2：建立统一图片尺寸的合成。

（1）建立"屏图 01"合成。

按 Ctrl+N 键打开"合成设置"对话框，将合成名称设为"屏图 01"，可以先将预设选择为 HDTV 1080 25，这样确定了方形像素比和帧速率，然后将宽度修改为 480，高度修改为 800，将持续时间设为 1 分钟（也可以是其他不小于最终合成的持续时间），单击"确定"按钮建立合成。

（2）在项目面板中，选中"屏图 01"合成，按 Ctrl+D 键 4 次，复制出"屏图 02"至"屏图 05"。

（3）从项目面板中将 Photo01.jpg 拖至"屏图 01"合成的时间轴中，缩放至全屏显示的适当大小，这里为 95%，如图 6-64 所示。

（4）同样，在项目面板中将其他 4 个屏幕图片放到对应的合成中，缩放至全屏显示的适当大小。

步骤 3：手机屏图排列的合成。

（1）在项目面板中选中"屏图 01"合成，按 Ctrl+D 键复制一个合成，按 Ctrl+K 键打开新

图 6-64　在合成中放置和调整图片

合成的"合成设置"面板，将合成名称设为"手机屏图排列"，在"宽度"后原 480 数值后输入 *5，数值会自动变为 2400，即放大 5 倍，用来准备在合成中并排放置 5 个屏幕图像。单击"确定"按钮，并打开合成的时间轴。

（2）从项目面板中将"屏图 01"至"屏图 05"拖至时间轴中，选中"屏图 01"层，单击对齐面板中的 ▦ 按钮水平靠左对齐；选中"屏图 05"层，单击对齐面板中的 ▦ 按钮水平靠右对齐；再全选 5 个层，单击 ▥ 按钮水平居中分布，如图 6-65 所示。

图 6-65　放置和排列画面

步骤 4：手机划屏动画合成中的制作。

（1）建立"手机划屏动画"合成。

按 Ctrl+N 键打开"合成设置"对话框，将合成名称设为"手机划屏动画"，将预设选择为 HDTV 1080 25，将持续时间设为 12 秒，单击"确定"按钮建立合成。

（2）从项目面板中将"手指 .png"、"纸袋 .png"、"笔记本 .png"、"手机 .png"和"桌面 .png"拖至时间轴中，展开"纸袋 .png"、"笔记本 .png"和"手机 .png"的变换属性，调整位置、缩放和旋转，适当摆放图像，如图 6-66 所示。

图 6-66　放置图像

（3）先设置手指划屏的动画关键帧，将时间移至第 2 秒，打开"手指 .png"层变换属性下的位置和缩放前面的秒表记录关键帧，设置位置为（1200，1000）、缩放为（130，130%）、旋转为 0°，如图 6-67 所示。

图 6-67　设置手指关键帧

（4）将时间移至第 2 秒 12 帧，设置位置为（1000,1000）、缩放为（130,130%），旋转为 -5°，如图 6-68 所示。

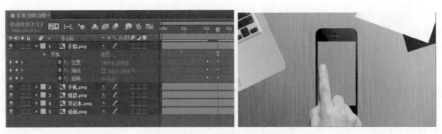

图 6-68　设置手指关键帧

（5）将时间移至第 3 秒，设置位置为（1130，1000）、缩放为（140，140%），如图 6-69 所示。

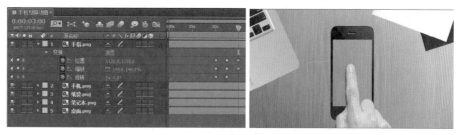

图 6-69 设置手指关键帧

（6）设置手从屏幕之外进入画面的动画关键帧，将时间移至第 1 秒 10 帧，将位置设为（1250，1650）；将时间移至第 1 秒 20 帧，将缩放设为（140，140%），如图 6-70 所示。

图 6-70 设置手指关键帧

（7）为划屏的之前和之后设置缓冲动作，即伸手至屏幕时有个渐慢的动作，划屏时为均速动作，划屏结束后手指由慢渐快变换成其他动作。先选中第 2 秒处的位置关键帧，单击时间轴上部的 ▦ 按钮切换到图表编辑器状态，单击时间轴下部的 ▦ 按钮设置缓入关键帧；再框选中 2 秒 12 帧处的位置关键帧，单击下部的 ▦ 按钮设置缓出关键帧，如图 6-71 所示。

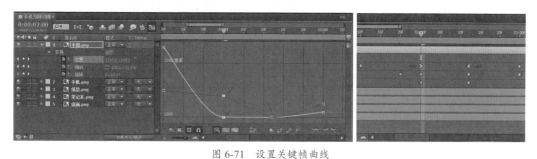

图 6-71 设置关键帧曲线

（8）复制手指多次划屏动作的关键帧，框选中 2 秒至 3 秒的三个属性的关键帧，按 Ctrl+C 键复制，将时间依次移至第 3 秒 12 帧、第 5 秒和第 6 秒 12 帧处，分别按 Ctrl+V 键粘贴，这样手指作循环划动手机屏幕的动作，如图 6-72 所示。

图 6-72 复制关键帧

（9）将最后一个缩放关键帧移至第 7 秒 05 帧处，将最后一个位置关键帧移至第 8 秒，并修改为（1200，1650），即手指向下移出画面，如图 6-73 所示。

图 6-73　设置手指移出画面的关键帧

（10）从项目面板中将"手机屏图排列"拖至时间轴中，放置在"手机 .png"层下面，将其"缩放"设为（77,77%），"位置"设为（1700,580），这样左侧图像对应手机屏幕的大小和位置进行放置，如图 6-74所示。

图 6-74　调整屏图大小和位置

（11）对照"手指 .png"层关键帧，设置"手机屏图排列"的位移关键帧，第 2 秒为（1700，580），第 2 秒 12 帧为（1480，580），第 3 秒 12 帧为（1330，580），第 3 秒 24 帧为（1110，580），第 5 秒为（960，580），第 5 秒 12 帧为（740,580），第 6 秒 12 帧为（590,580），第 6 秒 24 帧为（370,580），第 8 秒为（220，580），如图 6-75 所示。

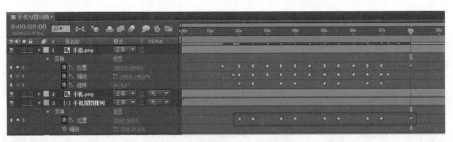

图 6-75　对照手指动画设置屏图动画

（12）对照动画效果和"手指 .png"层的关键帧类型，设置"手机屏图排列"的关键帧类型，让每次划动位移的图像缓缓停止。按住 Shift 键（或 Ctrl 键）依次框选中第 3 秒 12 帧、第 5 秒、第 6 秒 12 帧和第 8 秒的位置关键帧，单击时间轴上部的■按钮切换到图表编辑器状态，单击时间轴下部的■按钮设置缓入关键帧，如图 6-76 所示。

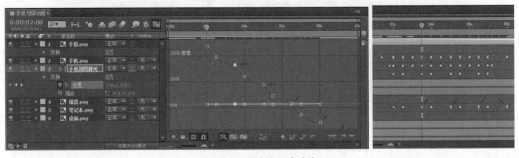

图 6-76　设置缓入关键帧

（13）此时的效果如图 6-77 所示。

图 6-77 预览效果

（14）按 Ctrl+Y 键按当前合成的尺寸建立一个纯色层，设置位置为（960，580），缩放为（20，58%），即调整为屏幕的大小和位置，将其移至"手机屏图排列"层上面，设置"手机屏图排列"的 Trk-Mat 为 Alpha 纯色层，这样排列的图像只显示手机屏幕中的部分，如图 6-78 所示。

图 6-78 设置轨道遮罩

（15）这样，完成实例的制作，再添加准备的音频素材，为实例配乐，按小键盘的 0 键预览最终的动画效果。

第7章

图层的模式、遮罩与蒙版

在 AE 中进行多图层的合成操作时，上面图层的画面会遮挡下面图层的画面，所以在同时表现多层的画面内容时，需要采取一些手段，例如将上层画面的尺寸缩小，露出下层画面；将上层画面变得半透明；使用局部透明的素材；在上层画面中创建蒙版使其只显示局部画面；使用两个图层之间的差值来显示画面；将上层图层的画面当作滤片，叠加到下层的画面上，等等。通过这些手法的灵活运用，达到将多层画面合成到一起同时显示的效果。本章集中讲解图层叠加的基本方式及图层模式、遮罩和蒙版操作。

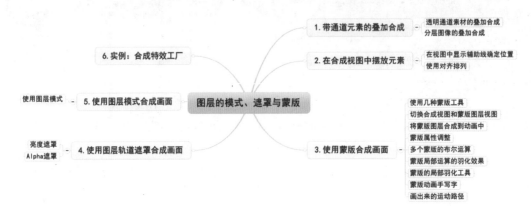

7.1 带通道元素的叠加合成

在 AE 中对素材进行合成时，带有透明背景的素材比较受欢迎，这是一类比较便于叠加合成的素材类型。带透明背景的素材有静态的包含 Alpha 通道的图像文件，也有含 Alpha 通道的视频文件。

操作文件位置：光盘 \AE CC 手册源文件 \CH07 操作文件夹 \CH07 操作 .aep

操作1：透明通道素材的叠加合成

（1）在项目面板空白处双击打开"导入文件"对话框，从本章操作文件夹中导入以下准备好的素材文件：普通无透明信息的图片"合成素材 1 背景 .jpg"，带有透明通道的图片"合成素材 2 放射条 .png"、"合成素材 3 五星 .png"和"合成素材 4 点圈 .png"，带有透明通道的视频"合成素材 5 轮廓字动画.mov"，还有"合成素材 6 标题动画序列"文件夹中带有透明通道的"标题动画"序列图片，分别如图 7-1 所示。

图 7-1　导入的素材

提示： 在导入Tga格式的序列图片时，选中第一个文件后，要勾选上"Tgarga序列"选项。

（2）按 Ctrl+N 键打开"合成设置"对话框，将预设选择为 HDTV 1080 25，将持续时间设为 5 秒，单击"确定"按钮建立合成。

（3）从项目面板中将素材从下至上依次拖至时间轴中放置，如图 7-2 所示。

图 7-2　放置素材到时间轴中

（4）因为有透明的通道，所以可以很方便地进行叠加合成，效果如图 7-3 所示。

图 7-3　叠加合成的效果

提示： 这里仅做当前知识点的操作示范，后面的章节对这个效果有详细的实例制作。

操作2：分层图像的叠加合成

（1）在项目面板空白处双击打开"导入文件"对话框，从本章操作文件夹中选择准备好的"盘子钟.PSD"文件，单击"导入"按钮，然后会弹出选择"导入种类"的对话框，如果选择第一项"素材"，同时选中"合并的图层"，单击"确定"按钮，将合并多层的图像为单个图层，如图 7-4 所示。

图 7-4　以合并图层方式导入

（2）如果在对话框中将"导入种类"选择为"素材"，同时选中"选择图层"下的某一个图层，例如分层文件中的"叉"，单击"确定"按钮，将只导入单个"叉"图层，如图 7-5 所示。

图 7-5　导入某一个图层

（3）如果在对话框中将"导入种类"选择为"合成"，单击"确定"按钮，将导入完整的分层图像，同时各层的尺寸强制为统一的大小，各层的锚点也均统一位于视图的中心位置，如图 7-6 所示。

图 7-6　以合成方式导入

（4）如果在对话框中将"导入种类"选择为"合成 - 保持图层大小"，单击"确定"按钮，也导入完整的分层图像，但各层的尺寸按原始的大小，不一定相同，各层的锚点也可能因尺寸的不同而位于不同的位置，例如"叉"层和"刀"层的锚点位于各自图像的中心，而非统一位于视图的中心位置，如图 7-7 所示。

图 7-7　以保持图层大小方式导入

提示： 以"合并的图层"方式导入的文件，在项目面板中将其选中，在其上右击，选择弹出菜单中的"替换素材>带分层合成"，也会将其以"合成-保持图层大小"的方式重新导入。

（5）在进行某些动画的制作，例如按视图中心旋转，显然将"导入种类"选择为"合成"较为便利，因为锚点统一在中心点，可以方便地制作以中心为旋转的动画效果，如图 7-8 所示。

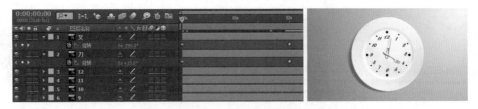

图 7-8　以合成方式导入时锚点在视图中心

（6）而另一些效果，例如制作单个时刻数字的缩放动画，显然将"导入种类"选择为"合成 - 保持图层大小"较为便利，因为锚点在各个数字的中心点，可以方便地制作以单个数字为中心的缩放动画，如图 7-9 所示。

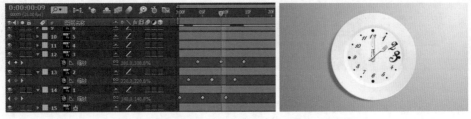

图 7-9　以保持图层大小方式导入时锚点在各层图像中心

　　提示： 多选项为制作带来解决问题的多种可能，以上制作中如果既需要按中心旋转，又需要按单个缩放，可以按两种方式导入素材来选用，也可以重新调整图层锚点的位置来解决问题。

7.2　在合成视图中摆放元素

　　合成素材操作中经常涉及在视图中摆放素材，这里准备在合成中建立三个方块，按斜线摆放，并在方块上合成三个准备好的人物素材，使用参考线辅助操作，可以很方便地放置到准确的位置。

　　操作3：在视图中显示辅助线确定位置

　　（1）从本章操作文件夹中导入准备好的"人物剪影 1.mov"、"人物剪影 2.mov"和"人物剪影 3.mov"三个带有 Alpha 通道的视频文件，如图 7-10 所示。

图 7-10　导入带 Alpha 通道的视频文件

　　（2）按 Ctrl+N 键打开"合成设置"对话框，将预设选择为 HDTV 1080 25，将持续时间设为 5 秒，使用品蓝色的背景色，单击"确定"按钮建立合成。

　　（3）先按 Ctrl+Y 键建立一个橙色的纯色层，命名为"矩形块"，将其缩小一些，默认为居中的状态，如图 7-11 所示。

图 7-11　建立矩形块

　　（4）按 Ctrl+D 键两次，创建两个副本，分别大致拖至左上角和右下角，如图 7-12 所示。

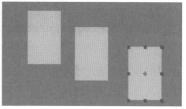

图 7-12　创建副本

　　（5）选择菜单"编辑 > 首选项 > 网格和参考线"命令，在打开的对话框中将"对称网格"的"水平"设为 3，"垂直"设为 3，如图 7-13 所示。

　　（6）在合成视图面板下部的▣按钮上单击，选中"对称网格"，这样在合成视图中显示出绿色的对称的网格参考线，水平和垂直均为三等分。可以对照参考线来摆放矩形，如图 7-14 所示。

图 7-13　设置对称网格

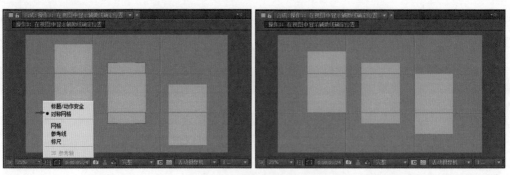

图 7-14　显示对称网格参考线

（7）将人物剪影的素材拖至合成中，在视图面板中直观地调整大小和位置，如图 7-15 所示。

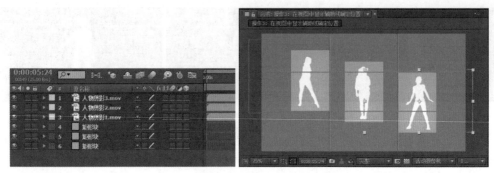

图 7-15　按参考线调整图像大小和位置

提示： 更加精细地确定位置操作，还可以在合成视图面板下部的■按钮上单击，选择"网格"或"标尺"。使用"标尺"时，可以从"标尺"上按下鼠标拖出参考线，方便对齐操作。

操作4：使用对齐排列

（1）除了使用参考线来进行对齐操作，还可以使用"对齐"面板中的"对齐"和"分布"功能。打开对应的操作合成，查看有四个圆形，这里准备对其进行对齐操作，如图 7-16 所示。

图 7-16　四个圆图形

（2）先在合成视图面板下部的■按钮上单击，选中"标题 / 动作安全"框，然后将两侧的圆分别对齐到参考线上，使其距离左右两侧相等，如图 7-17 所示。

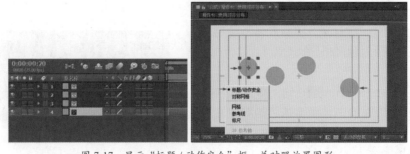

图 7-17　显示"标题 / 动作安全"框，并对照放置图形

（3）选择菜单"窗口 > 对齐"命令，显示"对齐"面板，选中全部四个图形，在"对齐"面板中设置"将图层对齐到"为"合成"，单击█████按钮，将四个图形垂直居中对齐，如图 7-18 所示。

（4）在"分布图层"下再单击████按钮，将四个图形水平等距离分布，如图 7-19 所示。

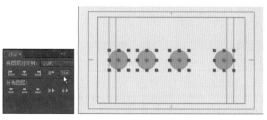

图 7-18　垂直居中对齐

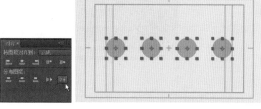

图 7-19　水平等距离分布

7.3　使用蒙版合成画面

合成制作中经常会涉及没有透明背景的素材，使用蒙版保留局部图像，使其他部分透明化，是合成制作中常用的手段。AE 中蒙版功能强大，这也是 AE 处理多素材合成的一大优势。

操作5：使用几种蒙版工具

（1）在 AE 中蒙版的合成操作中，蒙版有着重要的作用，在工具栏中也占有两类十种工具，可以在这两类工具上按住不放显示出下拉菜单，选择其他工具，也可以按住 Alt 键单击轮流切换到其他工具，如图 7-20 所示。

（2）在合成时间轴的空白处右击，选择弹出菜单"新建 > 纯色"命令，新建一个纯色层，使用矩形工具同组的形状工具，可以建立形状蒙版。在创建蒙版之前需要先选中图层，另外按住 Shfit 键可以创建正方形或正圆形的蒙版，按住 Ctrl 键可以按单击点为中心建立图形，如图 7-21 所示。

图 7-20　工具栏中的蒙版工具

图 7-21　使用矩形工具和椭圆形工具绘制蒙版

提示：形状工具组中除了矩形工具和椭圆工具之外的其他三个工具一般用在形状图层上，即不选中任何图层时在合成视图中创建出形状层，在形状层中可以通过参数进一步调整图形的圆角度、边数等。

（3）新建一个纯色层，先选中图层，使用钢笔工具同组的钢尖工具可以绘制复杂一点的或不规则的蒙版，如图 7-22 所示。

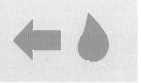

图 7-22　使用钢笔工具绘制蒙版

提示：钢笔工具组中其他四个工具用来调整已创建的蒙版，添加蒙版路径的顶点，删除顶点，转换顶点使其具有曲线手柄或取消手柄，以及调整蒙版局部的羽化效果。

（4）新建一个纯色层，在工具栏中切换显示为椭圆工具按钮，先选中图层，然后在工具栏中双击椭圆工具按钮，可以按当前图层创建一个最大化的蒙版形状，如图 7-23 所示。

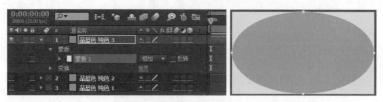

图 7-23　双击椭圆工具按钮建立蒙版

（5）如果选中图层下的"蒙版 1"再双击其他的蒙版形状工具，例如星形工具，原来的椭圆形将被修改为星形，如图 7-24 所示。

图 7-24　改变蒙版为其他蒙版工具的形状

（6）在合成时间轴的空白处右击，选择弹出菜单"新建 > 纯色"命令，在打开的"纯色设置"对话框中，将"宽度"和"高度"均设为 800，单击"确定"按钮，这样建立一个正方形的线色层。选中这个纯色层，双击工具栏中的椭圆工具，这样将创建一个正圆蒙版，如图 7-25 所示。

图 7-25　创建正圆形蒙版

操作6：切换合成视图和蒙版图层视图

（1）按 Ctrl+N 键打开"合成设置"对话框，将预设选择为 HDTV 1080 25，将持续时间设为 5 秒，单击"确定"按钮建立合成。

（2）将本章操作文件夹中准备好的"楼顶天空 .jpg"导入项目面板，拖至时间轴中，准备为其天空部分添加蒙版，如图 7-26 所示。

图 7-26　放置素材

（3）此时会发现图层的原图较大，在合成视图中还有没有显示的部分。此时双击图层，可以打开其图层视图面板，在这里将更便于绘制蒙版的操作。使用钢笔工具在画面上沿楼房的边缘角点依次单击连接成一个封闭的蒙版，如图 7-27 所示。

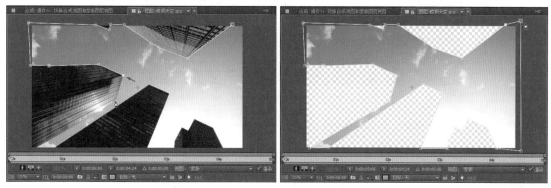

图 7-27　使用钢笔工具建立蒙版

（4）在时间轴图层下将蒙版下的"反转"勾选上，这样完成了去除天空部分蒙版的创建，切换回合成视图，如图 7-28 所示。

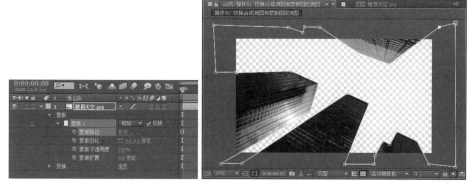

图 7-28　反转蒙版

操作7：将蒙版图层合成到动画中

（1）通过上面的操作，可以很方便地将一个没有透明通道的画面也参与到图层的叠加合成中去。接着上面的操作，从项目面板中将"飞机 .tga"和"云天 .jpg"拖至时间轴中，放置在"楼顶天空 .jpg"层下面，"云天 .jpg"位于底层，如图 7-29 所示。

图 7-29　放置素材

（2）设置"飞机 .tga"层的"旋转"为 60°，在第 1 秒处单击打开"位置"前面的秒表，在合成视图中将飞机的位置移至右下角，这里"位置"为（1633，1126）。将时间移至第 4 秒处，将飞机的位置移至顶部，这里"位置"为（640，−386）。

（3）为"楼顶天空 .jpg"设置缩放动画，在第 0 帧处单击打开"缩放"前面的秒表，设为（85，

85%），在第 4 秒 24 帧处设为（120,120%）。为"云天 .jpg"设置缩放动画，在第 0 帧处单击打开"缩放"前面的秒表，设为（100,100%），在第 4 秒 24 帧处设为（110,110%），如图 7-30 所示。

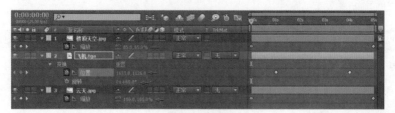

图 7-30　设置关键帧

（4）查看合成的动画效果，如图 7-31 所示。

图 7-31　预览效果

操作8：蒙版属性调整

（1）接着上面的操作，为天空添加一朵白云，将"一朵云 .jpg"拖至时间轴中，放置在"云天 .jpg"的上层，调整大小和位置，如图 7-32 所示。

图 7-32　放置图层

（2）选中"一朵云 .jpg"层，选择工具栏中的椭圆工具，在云的部分绘制一个椭圆蒙版，如图 7-33 所示。

图 7-33　建立椭圆蒙版

（3）此时"一朵云 .jpg"蒙版中的画面与背景的"云天 .jpg"有着明显的分界线，展开蒙版属性，将"蒙版羽化"设为（600,600），查看白云的边缘受影响的程度，适当扩蒙版的范围，可以修改蒙版的形状将其放大，也可以调整"蒙版扩展"的数值，这里将"蒙版扩展"设为 100，查看效果，白云与背景的蓝天已融为一体，如图 7-34 所示。

图 7-34　设置蒙版羽化

（4）最后为白云也设置相应的缩放动画,在时间轴栏列名称处右击,选择弹出菜单"栏数 > 父级"命令,显示出"父级"栏,在第 0 帧处,将"一朵云 .jpg"的"父级"栏设为"云天 .jpg",这样白云与蓝天有一致的缩放动画,如图 7-35 所示。

图 7-35　设置父级关系

操作9：多个蒙版的布尔运算

（1）按 Ctrl+N 键打开"合成设置"对话框,将预设选择为 HDTV 1080 25,将持续时间设为 5 秒,使用品蓝色的背景色,单击"确定"按钮建立合成。

（2）按 Ctrl+Y 键建立一个白色的纯色层,命名为"方块",将其"宽度"和"高度"均设为 1000。

（3）选中"方块"层,双击工具栏中的椭圆工具按钮,在其上建立一个正圆形的"蒙版 1",如图 7-36 所示。

图 7-36　建立正圆形蒙版

（4）选中"蒙版 1",按 Ctrl+D 键,创建副本"蒙版 2",分别将这两个默认命名的蒙版重新命名为"外圆"和"内圆",然后设置"内圆"的运算方式为"相减"、"蒙版扩展"为 -50,如图 7-37 所示。

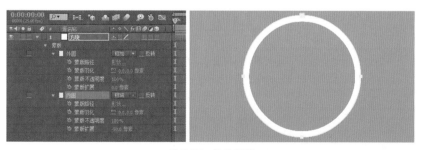

图 7-37　设置环形

（5）选中"内圆"蒙版,按 Ctrl+D 键创建副本,将副本重命名为"轴心",设置"轴心"的运算方式为"差值"、"蒙版扩展"为 -450,如图 7-38 所示。

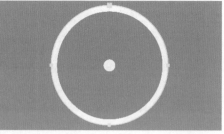

图 7-38　设置中心小圆形状

（6）在合成视图面板下部的▣按钮上单击，选择菜单"标题／动画安全"命令，打开辅助线的显示。在工具栏中选择矩形工具，在中部绘制一个长条矩形蒙版，将其命名为"纵向刻度"，使用"相加"方式，如图 7-39 所示。

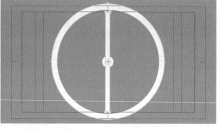

图 7-39　绘制"纵向刻度"图形

（7）选中"纵向刻度"蒙版，按 Ctrl+D 键创建副本，将副本重命名为"横向刻度"。使用鼠标在"横向刻度"的蒙版路径上双击，将蒙版激活为可旋转状态，按住 Shift 键旋转蒙版路径，将其旋转为水平的角度，如图 7-40 所示。

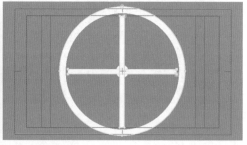

图 7-40　创建蒙版副本并旋转

（8）选中"外圆"蒙版，按 Ctrl+D 键创建副本，将副本移至两个刻度蒙版的下方，重命名为"裁切刻度"，设为"相减"方式，"蒙版扩展"设为 -150，并将"轴心"重新移至底部，如图 7-41 所示。

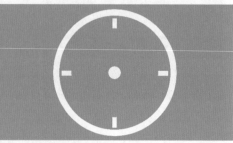

图 7-41　创建蒙版副本并设置蒙版间的运算方式

（9）准备绘制两个指针，因为指针可以旋转，这里需要单独的图层来制作。选中"方块"层，按

Ctrl+D 键创建一个副本,将其重命名为"时针"。选中"时针"层,按 M 键展开所有蒙版,保留"纵向刻度"蒙版,将其他蒙版删除掉,然后双击蒙版的路径,将其转变为可缩放状态,将其顶部和底部适当向中心拖动,如图 7-42 所示。

图 7-42　创建图层副本并设置时针图形

（10）选中"时针"层,按 Ctrl+D 键创建副本,重命名为"分针",并将"时针"旋转角度,避开重合。选中"分针"层,选中蒙版,然后双击蒙版的路径,将其转变为可缩放状态,将其顶部和底部适当拉长一些,并设置"蒙版扩展"为 -5,使形状窄一点,这样完成一个时钟图形的制作,如图 7-43 所示。

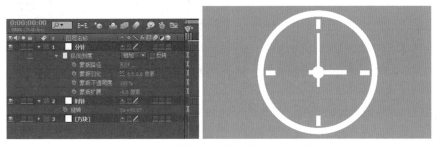

图 7-43　创建图层副本并设置分针图形

提示： 如果要制作时钟的其他刻度,可以在新图层上建立刻度形状,然后创建副本并旋转来得到。

操作10: 蒙版局部运算的羽化效果

（1）按 Ctrl+N 键打开"合成设置"对话框,将预设选择为 HDTV 1080 25,将持续时间设为 5 秒,使用黑色的背景色,单击"确定"按钮建立合成。

（2）按 Ctrl+Y 键建立一个白色的纯色层,命名为"白色",使用当前合成的尺寸。选中图层,在工具栏中选择钢笔工具,在其上绘制一个三角形,模拟一束光从右上角照射下来,如图 7-44 所示。

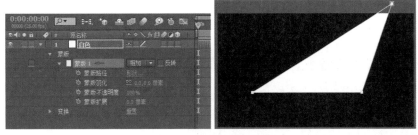

图 7-44　绘制三角形蒙版

（3）选中图层,在工具栏中双击矩形工具,在其上建立一个大的矩形蒙版,在矩形蒙版的路径上双击,将其转换为可旋转和移动的状态,对其旋转角度并移至下部,设为"相减"方式,设置"蒙版羽化"为（1000,1000）,如图 7-45 所示。

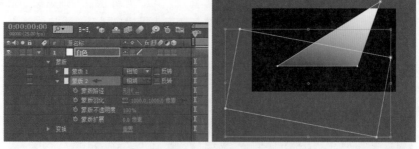

图 7-45　建立蒙版并设置运算方式和羽化效果

（4）选中图层，在工具栏中选择椭圆工具，在光速的底部建立一个同等宽度的椭圆形蒙版，并设置少许的羽化效果，"蒙版羽化"为（5，5），如图 7-46 所示。

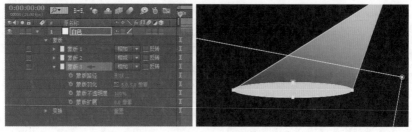

图 7-46　建立椭圆蒙版

（5）将"地板 .jpg"拖至时间轴中，放在底层，调整"缩放"和"位置"，并将"白色"层设为"叠加"图层模式。设置"白色"层的不透明度动画，产生忽明忽暗的效果，如图 7-47 所示。

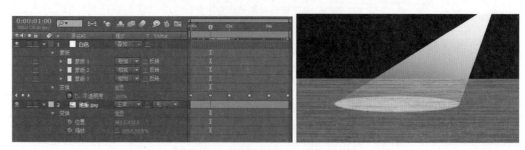

图 7-47　放置图像并设置光束亮度动画

操作11: 蒙版的局部羽化工具

（1）打开本章操作对应的合成，在时间轴中放置着一个足球图层，将其移至画面的左侧，如图 7-48 所示。

图 7-48　放置图像

（2）按 Ctrl+Y 键打开"纯色设置"对话框，在其中单击"制作合成大小"按钮，使用当前合成的尺寸，设置颜色为 RGB（255，78，0），单击"新建"按钮，建立一个橙色的纯色层。在工具栏中选择椭圆工具，选中纯色层并暂时关闭其显示，按照下层足球的范围绘制一个圆形的蒙版，调整为正好覆盖足球的大小和位置，然后打开纯色层的显示，如图 7-49 所示。

图 7-49　建立纯色层并绘制蒙版

（3）在工具栏中选择█蒙版羽化工具，在蒙版路径上单击，向右侧拖拉，这样拉出羽化的范围虚线。然后在左侧的虚线上单击，并拉向蒙版的路径上，减少左侧的羽化，如图 7-50 所示。

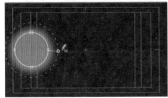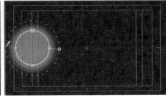

图 7-50　使用蒙版羽化工具减少左侧羽化

（4）在羽化虚线的上下单击添加四个顶点，打开视图的"标题 / 动作安全"参考线，调整上下羽化顶点的位置，将右侧羽化点大幅度移至视图的右侧之外，形成喷射光焰的效果，如图 7-51 所示。

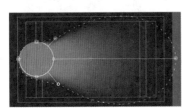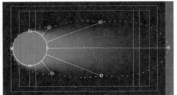

图 7-51　设置右侧羽化效果

（5）将纯色层设为"叠加"模式，为足球制作火焰气流的效果，如图 7-52 所示。

图 7-52　设置叠加模式

（6）在时间轴栏列名称处右击，选择弹出菜单"栏数＞父级"命令，显示出"父级"栏，将纯色层的"父级"栏设为足球所在图层，这样纯色层上的效果接下来与足球一起移动。

（7）选中足球的图层，按 P 键展开其"位置"，将时间移至第 4 秒 24 帧处，单击打开其"位置"前面的秒表，记录下当前数值的关键帧；再将时间移至第 0 帧处，将足球的位置移至画面的右侧，并设置路径为弧形，如图 7-53 所示。

图 7-53　设置位置动画

（8）在第 4 秒 24 帧处，单击打开纯色层下"蒙版路径"前面的秒表，记录下当前路径的关键帧。

（9）将时间移至第 2 秒 12 帧处，修改纯色层蒙版的羽化点位置，如图 7-54 所示。

图 7-54　设置羽化关键帧

（10）将时间移至第 0 帧处，修改纯色层蒙版的羽化点位置，如图 7-55 所示。

图 7-55　设置羽化关键帧

（11）查看最终的动画效果，如图 7-56 所示。

图 7-56　预览效果

操作12：蒙版动画手写字

（1）在合成时间轴中右击，选择菜单"新建 > 文本"命令，输入 1，并在"字符"面板中设置文本大小、字体、颜色和上下的偏移，在"段落"面板中选择居中方式，如图 7-57 所示。

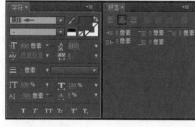

图 7-57　建立文字

（2）选中文本 1 的图层，在工具栏中选择钢笔工具，在视图中放大文字的显示，在字头处建立一个局部的蒙版，将蒙版命名为"局部"，如图 7-58 所示。

图 7-58　建立局部蒙版

（3）选中文本 1 的图层，在工具栏中选择矩形工具，在文本 1 的局部图形范围建立一个大的矩形蒙版，命名为"动作 1"，设为"交集"方式，"蒙版羽化"的 X 轴设为 20，并将时间移至第 10 帧处，单击打开"蒙版路径"前面的秒表，记录下当前的路径关键帧，如图 7-59 所示。

图 7-59　建立蒙版并设置关键帧

（4）将时间移至第 0 帧处，在矩形蒙版的路径上双击，将其转换为可移动状态，将其移至局部图形的左侧，这样制作好写出字头部分的动画，如图 7-60 所示。

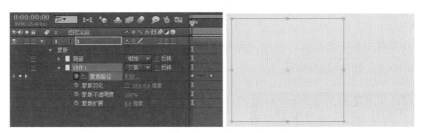

图 7-60　设置蒙版动画制作字头部分书写动画

（5）选中文本 1 的图层，在工具栏中选择矩形工具，在文本 1 的图形范围建立一个大的矩形蒙版，命名为"动作 2"，"蒙版羽化"的 Y 轴设为 50，并将时间移至第 1 秒处，单击打开"蒙版路径"前面的秒表，记录下当前的路径关键帧，如图 7-61 所示。

图 7-61　建立蒙版并设置关键帧

（6）将时间移至第 10 帧处，在矩形蒙版的路径上双击，将其转换为可移动状态，并将其移至文本图形的顶部，制作好写出文本主体部分的动画，如图 7-62 所示。

图 7-62　设置蒙版动画制作文字其他部分的书写动画

（7）查看文本 1 写出来的动画效果，如图 7-63 所示。

图 7-63　预览效果

（8）同样，为其他数字制作写出来的效果，例如文本 2，先分析制作蒙版书写动画的难度，为弯笔划建立"局部"蒙版，如图 7-64 所示。

图 7-64　建立局部蒙版

（9）为弯笔划部分添加"动作 1"蒙版，设为"交集"方式，因为有拐弯的动作，这里建立了三个关键帧来制作书写动画，如图 7-65 所示。

图 7-65　设置蒙版关键帧来制作书写动画

（10）再为最后一横的笔划部分添加"动作 2"蒙版，设置两个关键帧制作书写动画，如图 7-66 所示。

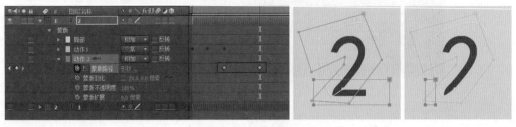

图 7-66　添加蒙版并设置动画

（11）查看文本 2 写出来的动画效果，如图 7-67 所示。

图 7-67　预览效果

操作13：画出来的运动路径

（1）按 Ctrl+N 键打开"合成设置"对话框，将预设选择为 HDTV 1080 25，将持续时间设为 5 秒，单击"确定"按钮建立合成。

（2）将准备好的"游戏图 .jpg"拖至时间轴中，如图 7-68 所示。

图 7-68　放置图像

（3）选中"游戏图 .jpg"图层，按 Ctrl+D 键两次再创建两个副本层。然后将这三层从上至下依次重命名为"角色"、"绿块"、"场景"，如图 7-69 所示。

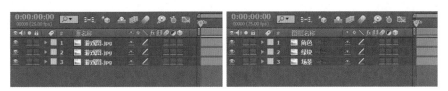

图 7-69　创建副本

（4）选中"角色"层，在工具栏中选择矩形工具，在场景中为唯一的一个角色创建一个矩形蒙版，将其分离出来，并在工具栏中选择　锚点工具，将图层的锚点移至角色的中部，单独显示"角色"层，如图 7-70 所示。

图 7-70　创建蒙版分离图形

（5）关闭"角色"层的显示，选中"绿块"层，在工具栏中选择矩形工具，在角色图形下方建立一块能覆盖角色的矩形，然后将图层向上移动，在画面中覆盖角色图形，如图 7-71 所示。

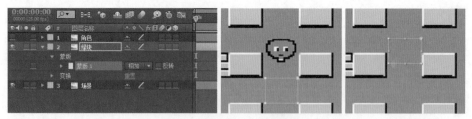

图 7-71　创建蒙版覆盖图形

（6）选中"场景"层，在工具栏中选择钢笔工具，在场景图中绘制一个角色移动的路径，并将蒙版的运算方式设为"无"，如图 7-72 所示。

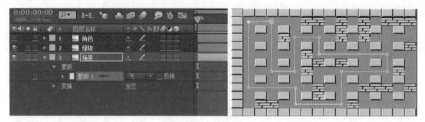

图 7-72　创建蒙版路径

（7）展开"场景"层的蒙版，单击"蒙版路径"，按 Ctrl+C 键复制。然后打开"角色"层的显示，将时间移至第 0 帧，选中"角色"层，按 P 键展开其"位置"属性，单击"位置"，按 Ctrl+V 键粘贴，这样自动在"位置"属性中建立运动路径，将蒙版路径转化为运动路径，如图 7-73 所示。

图 7-73　将蒙版路径转化为运动路径

（8）查看视图中的动画，如图 7-74 所示。

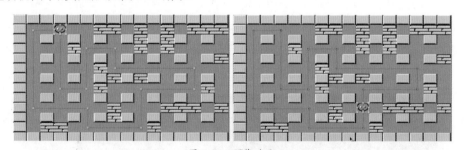

图 7-74　预览动画

7.4　使用图层轨道遮罩合成画面

AE 中的轨道遮罩功能是通过一个图层的 Alpha 通道或亮度值定义其下面图层的透明区域，这两个图层为上下层的关系，上面图层为遮罩功能，图层的显示状态为关闭；下面图层应用遮罩显示出部分内容，遮罩可以通过选项来反转显示。

操作14：亮度遮罩

（1）按 Ctrl+N 键打开"合成设置"对话框，将预设选择为 HDTV 1080 25，将持续时间设为 5 秒，单击"确定"按钮建立合成。

（2）将准备好的"黑白剪影.mov"拖至时间轴中，查看效果为黑色的背景、白色的动态人物视频，如图 7-75 所示。

图 7-75　放置黑白剪影素材

（3）按 Ctrl+Y 键建立一个纯色层，选择一个颜色，这里为绿色。将纯色层移至"黑白剪影.mov"层下面。

（4）在纯色层的轨道遮罩栏选择为亮度遮罩"黑白剪影.mov"，建立轨道遮罩关系，同时上面图层的显示自动关闭，纯色层将以上层中的高亮区域来显示本层的内容，这样黑色区域全部变得透明，如图 7-76 所示。

图 7-76　设置轨道遮罩

操作15：Alpha遮罩

（1）按 Ctrl+N 键打开"合成设置"对话框，将预设选择为 HDTV 1080 25，将持续时间设为 5 秒，选择一个浅灰色的背景色，单击"确定"按钮建立合成。

（2）按 Ctrl+Y 键创建一个浅黄色的纯色层，命名为"底色块"，在视图面板下方单击█标题／动作安全按钮，显示参考线，建立一个矩形的"蒙版 1"，选择"蒙版 1"，按 Ctrl+D 键创建一个副本"蒙版 2"，将两个蒙版居中排列，作为年历的底色块，如图 7-77 所示。

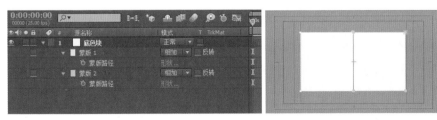

图 7-77　创建和排列矩形蒙版

（3）建立 20 和 14 两个文本层，将文字放置在两个矩形块中部，如图 7-78 所示。

图 7-78　建立和放置文字

（4）按 Ctrl+Y 键创建一个纯色层，命名为"遮罩 A"，在其上建立一个矩形蒙版，遮挡住文字，如图 7-79 所示。

图 7-79　建立纯色层并绘制蒙版

（5）将"14"文本层的轨道遮罩栏选择为 Alpha 遮罩"遮罩 A"，如图 7-80 所示。

图 7-80　设置轨道遮罩

（6）选中"遮罩 A"层和"14"文本层，按 Ctrl+C 键复制，再按 Ctrl+V 键粘贴，这样在上层建立两个图层。将顶层的副本重命名为"遮罩 B"，双击第二层的文本副本层，修改为"15"。然后将"15"文字层"位置"的 Y 轴数值设为 200，这样文字上移到遮罩的范围之外，不显示出来，如图 7-81 所示。

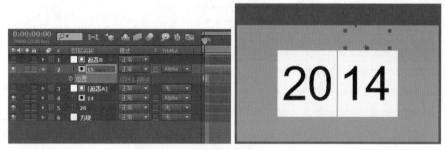

图 7-81　复制和修改

（7）在时间轴栏列名称处右击，选择弹出菜单"栏数 > 父级"命令，显示出"父级"栏，将"14"层的父级栏设为"15"层。

（8）展形"14"层和"15"层的"位置"属性，将时间移至第 1 秒处，单击"15"层"位置"前面的秒表记录下当前数值关键帧，将时间移至第 2 秒处，将"15"层位置的 Y 轴设为"14 层"的数值，如图 7-82 所示。

图 7-82　设置父级关系和关键帧动画

（9）查看日期的变化效果，如图 7-83 所示。

图 7-83　预览效果

7.5　使用图层模式合成画面

图层模式（也称图层混合模式，或传递模式）控制每个图层如何与它下面的图层混合或交互。AE 中的图层模式与 Adobe Photoshop 中的混合模式相同。使用图层模式可以将图层之间以不同的颜色、亮度或 Alpha 通道方式进行混合显示。

操作16：使用图层模式

（1）打开本章操作对应的合成，查看图层之间不同的图层模式会在合成视图中最终显示出不同的效果。底色层部分如图 7-84 所示。

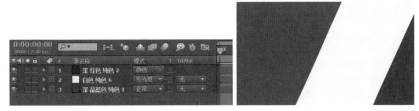

图 7-84　打开合成

（2）纹理图部分如图 7-85 所示。

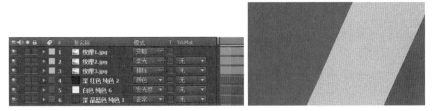

图 7-85　放置纹理图层并设置叠加模式

（3）再添加文字，并将文字放在上层或不同的层之间，如图 7-86 所示。

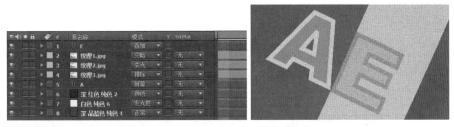

图 7-86　添加文字并设置叠加模式

7.6　实例：合成特效工厂

本例使用一个工厂图片和一个文字图片制作一段动画，使用蒙版绘制放射状的背景图形、电波动画、绘制楼房轮廓，并制作局部颜色的变化，效果如图 7-87 所示。

图 7-87　实例效果

实例的合成流程图示如图 7-88 所示。

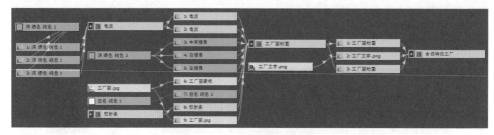

图 7-88　实例的合成流程图示

实例文件位置：光盘 \AE CC 手册源文件 \CH07 实例文件夹 \ 合成特效工厂 .aep

步骤 1：导入素材。

在项目面板中双击打开"导入文件"对话框，将本实例准备的图片文件和 1 个音频文件全部选中，单击"导入"按钮，将其导入到项目面板中。

步骤 2：建立"放射条单个"合成。

（1）按 Ctrl+N 键打开"合成设置"对话框，将合成名称设为"放射条单个"，可以先将预设选择为 HDTV 1080 25，这样确定了方形像素比和帧速率，然后将宽度和高度均修改为 2000，将持续时间设为 1 分钟（也可以是其他不小于最终合成的持续时间），单击"确定"按钮建立合成。

（2）按 Ctrl+Y 键打开"纯色设置"对话框，单击"制作合成大小"按钮，使用当前合成的尺寸，将颜色设为 RGB（85，85，85）的灰色，单击"确定"按钮建立纯色层。

（3）在工具栏中选择 钢笔工具按钮，在纯色层上绘制一条靠近中心点向一角发出的放射条，如图 7-89 所示。

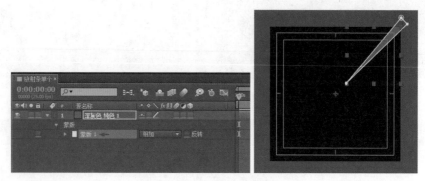

图 7-89　绘制一个放射条

步骤 3：建立"放射条"合成。

（1）从项目面板中将"放射条单个"拖至面板下部的 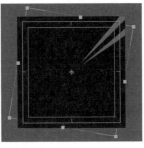 新建合成按钮上释放，建立合成，在项目面板中按住键盘的 Enter 键将其改名为"放射条"。

（2）打开"放射条"时间轴面板，选中"放射条单个"层，按 Ctrl+D 键创建副本，按住 Shift 键的同时按一下小键盘的 +（加号）键，旋转 10°，如图 7-90 所示。

图 7-90　创建副本和旋转角度

（3）同样持续创建副本后旋转，完成图形旋转放置一周的操作，如图 7-91 所示。

图 7-91　持续创建副本和旋转角度

步骤 4：建立"电波"合成。

（1）按 Ctrl+N 键打开"合成设置"对话框，将合成名称设为"电波"，可以先将预设选择为 HDTV 1080 25，这样确定了方形像素比和帧速率，然后将宽度和高度均修改为 500，将持续时间设为 10 秒，单击"确定"按钮建立合成。

（2）按 Ctrl+Y 键打开"纯色设置"对话框，单击"制作合成大小"按钮，使用当前合成的尺寸，将颜色设为 RGB（59，182，34）的深绿色，单击"确定"按钮建立纯色层。

（3）选中纯色层，在工具栏中双击 椭圆工具按钮，为纯色层添加一个正圆形的"蒙版 1"，如图 7-92 所示。

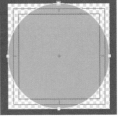

图 7-92　添加正圆形蒙版

（4）选中"蒙版 1"，按 Ctrl+D 键创建副本"蒙版 2"，将"蒙版 2"设为"相减"方式，"蒙版扩展"设为 -40，如图 7-93 所示。

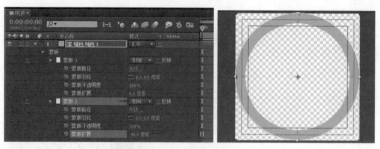

图 7-93　创建副本蒙版并设置成环形

（5）取消蒙版的选择,选中纯色层,按 Ctrl+D 键创建一个副本,然后修改"蒙版 1"的"蒙版扩展"为 -80,"蒙版 2"的"蒙版扩展" 为 -120。同样,取消蒙版的选择,选中纯色层,按 Ctrl+D 键创建另一个副本,然后修改"蒙版 1"的"蒙版扩展"为 -160,"蒙版 2"的"蒙版扩展"为 -200, 如图 7-94 所示。

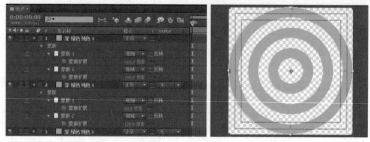

图 7-94　创建纯色层副本和修改"蒙版扩展"

（6）取消图层选择,按 T 键可以展开各层的"不透明度"属性,第 0 帧时单击打开顶层"不透明度"前面的秒表记录关键帧,设置第 0 帧为 0%,第 1 帧为 100%。然后选中这两个关键帧,按 Ctrl+C 键复制,将时间移至第 5 秒帧,选择第二层,按 Ctrl+V 键粘贴;将时间移至第 10 帧时,选择第三层,按 Ctrl+V 键粘贴。

同样,将第三层的"不透明度"第 1 秒时设为 100%,第 1 秒 01 帧时设为 0%,复制这两个关键帧,分别在第 1 秒 05 帧时粘贴到第二层,第 1 秒 10 帧时粘贴到第一层, 如图 7-95 所示。

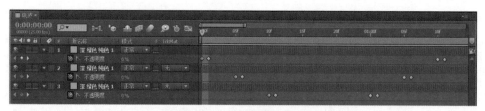

图 7-95　设置关键帧动画

（7）查看电波发射的动画效果, 如图 7-96 所示。

图 7-96　预览效果

步骤 5：建立"工厂图动画"合成。

（1）在项目面板中将"工厂图 .jpg"拖至项目面板下部的新建合成按钮 上释放,建立一个新合成,在项目面板中按 Enter 键命名为"工厂图动画",并打开其时间轴。

（2）在工具栏中选择  钢笔工具，选中"工厂图 .jpg"层，在其上按楼房边缘轮廓绘制蒙版，按主键盘上的 Enter 键将蒙版命名为"楼房轮廓"，单击蒙版名称前面的色块，更改为便于查看的颜色，如图 7-97 所示。

图 7-97　绘制轮廓蒙版

（3）按 Ctrl+Y 键打开"纯色设置"对话框，单击"制作合成大小"按钮，使用当前合成的尺寸，将颜色设为 RGB（59，182，34）的深绿色，单击"确定"按钮建立纯色层。

（4）选中"工厂图 .jpg"的"楼房轮廓"蒙版，按 Ctrl+C 键复制，选中纯色层，按 Ctrl+V 键粘贴。取消蒙版的选择，选中纯色层，按 Ctrl+D 键两次，创建两个纯色层的副本，分别按主键盘的 Enter 键将这三个纯色层重命名为"左楼房"、"右楼房"和"中间楼房"，如图 7-98 所示。

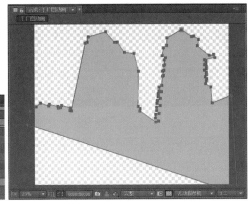

图 7-98　复制蒙版和创建副本

（5）选中三个纯色层，按 T 键展开不透明度属性，都设为 50%，图层叠加方式设为"屏幕"模式，如图 7-99所示。

图 7-99　设置不透明度和叠加模式

（6）暂时只显示"左楼房"和"工厂图蒙版"两个图层，选中"左楼房"层，按图像中左侧楼房的区域绘制蒙版，设为"交集"方式，命名为"左部分"，如图 7-100 所示。

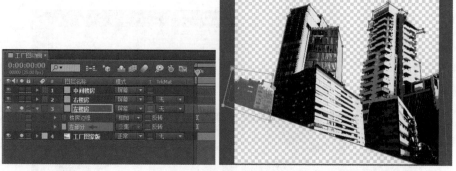

图 7-100　设置和显示"左部分"

（7）暂时只显示"右楼房"和"工厂图蒙版"两个图层，选中"右楼房"层，按图像中右侧楼房的区域绘制蒙版，设为"交集"方式，命名为"右部分"，如图 7-101 所示。

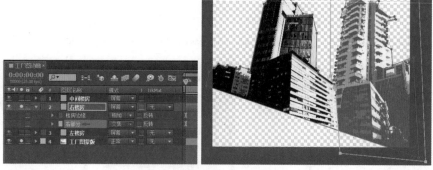

图 7-101　设置和显示"右部分"

（8）暂时只显示"中间楼房"和"工厂图蒙版"两个图层。选中"左楼房"层的"左部分"蒙版按 Ctrl+C 键复制，选中"中间楼房"层按 Ctrl+V 键粘贴；再选中"右楼房"层的"右部分"蒙版按 Ctrl+C 键复制，选中"中间楼房"层按 Ctrl+V 键粘贴。将粘贴的两个蒙版设为"相减"方式，如图 7-102 所示。

图 7-102　设置和显示"中间楼房"

（9）从项目面板中将"工厂.jpg"拖至时间轴底层，将"电波"拖至时间轴顶层，展开"电波"层的变换属性，设置"不透明度"为 50%，"缩放"为（50，50%），位置为（685,1125），使波形从图像中的天线上发出。将时间移至第 1 秒 15 帧处，按 Alt+] 键剪切出点，然后按 Ctrl+D 键创建一个副本，并设置入点为 1 秒 16 帧，使"电波"动画循环一次，如图 7-103 所示。

图 7-103　设置"电波"动画

（10）暂时关闭"左楼房"和"右楼房"层的显示，将时间移至第 2 秒，在图像中的中间楼房上部绘制一个蒙版，设为"交集"方式，蒙版羽化为（0，200），单击打开"蒙版路径"前面的秒表记录关键帧，如图 7-104 所示。

图 7-104　添加蒙版动画关键帧

（11）将时间移至第 3 秒，将蒙版放大包括全部的中间楼房，制作蒙版区域从上向下扩展的动画，如图 7-105 所示。

图 7-105　添加蒙版动画关键帧

（12）打开"左楼房"的显示，将时间移至第 2 秒 20 帧，在图像中的左侧楼房下部绘制一个蒙版，设为"交集"方式，蒙版羽化为（0，100），单击打开"蒙版路径"前面的秒表记录关键帧；将时间移至第3秒10帧，将蒙版放大包括全部的左侧楼房，制作蒙版区域从下向上扩展的动画，如图7-106所示。

图 7-106　添加蒙版动画关键帧

（13）打开"右楼房"的显示，将时间移至第3秒，在图像中的左侧楼房下部绘制一个蒙版，设为"交集"方式，蒙版羽化为（0，200），单击打开"蒙版路径"前面的秒表记录关键帧；将时间移至第4秒，将蒙版放大包括全部的左侧楼房，制作蒙版区域从下向上扩展的动画，如图7-107所示。

图 7-107　添加蒙版动画关键帧

（14）从项目面板中将"放射条"拖至时间轴"工厂图.jpg"层上面，展开变换属性，设置"缩放"为（150，150%），"位置"为（960，2200）。将入点移至第4秒，单击打开"旋转"和"不透明度"前面的秒表记录关键帧，"旋转"在第4秒时为0°，第9秒24帧时为-30°；"不透明度"在第4秒时为0%，第5秒时为30%，如图7-108所示。

图 7-108　设置变换属性动画关键帧

（15）按 Ctrl+Y 键创建一个纯色层，将纯色层在视图中的位置下移遮挡住叠加在建筑上的放射条。再将纯色层移至"放射条"层上面，入点与"放射条"相同，将"放射条"层的轨道遮罩栏设为"Alpha 反转遮罩"，如图7-109所示。

图 7-109　建立纯色层并设置轨道遮罩

步骤 6：建立"合成特效工厂"合成。

（1）按 Ctrl+N 键打开"合成设置"对话框，将合成名称设为"合成特效工厂"，将预设选择为 HDTV 1080 25，将持续时间设为 8 秒，单击"确定"按钮建立合成。

（2）从项目面板中将"工厂文字 .png"和"工厂图动画"拖至时间轴。"工厂图动画"位于底层，按 P 键展开其"位置"，在第 0 帧时打开其前面的秒表记录关键帧，第 0 帧时为（960，900），第 4 秒时为（960，-250）。再选择"工厂文字 .png"，按 P 键展开"位置"，在第 4 秒单击打开其前面的秒表，第 4 秒时为（960，-1000），第 4 秒 10 帧时为（960，470），第 4 秒 11 帧时为（960，450），第 4 秒 13 帧时为（960，470），设置文字下落和震动的动画关键帧，如图 7-110 所示。

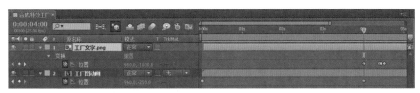

图 7-110　放置图层并设置位置动画

（3）查看动画效果，如图 7-111 所示。

图 7-111　预览动画效果

（4）选中"工厂图动画"层，按 Ctrl+D 键创建一个副本，选择 钢笔工具沿图像前面的斜平面绘制蒙版，并将副本层移至顶层，如图 7-112 所示。

图 7-112　创建副本并绘制蒙版

（5）将音频素材拖至时间轴中配乐，完成实例的制作，可以按小键盘的 0 键预览视音频效果。

第8章

合成嵌套的使用

在项目中对合成进行嵌套制作，是 After Effects CC 中进行制作的一种常用形式。合理的嵌套制作可以使制作项目更加容易和优化，一方面为制作带来很多便利，同时也有一些相关设置值得了解和注意。本章对合成嵌套使用中的事项进行列举和讲解。

8.1 预合成嵌套的作用

嵌套是一个合成包含在另一个合成中，被当作图层来使用，嵌套合成有时称为预合成。AE 合成制作中嵌套是常用的方法。

嵌套可用于管理和组织复杂合成，通过嵌套可以方便地完成以下功能。

（1）可以将复杂更改应用于整个合成。例如创建包含多个图层的合成，在总体合成中嵌套该合成，并对嵌套合成进行动画制作以及应用效果，以便所有图层在同一时间段内以相同方式更改。

（2）重复使用生成的动画效果。例如可以在一个合成中生成动画，然后根据需要将该合成拖到其他合成中多次使用。

（3）一步更新的作用。例如对嵌套合成进行更改设置时，这些更改设置将影响其他使用嵌套合成的每个合成。

（4）更改图层的默认渲染顺序。例如可以指定 AE 在渲染效果之前渲染旋转变换，以便将效果应用于旋转的素材上。

（5）向图层添加其他系列的变换属性。例如可以使用嵌套来使地球绕地轴自转的同时也绕太阳公转。

操作文件位置：光盘 \AE CC 手册源文件 \CH08 操作文件夹 \CH08 操作 .aep

操作1：嵌套制作一排图形

（1）按 Ctrl+N 键打开"合成设置"对话框，将合成名称设为"一个图形"，将预设选择为 HDTV 1080 25，将持续时间设为 5 秒，指定一个颜色，这里为品蓝色，单击"确定"按钮建立合成。

（2）按 Ctrl+Y 键打开"纯色设置"对话框，将"名称"设为"图形"，将"宽度"和"高度"均设为 200，指定一个颜色，这里为红色，单击"确定"按钮建立合成。

（3）选中纯色层，双击工具栏中的■星形工具按钮，在纯色层上建立一个星形，如图 8-1 所示。

图 8-1　建立星形

（4）在项目面板中将"一个图形"合成拖至面板下方的 ■ 新建合成按钮上释放，建立一个新合成，将"一个图形"合成嵌套在其中，合成的预设也来自"一个图形"合成，将新合成重命名为"一排图形"。

（5）选中"一个图形"合成，按 Ctrl+D 键八次，创建八个副本。然后将其中的两个星形放置在两侧，全选图层后单击"对齐"面板中的 ■ 按钮等距离分布排列，如图 8-2 所示。

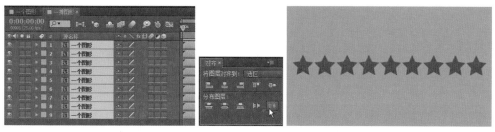

图 8-2　创建副本成一行

（6）在项目面板中将"一排图形"合成拖至面板下方的 ■ 新建合成按钮上释放，建立一个新合成，将"一排图形"合成嵌套在其中，合成的预设也来自"一排图形"合成，将新合成重命名为"多排图形"。

（7）选中"一排图形"合成，按 Ctrl+D 键四次，创建四个副本。然后将其中的两排星形放置在上下两侧，全选图层后单击"对齐"面板中的 ■ 按钮等距离分布排列，如图 8-3 所示。

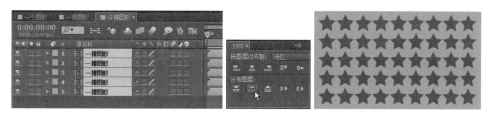

图 8-3　创建副本成多行

（8）这样，通过合成的嵌套操作，很容易完成这个效果的制作。同时，如果要对图形进行修改，只需在"一个图形"合成中修改一个图形，其他两个合成中的图形将自动更新。例如切换到"一个图形"合成，选中"图形"层，双击工具栏中的 ■ 椭圆工具按钮，添加一个圆形的蒙版，并设为"差值"方式，如图 8-4 所示。

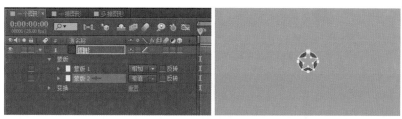

图 8-4　添加蒙版修改图形

（9）切换到"一排图形"和"多排图形"合成，各层均自动更新图形的形状，如图 8-5 所示。

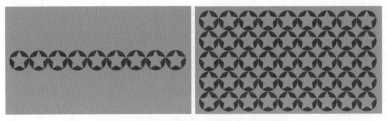

图 8-5　相关的嵌套合成中图形得到更新

8.2　嵌套中开关对显示效果的影响

嵌套中需要注意图层折叠和连续栅格化开关的使用，其不仅影响矢量图形本层的显示精度，也影响嵌套制作时将合成当作图层时的显示效果。

操作2：嵌套合成的折叠变换开关

（1）打开本章操作对应的"缩小图"合成，其中有两个图像素材层，分别缩小 10%，居中放置，如图 8-6 所示。

图 8-6　打开合成

（2）在项目面板中将"缩小图"拖至面板下方的 ▦ 新建合成按钮上释放，建立一个新合成，将"缩小图"嵌套在其中，将新合成重命名为"缩小图嵌套"，打开其时间轴，将图层的"缩放"放大为（1000，1000%），此时可以看到，即使在"完整"分辨率的状态下，图像因放大也变得模糊，如图 8-7 所示。

图 8-7　放大图像时变得模糊

（3）打开"缩小图"层的 ❀ 嵌套折叠开关，查看效果，图像变得清晰，如图 8-8 所示。

图 8-8　使用嵌套折叠开关使图像变得清晰

（1）在项目面板中选择"一个图形"合成，按 Ctrl+D 键创建一个副本，重命名为"矢量图文"，打开时间轴面板，在时间轴空白处右击，选择菜单"新建 > 文本"命令，输入文字"五星"，并设置一个较小的尺寸，将文字居中，如图 8-9 所示。

图 8-9　打开合成并建立文字

（2）在项目面板中将"矢量图文"拖至面板下方的  新建合成按钮上释放，建立一个新合成，将"矢量图文"嵌套在其中，将新合成重命名为"矢量图文嵌套"，打开其时间轴，将图层的"缩放"放大为（1000，1000%），此时可以看到文字和图形因放大而变得模糊，如图 8-10 所示。

图 8-10　放大嵌套图层使得图像变模糊

（3）切换到"矢量图文"下，打开"图形"层的 ❊ 开关，此时这个开关的作用是连续栅格化，再切换到"矢量图文嵌套"下，打开"原尺寸合成"层的 ❊ 开关，此时这个开关的作用是嵌套折叠，查看效果，文字和图形变得清晰，如图 8-11 所示。

图 8-11　使用连续栅格化开关使图像变得清晰

提示： 由于文字通常要求清晰的特殊性，原始文字层的连续栅格化开关始终为打开的状态，有时如果希望文字与同一画面中其他内容一样具有一点模糊的效果，需要为其添加模糊效果，设置适当的模糊数值。

8.3　预合成图层及其属性设置

当在合成中将一个或多个图层直接转换为合成时，称为预合成操作，这与新建合成并放置这些图层一样，只存在操作上的区别。

操作4：预合成时保留属性

（1）在项目面板中选择"一个图形"合成，按 Ctrl+D 键创建副本，重命名为"图形预合成 A"。

（2）打开"图形预合成 A"的时间轴面板，调整"图形"层的属性变化，例如将"缩放"设为（300，300%），如图 8-12 所示。

图 8-12　打开合成设置"缩放"属性

（3）在"图形"层上右击，选择菜单"预合成"命令（快捷键为 Ctrl+Shift+C 键），打开"预合成"对话框，在其中选择保留所有属性这一项，并为新合成设置名称为"图形 A 保留属性"，如图 8-13 所示。

图 8-13　预合成时保留属性选项

（4）单击"确定"按钮后，原来的纯色层转变为嵌套的合成层，同时在层上保留了蒙版和修改过的属性设置，如图 8-14 所示。

图 8-14　预合成后保留了属性设置

（5）双击合成层，切换到嵌套的"图形 合成 1 保留属性"合成中，在下级合成中只有一个纯色层，如图 8-15 所示。

图 8-15　查看嵌套合成中图层

操作5：预合成时移出属性

（1）在项目面板中选择"一个图形"合成，按 Ctrl+D 键创建副本，重命名为"图形预合成 B"。

（2）打开"图形预合成 B"的时间轴面板，调整"图形"层的属性变化，例如将"缩放"设为（300，300%）。

（3）在"图形"层上右击，选择菜单"预合成"命令（快捷键为 Ctrl+Shift+C 键），打开"预合成"对话框，在其中选择属性移动到新合成这一项，并为新合成设置名称为"图形 B 移出属性"，如图 8-16 所示。

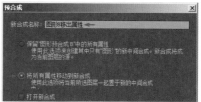

图 8-16 预合成时移出属性选项

（4）单击"确定"按钮后，原来的纯色层转变为嵌套的合成层，同时在层上移出了所有蒙版和修改过的变换属性，此时图层为默认的初始状态，如图 8-17 所示。

图 8-17 预合成后移出了属性设置

（5）双击合成层，切换到嵌套的"图形 B 移出属性"合成中，原来的蒙版和修改过的属性被移出到这里的纯色层上，如图 8-18 所示。

图 8-18 查看嵌套合成中图层

8.4 合成导航器与合成标记

合成中可以添加图层的标记与合成的标记，在嵌套时合成转变为图层，合成标记也相应转变为图层标记。通过合成导航器可以查看合成嵌套的上下级关系，并切换到相应的合成中。

操作6：合成导航器与嵌套合成的标记

（1）在项目面板中选择"一个图形"合成，按 Ctrl+D 键创建副本，重命名为"原一级"。打开"原一级"合成时间轴，为其下的"图形"层进行一些设置，将"缩放"设为（200，200%），设置"旋转"第 0 帧时为 0°，第 2 秒时为 180°，在第 3 秒处按 Alt+] 键剪切出点。

（2）再选中图层，将时间移至第 2 秒处，按小键盘的 * 键为图层添加一个标记点，再将时间移至第 3 秒，用鼠标从合成工作区域右侧将合成标记拖至第 3 秒处，这样添加了两个标记点，如图 8-19 所示。

图 8-19 设置图层并添加两个标记点

（3）在项目面板中将"原一级"合成拖至面板下方的  新建合成按钮上释放，建立一个新合成，将"原一级"嵌套在其中，将新合成重命名为"上二级"。打开其时间轴，会发现在"原一级"层上保留第3秒处的原合成标记。选中"原一级"层，按Ctrl+D键创建副本，并调整"位置"并排放置，如图8-20所示。

图 8-20　嵌套合成并创建副本

（4）在项目面板中将"上二级"合成拖至面板下方的 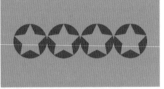 新建合成按钮上释放，建立一个新合成，将"上二级"嵌套在其中，将新合成重命名为"上三级"。打开其时间轴，选中"上二级"层，按Ctrl+D键创建副本，并调整"位置"并排放置，如图8-21所示。

图 8-21　嵌套合成并创建副本

（5）在嵌套关系的合成中可以通过单击时间轴上部的 ◨ 按钮打开合成微型流程图（快捷键为Tab键），在其中选择要切换的合成名称，或者在合成视图面板的左上部切换嵌套关系的合成，如图8-22所示。

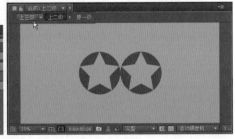

图 8-22　切换合成方式

（6）单击合成视图右下角的 ▣ 按钮可以将合成视图切换为流程图，在其中查看合成的嵌套关系，如图8-23所示。

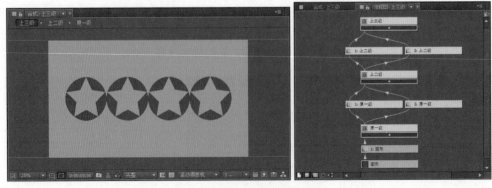

图 8-23　切换和查看流程图

8.5　实例：电影胶片

本例将图片包装成为通过电影胶片放映的动画，其中的小画面均使用嵌套的方法来制作，效果如图 8-24 所示。

图 8-24　实例效果

实例的合成流程图示如图 8-25 所示。

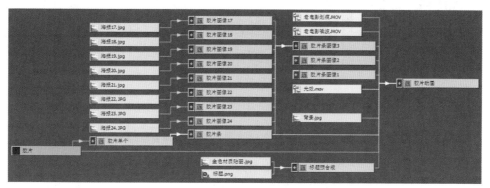

图 8-25　实例的合成流程图示

实例文件位置：光盘 \AE CC 手册源文件 \CH08 实例文件夹 \ 电影胶片 .aep

步骤 1：导入素材。

在项目面板中双击打开"导入文件"对话框，将本实例文件夹中准备的图片文件、视频文件和音频文件全部选中，单击"导入"按钮，将其导入到项目面板中。

步骤 2：建立"胶片单个"合成。

（1）建立"单个胶片"合成。

按 Ctrl+N 键打开"合成设置"对话框，将合成名称设为"胶片单个"，可以先将预设选择为 HDTV 1080 25，这样确定了方形像素比和帧速率，然后将宽度修改为 800，高度修改为 450，持续时间设为 1 分钟（也可以是其他不小于最终合成的持续时间），单击"确定"按钮建立合成。

（2）按 Ctrl+Y 键打开"纯色设置"对话框，设置名称为"胶片"，单击"制作合成大小"按钮，使用当前合成的尺寸，将颜色设为 RGB（40，22，11），单击"确定"按钮建立纯色层。

（3）双击"胶片"层，打开其图层视图面板，在工具栏的矩形工具■按钮上双击，为"胶片"层建立一个蒙版，名称为"蒙版 1"，如图 8-26 所示。

图 8-26　创建大的矩形蒙版

（4）在图层视图面板中用选择工具 ![btn] 双击蒙版的边线，使其处于可变换状态，按住 Ctrl 键拖动其一个角点，居中缩小蒙版，可以打开视图面板底部的切换透明网格按钮 ![btn] 来查看效果。手动拖动鼠标的调整通常只能凭感觉，这里还可以单击时间轴中的"形状"，打开"蒙版形状"对话框，将单位选择为"源的 %"，然后查看和修改"定界框"的百分比数值，如图 8-27 所示。

图 8-27　在蒙版形状对话框中设置精确的数值

（5）将蒙版默认的"相加"方式改为"相减"方式，如图 8-28 所示。

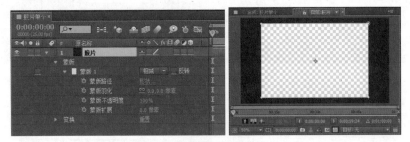

图 8-28　设置蒙版运算方式

（6）在工具栏中选择矩形工具 ![btn] 按钮，在"胶片"层左上角绘制胶片边缘的小方格，建立第二个蒙版，名称为"蒙版 2"，使用"相减"方式，将"蒙版扩展"设为 5，这样得到一个向外扩展的圆角方格。为了区别前一个蒙版，这里单击"蒙版 2"前面的颜色方块，更改为蓝色，如图 8-29 所示。

图 8-29　创建小方格蒙版并进行设置

（7）选中"蒙版 2"，按 Ctrl+D 键创建一个副本"蒙版 3"，按 Shift+ ↓（向下方向）键，将副本方框下移；然后再重复按 Ctrl+D 键和 Shift+ ↓（向下方向）键，建立胶片一侧的小方格，如图 8-30 所示。

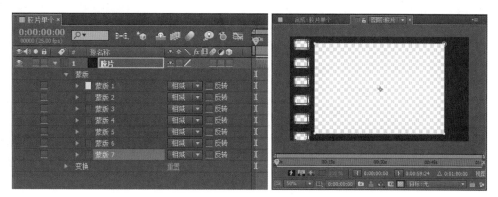

图 8-30　创建小方格蒙版副本

（8）选中左侧的小方格蒙板，这里为"蒙版 2"至"蒙版 7"，按 Ctrl+T 键转换为可变换状态，在视图中用鼠标拖动变换框上部和下部的中点，将小方格调整到适当的大小和位置，如图 8-31 所示。

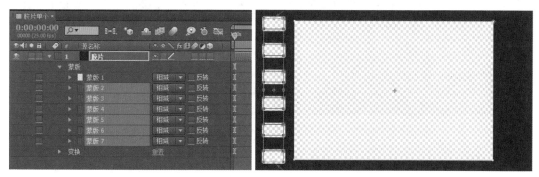

图 8-31　整体调整左侧小方格

（9）保证"蒙版 2"至"蒙版 7"的选中状态，再按 Ctrl+C 键复制，然后取消蒙版的选择状态，选中"胶片"层，按 Ctrl+V 键粘贴，复制出另一列小方格蒙版，配合 Shift 键将其整体水平移至胶片的右侧，为了与之前的蒙版有所区别，这里将其颜色更改为绿色，如图 8-32 所示。

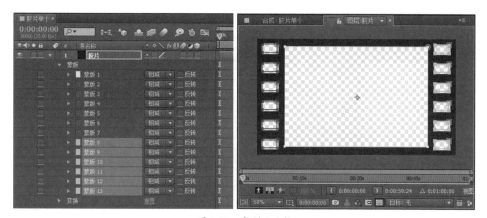

图 8-32　复制小方格

步骤 3：建立"胶片条"合成。

（1）在项目面板中将"胶片单个"拖至项目面板下部的新建合成按钮 上释放，建立一个新合成，按 Ctrl+K 键打开"合成设置"对话框，将合成名称设为"胶片条"，在高度的数值后输入 *8，即增高 8 倍，单击"确定"按钮，打开合成的时间轴，并查看视图效果，如图 8-33 所示。

（2）在时间轴中选中"胶片单个"层，连续按 Ctrl+D 键 7 次，再创建 7 个新层。确认从"窗口"菜单中勾选显示出"对齐"面板，然后选中顶层，单击"对齐"面板中的■按钮垂直靠上对齐；选中底层，单击"对齐"面板中的■按钮垂直靠下对齐；再按 Ctrl+A 键全选图层，单击"对齐"面板中的■按钮垂直居中分布，如图 8-34 所示。

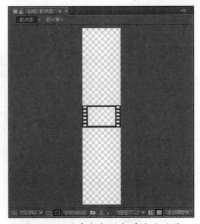

图 8-33　创建合成副本并修改设置

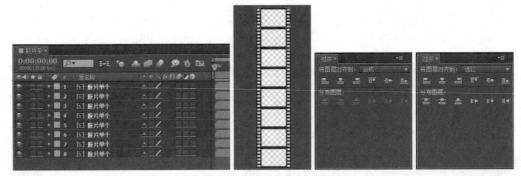

图 8-34　创建胶片形状副本

步骤 4：确定胶片图像合成的尺寸并放置图像。

（1）在项目面板中将"胶片单个"拖至项目面板下部的新建合成按钮■上释放，建立一个新合成，在项目面板中按 Enter 键将合成名称设为"胶片图像 01"，打开合成的时间轴，在合成视图面板底部单击打开■目标区域按钮，然后选择菜单"合成 > 裁剪合成到目标区域"命令，以所选择区域作为合成的尺寸。因为手动操作的准确性不高，这里再按 Ctrl+K 键打开"合成设置"对话框，在拖动操作的基础上进一步精确数值，将宽度设为 600，如图 8-35 所示。

图 8-35　裁剪合成区域并在合成设置中精确设置

（2）确定好胶片图像合成的尺寸后，删除合成中的层，在项目面板中连续按 Ctrl+D 键创建"胶片图像 02"至"胶片图像 24"。然后在时间轴中为每个合成添加对应的海报图像素材，并适当调整海报图像在合成中的大小和位置，如图 8-36 所示。

图 8-36　创建合成副本并添加对应的图像素材

步骤 5：建立"胶片条图像 1"合成。

（1）在项目面板中将"胶片条"拖至项目面板下部的新建合成按钮 上释放，建立一个新合成，在项目面板中按 Enter 键命名为"胶片条图像 1"，打开其时间轴。

（2）从项目面板中将"胶片图像 01"至"胶片图像 08"拖至时间轴的"胶片条"层之下。单击打开"胶片层"的 锁定开关。确认从"窗口"菜单中勾选显示出"对齐"面板，然后选中"胶片图像 01"层，单击"对齐"面板中的 按钮垂直靠上对齐；选中底层，单击"对齐"面板中的 按钮垂直靠下对齐；再按 Ctrl+A 键全选图层（锁定层不被选中），单击"对齐"面板中的 按钮垂直居中分布，如图 8-37 所示。

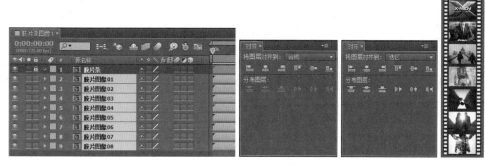

图 8-37　放置图层并排列

（3）同样，再建立"胶片条图像 2"和"胶片条图像 3"合成，分别放置不同的海报图像。

步骤 6：建立"胶片动画"合成。

（1）按 Ctrl+N 键打开"合成设置"对话框，将合成名称设为"胶片动画"，将预设选择为 HDTV 1080 25，将持续时间设为 15 秒，单击"确定"按钮建立合成。

（2）从项目面板中将"胶片条"和"背景 .jpg"拖至时间轴中，选中"胶片条"层，按 r 键显示其旋转属性，设为 90°，然后按 Ctrl+D 键创建一个副本层，如图 8-38 所示。

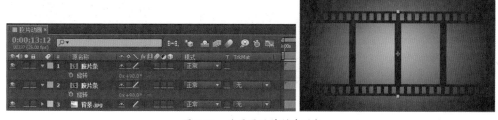

图 8-38　放置图层并创建副本

（3）选中两个"胶片条"层，按 P 键显示其位置属性，在上层位置的 Y 轴后 540 后添加输入 -660 得到 -120，在下层位置的 Y 轴后 540 后添加输入 +660 得到 1200，这样将"胶片条"等距离移动到上下两边，如图 8-39 所示。

图 8-39　移动图层

（4）在项目面板的"固态层"文件夹中将前面创建的一个纯色层"胶片"拖至时间轴中，放置在"背景 .jpg"层上面，按 Ctrl+Alt+F 键缩放至当前合成的大小，暂时关闭"胶片"层的显示，在选中"胶片"层的状态下，在工具栏中选择□矩形蒙版工具，参照上下两个胶片图像，绘制一个矩形，如图 8-40 所示。

图 8-40　放置纯色层并绘制矩形蒙版

（5）打开"胶片"层的显示，将蒙版下的"反转"勾选，这样制作胶片遮幅的效果，如图 8-41 所示。

图 8-41　反转蒙版

（6）从项目面板中将"标题 .png"和"金色材质贴图 .jpg"拖时间轴顶层，"金色材质贴图 .jpg"层在下面，并将其放大至超过文字的宽度，如图 8-42 所示。

图 8-42　放置文字和材质图层并调整材质大小

（7）在"金色材质贴图 .jpg"层的轨道遮罩栏选择为 Alpha 遮罩"标题 .png"，如图 8-43 所示。

图 8-43　设置轨道遮罩

（8）选中"标题 .png"层，按 Ctrl+D 键创建副本层，并将副本移至"金色材质贴图 .jpg"层下，打开显示状态，展开其变换属性，将缩放设为（102，102%），将位置下移错开一点，这里 Y 轴增加 4 个像素值为 544，如图 8-44 所示。

图 8-44　创建文字副本并调整变换属性

（9）选中顶部，设置文字的三个图层，按 Ctrl+Shift+C 键（或选择菜单"图层 > 预合成"命令），在弹出对话框中，将新合成名称设为"标题预合成"，单击"确定"按钮，原来的三个图层预合成为一个合成层，便于后面的操作，如图 8-45 所示。

图 8-45　预合成图层

（10）从项目面板中将"光效.mov"拖至时间轴顶层，按 Ctrl+D 键创建一个副本，入点分别为第 0 帧和第 2 秒 05 帧，都设为"相加"图层模式，将后一层的缩放设为（200，200%），如图 8-46 所示。

图 8-46　放置图层并创建副本

（11）根据光效设置文字出现的方式，在第 18 帧处按 Alt+[键剪切"标题预合成"的入点，按 S 键展开缩放属性，单击打开缩放前面的秒表记录关键帧，此时设为（20，20%），将文字缩小被光效遮挡；将时间移至第 1 秒 15 帧，设为（100，100%），如图 8-47 所示。

图 8-47　设置缩放关键帧

（12）查看此时的效果，如图 8-48 所示。

图 8-48　预览效果

（13）根据光效设置文字消失的方式，在第 2 秒 15 帧处，在工具栏中选择 椭圆工具按钮，选中"标题预合成"层，在其上绘制一个椭圆形的蒙版，并保证文字全部显示，将蒙版羽化设为（50，50），单击打开蒙版路径前面的秒表记录关键帧，如图 8-49 所示。

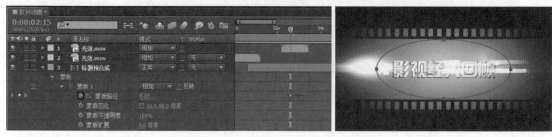

图 8-49　为文字添加蒙版并设置关键帧

（14）将时间移至第 3 秒，随着光效范围集中到视图中心点，双击椭圆形蒙版，使其处于可变换状态，按住 Ctrl 键拖动变换框一角，将蒙版缩小至视图中心，并按 Alt+] 键剪切图层出点。然后在第 3 秒处选中两个"胶片条"层和"胶片"层，按 T 键展开不透明度属性，单击打开其前面的秒表记录关键帧，此处为 100%，将时间移至第 3 秒 05 帧处，均设为 0%，并按 Alt+] 键将三个图层都剪切出点，如图 8-50 所示。

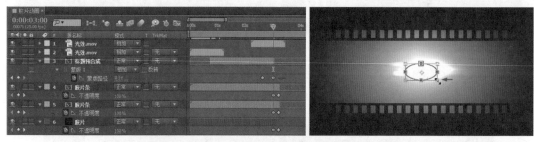

图 8-50　设置蒙版和不透明度关键帧

（15）从项目面板中将"胶片条图像 1"、"胶片条图像 2"和"胶片条图像 3"拖至时间轴顶部，按从下向上放置，"胶片条图像 1"的入点为第 3 秒，出点为第 9 秒；"胶片条图像 2"的入点为第 3 秒；"胶片条图像 3"的入点为 8 秒 20 帧，如图 8-51 所示。

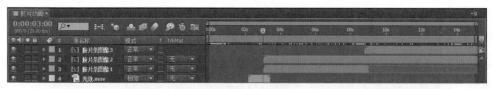

图 8-51　放置图层

（16）为三个图层设置变换关键帧动画。

将"胶片条图像 1"的缩放设为 50%，第 3 秒时，单击打开位置前面的秒表，设为（300，2000），第 3 秒 05 帧设为（300，900），第 8 秒 20 帧设为（300，180），第 9 秒设为（-200，180）。

将"胶片条图像 2"的缩放设为 150%，第 8 秒 20 帧时打开其前面的秒表记录关键帧，将时间移至第 9 秒时设为 50%。第 3 秒时，单击打开位置前面的秒表，设为（1200，-2800），第 3 秒 05 帧设为（1200，-1600），第 8 秒 20 帧设为（1200，-700），第 9 秒设为（300，900），第 14 秒 05 帧设为（300，180）。

将"胶片条图像 3"的缩放设为 150%，在第 14 秒时打开其前面的秒表记录关键帧，将时间移至第 14 秒 05 帧时设为 350%。在第 8 秒 20 帧时，单击打开位置前面的秒表，设为（2550，0），第 9 秒设为（1200，0），第 14 秒设为（1200，1300），第 14 秒 05 帧设为（960，3040），如图 8-52 所示。

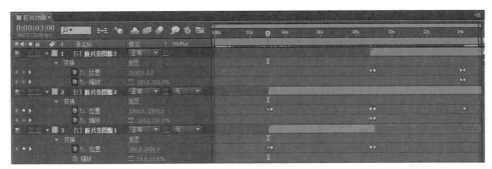

图 8-52　设置关键帧

（17）在视图中查看运动路径默认为自动贝塞尔曲线的空间插值方式，画面在非直线移动时方向会发生偏移，在时间轴中按住 Ctrl 键（或 Shift 键）单击这三个图层的位置名称，选中全部的位置关键帧，在其中一个位置关键帧上右击，选择弹出菜单中的"关键帧插值"命令，打开"关键帧插值"对话框，从中将空间插值设为"线性"，如图 8-53 所示。

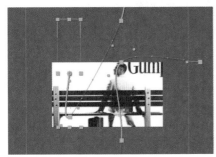  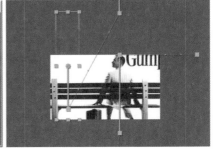

图 8-53　设置线性关键帧

（18）选中运动的三个胶片条图层，打开其图层的运动模糊开关，再单击时间轴上部的运动模糊启用开关，这样胶片产生运动模糊效果，如图 8-54 所示。

图 8-54　启用运动模糊

（19）从项目面板中将"老电影噪波.mov"和"老电影划痕.mov"拖至时间轴顶层，分别按Ctrl+Alt+F 键放大至当前合成的尺寸，并设为"屏幕"图层模式，如图 8-55 所示。

图 8-55　放置图层并设置叠加模式

（20）可以看到这两个素材的长度较短，可以在项目面板中选中"老电影噪波.mov"素材，选择菜单"文件 > 解释素材 > 主要"命令（快捷键为 Ctrl+Alt+G 键），在打开的对话框中，将循环次数设为 3 次，同样将"老电影划痕.mov"也如此设置。然后在时间轴中将出点设为合成的尾部，如图 8-56 所示。

图 8-56　设置素材循环

（21）查看效果，如图 8-57 所示。

图 8-57　预览动画效果

（22）从项目面板中将音频文件拖至时间轴为动画配乐，完成实例的制作，可以按小键盘的 0 键预览视音频效果。

第 9 章
三维图层的合成

三维合成与普通的二维合成区别，简单地说，在于增加了有纵深方向的 Z 轴，对象不仅可以在 X 轴和 Y 轴组成的平面上运动，还可以在 Z 轴上做纵深的运动。此外，三维运动的场景效果也与二维的平面有很大区别，可以有光照、阴影、三维摄像机的透视视角，可以表现出镜头焦距的变化、聚焦及景深效果的变化等。本章从基础开始对三维图层的合成进行了综合的讲解。

9.1 AE CC 中的三维合成原理

AE 中的三维合成与三维动画软件中三维制作不同，AE 中的三维空间以片状的图层为基础，如果要制作一个立方体，需要六个面来组成，而制作立体的圆球就难以实现，需要使用有限功能的效果或插件来制作，较高的三维制作需求需要专门的三维动画软件来制作，然后输出结果在 AE 中进行合成。不过即使有所限制，但对于处理视频素材和特效制作为主的 AE，三维合成的功能也是非常强大的，包括近几个版本中新增的光线追踪渲染，可以制作一些合成中常用的三维文字或立体 Logo，这将在后面相关章节中介绍。

而在三维图层中，有 X、Y 和 Z 三个轴向，X 轴和 Y 轴形成一个平面，Z 轴是与这个平面垂直的轴向。这个 Z 轴在大多情况下并不能定义图像的厚度，三维图层仍然是一个没有厚度的平面，不过 Z 轴可以使这个平面图像在深度的空间中移动位置、也可以使这个平面图像在三维的空间中旋转任意的角度。具有三维属性的图层可以很方便地制作空间透视效果、空间的前后位置放置、空间的角度旋转，或者由多个平面在空间组成盒状的形状，如图 9-1 所示。

图 9-1　三维的平面组成立方盒

9.2 转换 3D 图层

在进行三维合成时，首先需要将图层定义为三维图层，在时间轴面板中，单击打开图层的三维层开关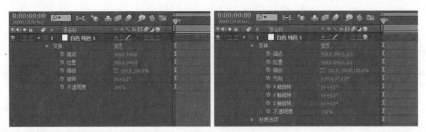，可以将一个二维图层转换为三维图层，再次单击则又转换为二维图层。三维图层比二维图层增加部分属性，如图9-2所示。

图 9-2　二维与三维的图层属性

二维图层转换为三维图层之后，"锚点"、"位置"、"缩放"均增加了 Z 轴向数值；原来在二维中的"旋转"只能一个轴向旋转，转换为三维图层后可以在三维轴向旋转，综合起来可以空间任意角度旋转；除了旋转还增加了"方向"属性，其与"旋转"的区别在于，"方向"数值小于 360°的范围，"旋转"数值不限，超过 360°累加一周。

9.3　在 AE CC 中建立三维物体

操作文件位置：光盘 \AE CC 手册源文件 \CH09 操作文件夹 \CH09 操作 .aep

操作1：建立简单三维场景

（1）按 Ctrl+N 键打开"合成设置"对话框，将预设选择为 HDTV 1080 25，将持续时间设为 5 秒，单击"确定"按钮建立合成。

（2）按 Ctrl+Y 键按当前合成的尺寸建立一个白色的纯色层，单击打开三维开关。在合成视图面板下部选择"自定义视图 1"，如图 9-3 所示。

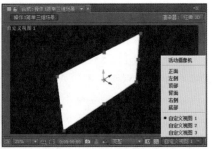

图 9-3　打开三维开关并选择自定义视图

（3）选择纯色层，按 Ctrl+D 键创建一个副本。再将素材图片"AE 标 .jpg"拖至时间轴中，打开三维图层开关，如图 9-4 所示。

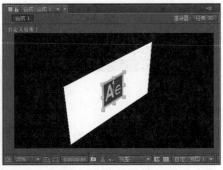

图 9-4　放置图层并打开三维开关

（4）选中其中的一个纯色层，按 R 键显示其旋转属性，设置"X 轴旋转"为 -90°，此时图层在空间中处于交叉的状态，如图 9-5 所示。

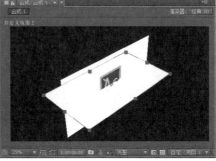

图 9-5 空间交叉平面

（5）将合成视图切换为"左侧"视图方式，在合成视图或时间轴中将垂直纯色层右移，水平纯色层下移，图层的边缘均相连接。使用非透视关系的"正面"视图，有助于准备查看两个图形之间的距离，如图 9-6 所示。

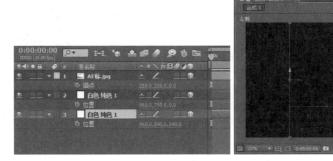

图 9-6 在"正面"视图中移动图层

提示： 在将图层移动时，其位置的数值与另一个图层边长在数值上相符，即从中心位置移到边缘位置时，"位置"数值的变化为边长数值的一半。

（6）再切换为"自定义视图 1"，在时间轴空白处右击，选择弹出菜单"新建 > 摄像机"命令，在打开的"摄像机设置"对话框中将"预设"选择为"28 毫米"，单击"确定"按钮。此时可以在自定义视图中看到所创建的摄像机，如图 9-7 所示。

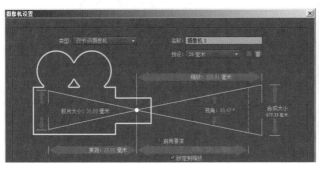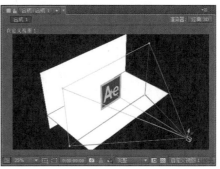

图 9-7 创建摄像机

（7）选择"活动摄像机"视图将启用所创建摄像机的视角，如图 9-8 所示。

图 9-8　选择摄像机视角

（8）可以减小摄像机的 X 轴数值，将其向左移，这里数值为 360；再减小摄像机 Y 轴数值，将其向上移，这里数值为 400，查看视角发生变化，如图 9-9 所示。

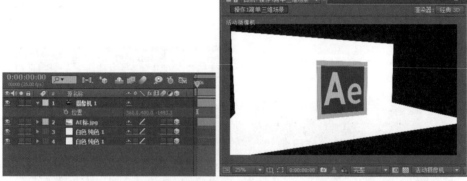

图 9-9　调整摄像机视角

（9）在时间轴空白处右击，选择弹出菜单"新建 > 灯光"命令，在打开的"灯光设置"对话框中将"灯光类型"选择为"聚光"，勾选中"投影"，如图 9-10 所示。

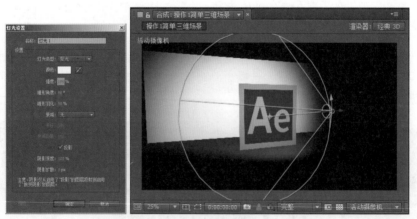

图 9-10　新建灯光

（10）在时间轴中调整灯光的位置，将灯光层"位置"中的 Y 轴向数值减小至 -700，提高灯光的位置，将 Z 轴的数值减小至 -1500，拉远灯光离中心的位置，如图 9-11 所示。

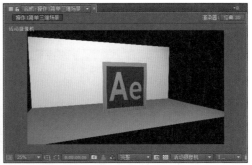

图 9-11　调整灯光

（11）展开"AE 标 .jpg"层的"材质选项"，将"投影"设为"开"，这样图像在下面和后面的平面上产生灯光照射的投影效果，如图 9-12 所示。

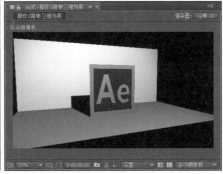

图 9-12　设置投影

9.4　不同的三维坐标模式

操作2：三维场景中的本地轴模式

（1）接着上面的操作，当合成中存在三维图层、摄像机或者灯光这些三维属性的图层时，工具栏中的三个坐标轴模式图标将被激活，切换这三个模式对三维层的变换操作有很大的便利性。先使用本地轴模式，查看"AE 标 .jpg"层的三个坐标轴向，红色为 X 轴，绿色为 Y 轴，蓝色为 Z 轴，如图 9-13 所示。

图 9-13　本地轴模式坐标

（2）可以将鼠标移至某个轴向上，约束为按某个轴向的方向移动图层，例如这里将鼠标移至 Z 轴处，鼠标指针提示已约束为 Z 轴方向时，按住鼠标拖动，即可沿 Z 轴向前后移动图像，查看时间轴中只有 Z 轴向的数值发生变化，如图 9-14 所示。

图 9-14　本地轴模式下沿 Z 轴移动

（3）在"AE 标 .jpg"层的"位置"属性上右击，选择弹出菜单中的"重置"命令，恢复默认数值。然后选中水平的纯色层，查看其图层的轴向，因为按 X 轴旋转了 -90°，所以在本地轴模式下，Z 轴向变得指向上方，如图 9-15 所示。

图 9-15　旋转图层后的 Z 轴指向

（4）可以看出，图层的某个坐标轴，首先可以约束位移或旋转在其轴向上进行，另外在本地轴模式下，图层的坐标轴向随图层的旋转而一同旋转，对于图层本身始终保持相对的一致。

操作3：三维场景中的世界轴模式

（1）继续上面的操作，在工具栏中单击打开按钮，切换到世界轴模式下。选中水平的纯色层，Z 轴向的指向改变为指向场景的前方，如图 9-16 所示。

图 9-16　世界轴模式坐标

（2）选中"AE 标 .jpg"层，按 R 键显示其旋转属性，将"X 轴旋转"设为 -30°，或者选择工具栏中的旋转工具，在视图中沿 X 轴旋转，可以看到图层的其他两个坐标指向始终不变，Z 轴向与其他层的 Z 轴向坐标指向都保持一致，指向场景的前方，如图 9-17 所示。

图 9-17　世界轴模式下旋转图层时坐标指向不变

（3）可以看出在 ■ 世界轴模式下，不论旋转与否，所有图层在整个场景中，只有一种原始的场景坐标指向。

操作4：三维场景中的视图轴模式

（1）继续上面的操作，在工具栏中单击打开 ■ 按钮，切换到视图轴模式下。选中"AE 标 .jpg"层，可以看到 Z 轴向指向视图的正前面，Y 轴指向上方，X 轴指向右方。对图层进行旋转时，图层的 Z 轴向指向视图前方保持不变，如图 9-18 所示。

图 9-18　视图轴模式坐标

（2）将当前视图切换为"自定义视图 1"，查看图层的坐标指向，Z 轴向指向当前视图的正前方，所有图层的坐标保持一致，如图 9-19 所示。

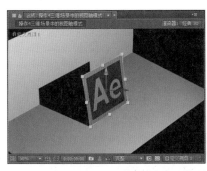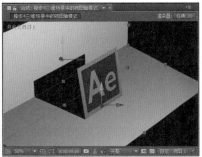

图 9-19　视图轴模式 Z 轴指向正前方

（3）可以看出在 ■ 视图轴模式下，不论旋转与否，所有图层只有一种视图视角的坐标指向。

9.5　不同的三维视图

操作5：三维场景中多视图操作

（1）按 Ctrl+N 键打开"合成设置"对话框，将预设选择为 HDTV 1080 25，将持续时间设为 5 秒，单击"确定"按钮建立合成。

（2）从项目面板中将"天空 .jpg"拖至时间轴中，将其"缩放"设为（200，200%），这个图像使用二
维图层放在底层作为背景，如图 9-20 所示。

（3）按 Ctrl+Y 键打开"纯色设置"对
话框，将"名称"设为"平面"，将"颜色"
设为背景图像中相近的浅蓝色，RGB 为
（180，233，255），按当前合成的尺寸建立

图 9-20　放置背景图像

一个纯色层，单击打开图层的三维开关，按 R 键显示旋转属性，将"X 轴旋转"设为 -90°，在当前视
图中查看纯色层显示为一条横线的状态，如图 9-21 所示。

图 9-21　旋转三维图层

提示： 在大多数情况下可以使用本地轴模式，坐标轴随图层本身的旋转而变化，这样也可以直观
地掌握图层的旋转状态。

（4）在时间轴空白处右击，选择菜单"新建 > 文本"命令，输入 AE CC，并在"字符"面板中设置
字体、尺寸和颜色，在"段落"面板中选择居中方式。打开文本层的三维开关，如图 9-22 所示。

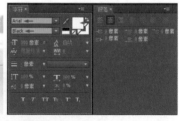

图 9-22　建立文本

（5）在合成视图面板下部选择"自定义视图 1"、"自定义视图 2"和"自定义视图 3"的视图类型时，
显示状态如图 9-23 所示。

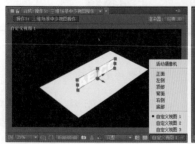

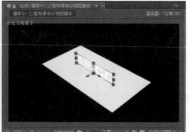

图 9-23　三种自定义视图

提示： 在自定义的三维视图中或正视图中将不显示合成中的二维图层，例如这里的"天空.jpg"。二维图层在默认的活动摄像机或创建的其他摄像机中显示。

（6）在视图类型右侧可以选择 1 个视图、2 个视图或 4 个视图，这里选择"2 个视图 - 水平"，左侧为"顶部"视图，右侧为"自定义视图 3"。其中右侧视图四个角有黄色的标记表明为激活的视图，如图 9-24 所示。

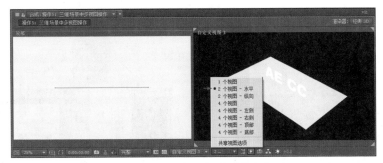

图 9-24　"2 个视图 - 水平"方式

（7）选择"4 个视图"的状态，如图 9-25 所示。

图 9-25　"4 个视图"方式

（8）选择"4 个视图 - 左侧"的状态，如图 9-26 所示。

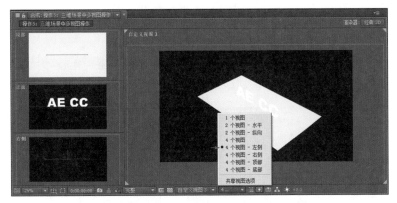

图 9-26　"4 个视图 - 左侧"方式

（9）在时间轴空白处右击，选择菜单"新建 > 摄像机"命令，在打开的"摄像机设置"对话框中将"类型"选择为"双节点摄像机"，将"预设"选择为"15 毫米"，如图 9-27 所示。

图 9-27　建立双节点摄像机

（10）使用"4个视图"方式，然后单击右上角视图，使其处于四角为黄色的激活状态，然后选择视图方式为"活动摄像机"，并选择"适合"的大小显示，这样显示完整的画面。然后依次激活左上角视图，设为"顶部"视图；选择左下角视图，设为"左侧"视图；选择右下角视图，设为"自定义视图1"，如图9-28所示。

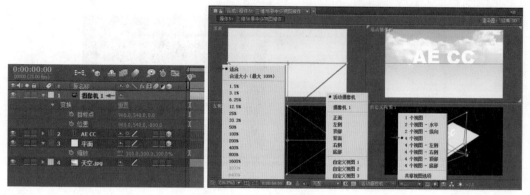

图9-28　设置"4个视图"方式

（11）将摄像机层"目标点"的Y轴数值减小为350,即目标点上移；将摄像机层"位置"设为（960,400,-630），即推近和提高位置，如图9-29所示。

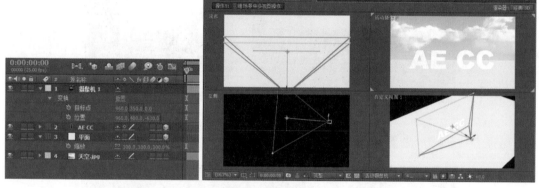

图9-29　调整摄像机

（12）在时间轴空白处右击,选择菜单"新建＞灯光"命令,建立一盏"聚光"类型的"灯光1",设置"位置"为（960,-1500,0）,即从场景中心的顶部垂直向下照射,如图9-30所示。

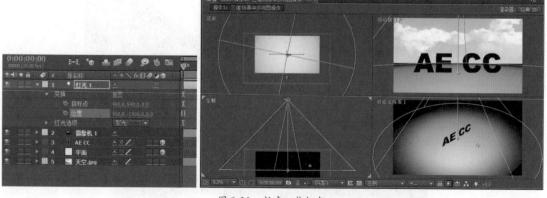

图9-30　新建一盏灯光

（13）在时间轴空白处右击,选择菜单"新建＞灯光"命令,建立一盏"聚光"类型的"灯光2",设置"位置"为（960，300，-1000），即从前上方向场景中心照射，如图 9-31 所示。

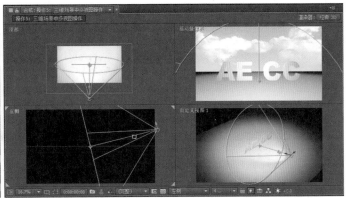

图 9-31　新建第二盏灯光

（14）完成制作后，将"4 个视图"切换为"1 个视图"。对于复杂的场景制作，多视图可以很直观地掌握场景中各图层空间状态。

9.6　设置场景动画

操作6：使用平面在空间建立方体

（1）按 Ctrl+N 键打开"合成设置"对话框，将"合成名称"设为"方形面"，先将预设选择为 HDTV 1080 25，确定方形像素比和帧速率，然后将"宽度"和"高度"均设为 1000，将持续时间设为 5 秒，单击"确定"按钮建立合成。

（2）按 Ctrl+Y 键以当前合成尺寸建立一个"灰色正方形"纯色层，再按 Ctrl+Y 键以当前合成尺寸建立一个"橙色正方形"纯色层，并设置上层"橙色正方形"纯色层的"缩放"为（90，90%），如图 9-32 所示。

（3）按 Ctrl+N 键打开"合成设置"对话框，将"合成名称"设为"立方体"，"预设"选择为 HDTV 1080 25，将"持续时间"设为 5 秒，选择一个品蓝色的背景颜色，单击"确定"按钮建立合成。

（4）从项目面板中将"方形面"拖至时间轴中，打开三维图层开关。在合成视图面板的下方单击■按钮，将"标尺"和"参考线"勾选，用鼠标在视图顶部和左侧的标尺上向视图中拖动

图 9-32　建立纯色层

可以拖出参考线，参照"方形面"的四个边缘，确定四条参考线的位置，如图 9-33 所示。

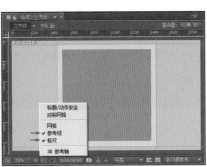

图 9-33　设置参考线

（5）在时间轴中选中"方形面"层，按 Ctrl+D 键五次，创建五个副本层。在合成视图的右下部选择"4 个视图"方式，如图 9-34 所示。

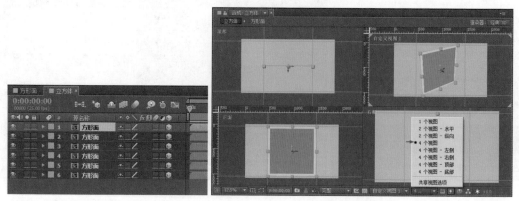

图 9-34　创建副本层并选择"4 个视图"方式

（6）选中第一个"方形面"层，在"顶部"视图中，在工具栏中使用选择工具，将鼠标移至 Z 轴处，沿 Z 轴将其移至上面的参考线位置，可查看时间轴中的"位置"数值变化并精确数值，如图 9-35 所示。

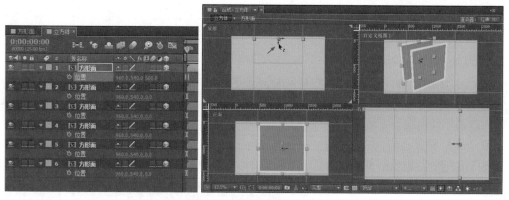

图 9-35　沿 Z 轴移动图层

（7）选中第二个"方形面"层，在"右侧"视图中，在工具栏中使用旋转工具，将鼠标移至 Y 轴处，沿 Y 轴旋转，可查看时间轴中的"方向"数值变化并精确数值为 90°，如图 9-36 所示。

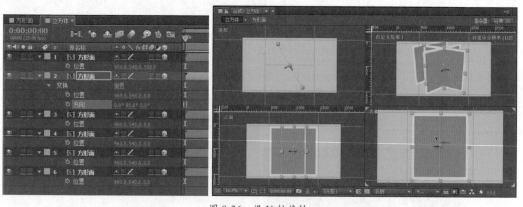

图 9-36　沿 Y 轴旋转

（8）然后继续移动第二个"方形面"至参考线处，用同样的方法，对其他层在视图中直观地进行空间的移动和旋转操作，并在时间轴中进一步精确属性的数值，最终组成立方体形状，如图 9-37 所示。

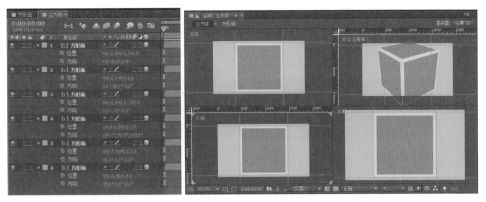

图 9-37　调整平面组成立方体

操作7：嵌套三维合成

（1）按 Ctrl+N 键打开"合成设置"对话框，将"合成名称"设为"嵌套立方体"，将预设选择为 HDTV 1080 25，将持续时间设为 5 秒，单击"确定"按钮建立合成。

（2）按 Ctrl+Y 键以当前合成尺寸建立一个灰色的纯色层，打开三维开关，将其"X 轴旋转"设为 -90°，"位置"设为（960，1000，0），将"缩放"设为（500，500，500%）。

（3）从项目面板中将"立方体"拖至时间轴中，打开三维开关，设置"缩放"为（70，70，70%），会发现上下的边缘被裁切；调整"Y 轴旋转"时会发现原来的立方体变成没有厚度的面片，如图 9-38 所示。

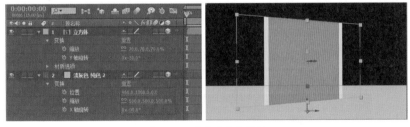

图 9-38　嵌套立方体图层

（4）打开"立方体"层的 ✻ 折叠变换开关，图层的立体形状得到了校正，如图 9-39 所示。

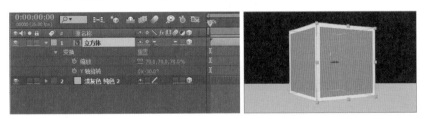

图 9-39　使用折叠变换开关还原立方体

操作8：建立立体文字

（1）按 Ctrl+N 键打开"合成设置"对话框，将"合成名称"设为"立体文字"，将预设选择为 HDTV 1080 25，将"背景颜色"设为蓝色，单击"确定"按钮建立合成。

（2）在时间轴空白处右击，选择弹出菜单"新建 > 文本"命令，输入"AE CC"，并在"字符"面板设置字体、大小和颜色，其中颜色为 RGB（255，114，0），在"段落"面板居中对齐，如图 9-40 所示。

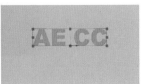

图 9-40　建立文本

（3）在时间轴中打开文本层的三维开关，展开文本层"变换"属性下的"位置"，按住 Alt 键单击其前面的秒表，打开表达式输入状态，输入表达式：[position[0],position[1], position[2]-index]，按小键盘的 Enter 键结束输入状态，如图 9-41 所示。

图 9-41　设置表达式

提示： 表达式[position[0],position[1], position[2]-index]中的position[0]表示本层"位置"的X轴数值，position[1] 表示本层"位置"的Y轴数值，position[2]表示本层"位置"的Z轴数值，index表示本层为合成中的第几层。这个表达式的作用是自动计算出Z轴的数值。有关表达式的使用详见本书表达式一章。

（4）建立完表达式后，选中图层，按 Ctrl+D 键创建一个副本，查看 Z 轴自动计算出来的数值变化，如图 9-42 所示。

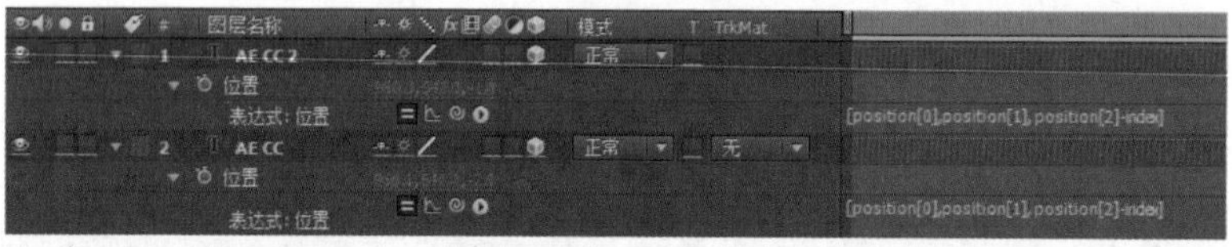

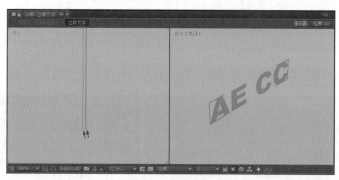

图 9-42　创建副本

（5）使用"2 个视图 - 水平"的方式查看，左侧设为"左侧"视图方式，右侧设为"自定义视图 1"方式，将"左侧"视图放大，查看两个文本层之间为前后相差 1 个像素的关系，如图 9-43 所示。

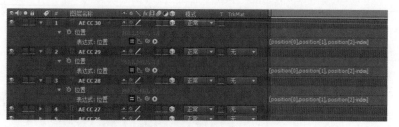

图 9-43　使用"2 个视图 - 水平"方式

（6）选中文本层，按住 Ctrl+D 键持续短暂时间不放，会连续产生副本，对照"自定义视图 1"中逐渐增加的立体厚度效果，创建适当厚度所需的文本层副本数量，这里共创建 30 个文本层，如图 9-44 所示。

图 9-44　创建30个文本层

（7）在视图中可以看出由多个副本层叠加而成的立体文字，如图 9-45 所示。

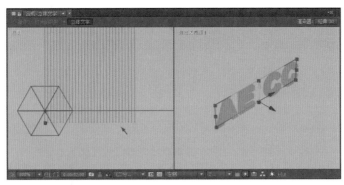

图 9-45　在视图中查看多个图层叠加成立体文字

（8）此时文字的横截面因为与表面颜色相同，不易区分，可以先按 Ctrl+A 键全选文本层，然后按住 Ctrl 键单击最顶层和最底层，将这两个文本层排除选择状态，然后将"字符"面板中的填充颜色更改为黄色，RGB 为（255，222，0），如图 9-46 所示。

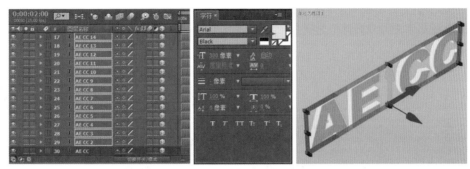

图 9-46　修改中间层文本颜色

操作9：摆放立体文字

（1）在项目面板中选中上一操作中的"立体文字"合成，按 Ctrl+D 键创建一个副本，将其重新命名为"A"，然后打开时间轴，将原来的文本修改为 A，如图 9-47 所示。

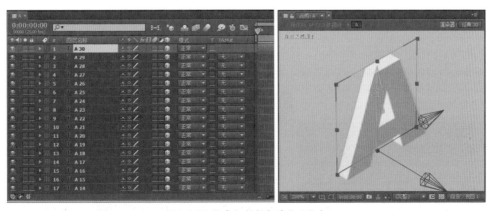

图 9-47　创建合成副本并修改文本

（2）同样，在项目面板中选择"A"合成，按 Ctrl+D 键创建副本"E"和"C"，并分别在时间轴中修改为对应的文本，如图 9-48 所示。

（3）按 Ctrl+N 键打开"合成设置"对话框，将"合成名称"设为"AE CC 立体摆放"，将预设选择为 HDTV 1080 25，单击"确定"按钮建立合成。

（4）按 Ctrl+Y 键创建一个名为"淡灰色平面"的纯色层，颜色为 RGB（200，200，200）。打开纯色层的三维开关，将"变换"下的"方向"设为（270，0，0）。

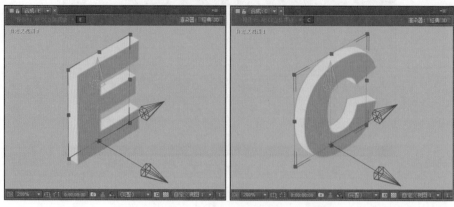

图 9-48　创建合成副本并修改文本

（5）从项目面板中将"A"和前面操作中制作的"立方体"拖至时间轴中，打开三维图层开关，打开折叠变换开关，使用"2 个视图 - 水平"视图方式，将左侧设为"左侧"视图，右侧设为"自定义视图 1"方式，参照平面和文字对"立方体"进行缩放和移动操作，设置"缩放"为（100，22，10%），设置"位置"为（960，430，125），如图 9-49 所示。

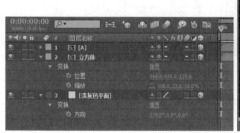
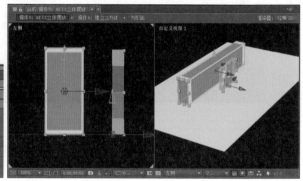

图 9-49　建立三维场景

（6）从项目面板将"E"和"C"拖至时间轴中，打开三维开关和折叠变换开关，选中"C"层，按 Ctrl+D 键创建副本。

（7）使用"4 个视图"查看方式，将左上设为"顶部"视图，右上设为"正面"视图，调整四个文字的"位置"和"方向"，如图 9-50 所示。

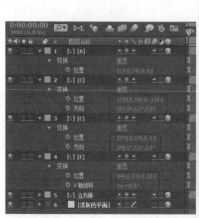
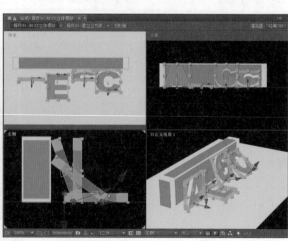

图 9-50　调整文字摆放

（8）在时间轴空白处右击,选择菜单"新建 > 摄像机"命令,在打开的"摄像机设置"对话框中将"类型"选择为"双节点摄像机",将"预设"选择为"50 毫米",如图 9-51 所示。

（9）使用"2 个视图 - 水平"视图方式,将左侧设为"自定义视图 2"方式,右侧设为"活动摄像机"方式,调整摄像机视角。将摄像机的"目标点"设为（830, 490, 0）,"位置"设为（0, 0, -800）,如图 9-52 所示。

图 9-51　建立摄像机

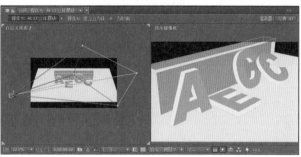

图 9-52　使用"2 个视图 - 水平"视图方式

（10）最后为场景添加一盏照明的灯光。在时间轴空白处右击,选择弹出菜单"新建 > 灯光"命令,在打开的"灯光设置"对话框中将"灯光类型"选择为"聚光",勾选中"投影",并设置"位置"为（500, -100, -500）,强度为 200%,如图 9-53 所示。

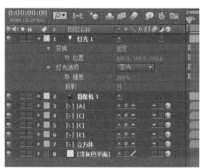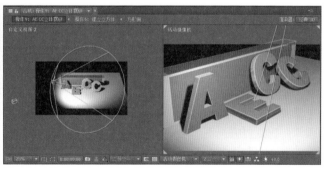

图 9-53　建立灯光

9.7　实例：立方盒动画

本例使用一组小图标制作一段产品展示的动画,其中的立方盒使用平面的图层来搭建,效果如图 9-54 所示。

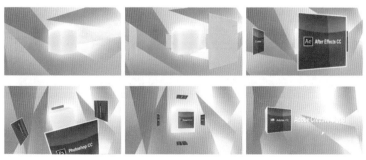

图 9-54　实例效果

实例的合成流程图示如图 9-55 所示。

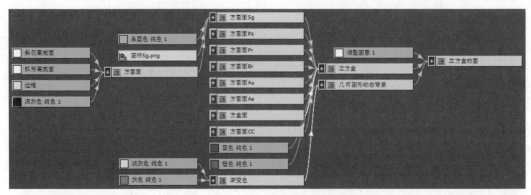

图 9-55 实例的合成流程图示

实例文件位置：光盘 \AE CC 手册源文件 \CH09 实例文件夹 \ 立方盒动画 .aep

步骤 1：导入素材。

在项目面板中双击打开"导入文件"对话框，将本实例准备的 7 个图标文件和 1 个音频文件全部选中，单击"导入"按钮，将其导入到项目面板中。

步骤 2：建立"方盒面"合成。

（1）按 Ctrl+N 键打开"合成设置"对话框，将合成名称设为"方盒面"，先将预设选择为 HDTV 1080 25，确定方形像素比和帧速率，然后将"宽度"和"高度"均设为 500，将持续时间设为 30 秒，单击"确定"按钮建立合成。

（2）按 Ctrl+Y 键建立一个白色的蒙版，再按 Ctrl+Y 键建立一个品蓝色的蒙版，颜色设为 RGB（0，192，255），选中品蓝色蒙版层，在工具栏中选择椭圆工具绘制一个圆形的蒙版，设置"蒙版羽化"为（500，500），这样得到一个渐变的平面，如图 9-56 所示。

步骤 3：建立"方画面"合成。

图 9-56 建立渐变色平面

（1）建立一个与"方盒面"相同的合成，命名为"方画面"。按 Ctrl+Y 键建立一个颜色为 RGB（34，34，34）的灰色纯色层。

（2）按 Ctrl+Y 键建立一个颜色为 RGB（210，210，210）的淡灰色纯色层，命名为"边框"。选中"边框"层，用鼠标双击工具栏的▣矩形工具铵钮建立蒙版，将"蒙版扩展"设为 -10，勾选"反转"，如图 9-57 所示。

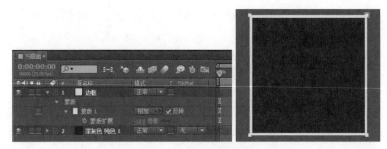

图 9-57 设置边框图形

（3）按 Ctrl+Y 键建立一个白色的纯色层，命名为"弧形高亮面"，在工具栏中选择▣椭圆工具在其上部绘制两个椭圆蒙版，将小一点的蒙版设为"相减"方式，并将其"蒙版羽化"设为（100，100），将图层的"不透明度"设为 15%，如图 9-58 所示。

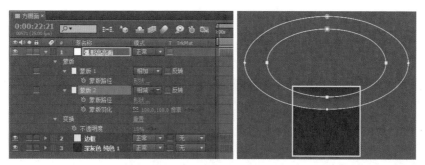

图 9-58　使用蒙版设置高亮效果

（4）按 Ctrl+Y 键建立一个白色的纯色层，命名为"斜侧高亮面"，将图层设为"叠加"模式，将"锚点"设为（-50，250），将"缩放"设为（100，150%），将"不透明度"设为 50%，在第 0 帧单击打开"旋转"前面的秒表记录关键帧，设第 0 帧时为 -60°、第 29 秒 24 帧时为 300°，如图 9-59 所示。

图 9-59　设置高亮面动画

步骤 4：建立"方画面 Ae"合成。

（1）在项目面板中选中"方画面"合成，按 Ctrl+D 键创建一个副本，在项目面板中按主键盘的 Enter 键将其重命名为"方画面 Ae"，打开时间轴面板，从项目面板中将"图标 Ae"拖至时间轴中，将"位置"设为（100，250），如图 9-60 所示。

图 9-60　打开合成放置图标

（2）在时间轴空白处右击，选择弹出菜单"新建 > 文本"命令，如图 9-61 所示。

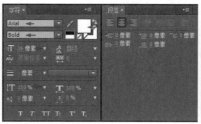

图 9-61　新建文本

（3）按 Ctrl+Y 键建立一个颜色为 RGB（0，192，255）的品蓝色纯色层，按 T 键显示其"不透明度"

属性，将时间移至第 2 秒，单击打开其前面的秒表记录关键帧，设第 2 秒时为 100%、第 3 秒时为 0%，并在第 3 秒处按 Alt+] 键剪切出点，这样设置前两秒为品蓝色，并从第 2 秒到第 3 秒过渡到文字和面画，如图 9-62 所示。

图 9-62　设置纯色动画

（4）在项目面板中选择"方画面 Ae"合成，按 Ctrl+D 键 6 次创建副本，分别重命名为"方画面 Au"、"方画面 Br"、"方画面 Pr"、"方画面 Ps"、"方画面 Sg"和"方画面 CC"，并在对应合成中替换图标和修改为对应的文字 Bridge CC、Audition CC、Premiere Pro CC、Photoshop CC、SpeedGrade CC 和 Adobe CC。

步骤 5：建立"立方盒"合成。

（1）按 Ctrl+N 键打开"合成设置"对话框，将合成名称设为"立方盒"，将预设选择为 HDTV 1080 25，将持续时间设为 20 秒，单击"确定"按钮建立合成。

（2）从项目目面板中将"方盒面"拖至时间轴，打开其三维开关，按 A 键显示其"锚点"属性，将其 Z 轴设为 250。

（3）选中"方盒面"层，按 Ctrl+D 键 5 次，创建 5 个副本层，展开其"方向"，将副本层分别向立方体其他 5 个面的方向旋转，使用自定义视图查看效果，如图 9-63 所示。

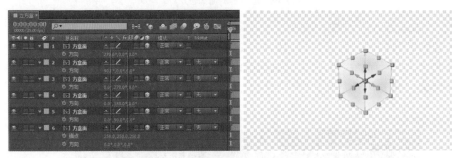

图 9-63　放置图层组成立方体

（4）选中这 6 个层，按 Ctrl+C 键复制，再按 Ctrl+V 键粘贴，复制的 6 个新层位于时间轴上部，选中第 6 层，按住 Alt 键从项目面板中将"方画面 Ae"拖至其上释放将其替换，同样将其他几个层也替换成相应图层，如图 9-64 所示。

图 9-64　复制和替换图层

（5）选中上部 6 个层按 A 键显示"锚点"，将 Z 轴数值均设为 1000，如图 9-65 所示。

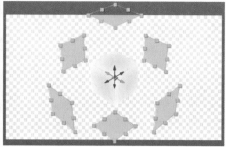

图 9-65　设置锚点

（6）选中上部 6 个层，按 S 键展开"缩放"属性，将时间移至第 1 秒 15 帧处，单击打开各层"缩放"前面的秒表，均设为（24，24，24%），第 2 秒处均设为（100，100%），这样 6 个画面从中间的立方盒中扩散出来；同样，第 15 秒均设为（100，100，100%），第 15 秒 10 帧均设为（24，24，24%），这样 6 个画面聚合到中间的立方盒内，如图 9-66 所示。

图 9-66　设置缩放关键帧

（7）选中最底部的"方画面"，按 Ctrl+D 键创建副本，从项目面板中用鼠标将"方画面 CC"拖至其上释放将其替换。将时间移至第 15 秒，按 [键移动其入点到第 15 秒处，按 T 键显示其"不透明度"，单击打开其前面的秒表记录关键帧，设第 15 秒时为 0%、第 17 秒时为 100%，如图 9-67 所示。

图 9-67　替换图层并设置关键帧

步骤 6：建立"渐变色"合成。

（1）按 Ctrl+N 键打开"合成设置"对话框，将合成名称设为"渐变色"，将预设选择为 HDTV 1080 25，将持续时间设为 30 秒，单击"确定"按钮建立合成。

（2）按 Ctrl+Y 键创建一个颜色为 RGB（115，115，115）的灰色纯色层。

（3）按 Ctrl+Y 键创建一个颜色为 RGB（221，221，221）的浅灰色纯色层，放在顶层。在工具栏中双击▢矩形工具，在纯色层上建立蒙版，并将蒙版上移至视图一半的高度，将"蒙版羽化"的 Y 轴设为 540，这样产生渐变的颜色，如图 9-68 所示。

图 9-68　建立渐变色

步骤 7：建立"几何图形动态背景"合成。

（1）按 Ctrl+N 键打开"合成设置"对话框，将合成名称设为"几何图形动态背景"，将预设选择为 HDTV 1080 25，将持续时间设为 30 秒，单击"确定"按钮建立合成。

（2）从项目面板中将"渐变色"拖至时间轴中，按 Ctrl+D 键创建一个副本，按主键盘的 Enter 键重命名为"三角形"，从工具栏中选择██在其上绘制一个三角形，如图 9-69 所示。

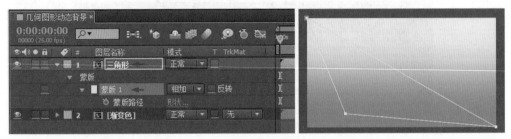

图 9-69　放置图层并绘制蒙版

（3）选择"三角形"层，按 Ctrl+D 键 3 次，创建 3 个副本，分别调整这 4 个层的"锚点"、"位置"和"缩放"并在合成的起始和结束时间位置设置旋转关键帧，使三角形图形旋转 180°左右，这样得到一个几何图形动态的背景效果，如图 9-70 所示。

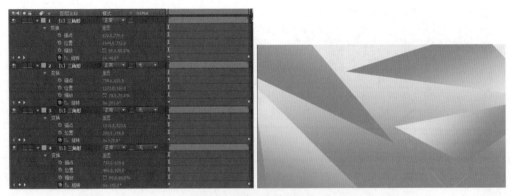

图 9-70　创建副本并设置动画

（4）按 Ctrl+Y 键创建一个颜色为 RGB（255，80，0）的橙色纯色层，将图层设为"强光"模式，在工具栏中选择█椭圆工具在其左上角为中心绘制蒙版，将"蒙版羽化"设为（1000，1000），如图 9-71 所示。

（5）按 Ctrl+Y 键创建一个颜色为

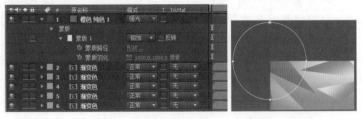

图 9-71　建立纯色并设置羽化的蒙版

RGB（0，50，255）的蓝色纯色层，将图层设为"相加"模式，在工具栏中选择▣椭圆工具，以其右下角为中心绘制蒙版，将"蒙版羽化"设为（1000，1000），如图 9-72 所示。

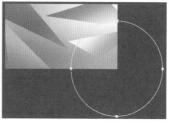

图 9-72　建立纯色并设置羽化的蒙版

步骤 8：建立"立方盒动画"合成。

（1）按 Ctrl+N 键打开"合成设置"对话框，将合成名称设为"立方盒动画"，将预设选择为 HDTV 1080 25，将持续时间设为 20 秒，单击"确定"按钮建立合成，如图 9-73 所示。

（2）从项目面板中将"立方盒"和"几何图形动态背景"拖于时间轴中，打开"立方盒"层的☀开关和三维图层开关。

（3）在时间轴空白处右击选择弹出菜单"新建 > 摄像机"命令，在打开的"摄像机设置"对话框中将类型选择为"双节点摄像机"，预设选择为"20 毫米"，单击"确定"按钮在时间轴中建立摄像机，如图 9-74 所示。

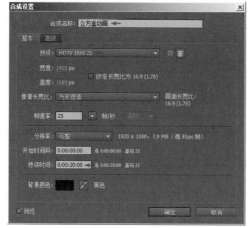

图 9-73　新建合成的设置　　　　　　　　　图 9-74　新建双节点摄像机

（4）在时间轴中选中摄像机，按 P 键展开其"位置"，将 Z 轴数值设为 -1600。

（5）选中"立方盒"，按 R 键展开其 X、Y 和 Z 轴的旋转属性，再按 Shift+P 键展开"位置"属性，设置关键帧如下。

第 0 帧时"Y 轴旋转"为 -40°，第 3 秒时为 -20°，第 4 秒 20 帧时为 -10°，第 5 秒时为 70°，第 6 秒 20 帧时为 80°，第 7 秒时为 160°，第 8 秒 20 帧时为 170°，第 9 秒时为 250°，如图 9-75 所示。

图 9-75　设置旋转动画

X、Y、Z轴旋转在第10秒20帧时分别为0°、260°、0°，第11秒时分别为90°、1x+0°、20°，第12秒20帧时分别为90°、1x+0°、10°，第13秒时分别为270°、1x+0°、-20°，第14秒20帧时分别为270°、1x+0°、-10°，第15秒时分别为1x+0°、1x+60°、0°，如图9-76所示。

图9-76　设置旋转动画

在第15秒时设置"位置"为（960，540，0），第18秒时为（300，540，0）；再设置第18秒时"Y轴旋转"为1x+320°，第19秒24帧时为1x+325°，如图9-77所示。

图9-77　设置位置和旋转动画

这样设置立方盒旋转和展示方画面内容的动画，最后立方盒移动至视图的左侧，时间轴中的关键帧如图9-78所示。

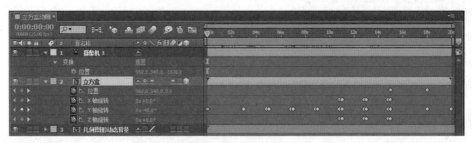

图9-78　查看时间轴中的关键帧

（6）在时间轴空白处右击，选择弹出菜单"新建 > 文本"命令，输入Adobe Creative Cloud，并设置文本属性和位置，如图9-79所示。

图9-79　新建文本

（7）选中文本层，选择菜单"效果 > 透视 > 投影"，为其添加一个默认的"投影"效果，并将图层的入点移至第17秒处，按T键展开"不透明度"属性，设置第17秒为0%，第18秒为100%，如图9-80所示。

图 9-80 添加投影效果并设置不透明关键帧

（8）在时间轴空白处右击，选择弹出菜单"新建 > 调整图层"命令，在时间轴顶部建立一个调整图层，选择菜单"效果 > 风格化 > 发光"，添加"发光"效果，并设置"发光阈值"为 90%、"发光半径"为 200，如图 9-81 所示。

图 9-81 添加发光效果

（9）从项目面板中将音频素材拖至时间轴中为动画配乐，按小键盘的 0 键预览最终的视音频效果。

第 10 章

三维场景中的摄像机操作

三维图层合成制作中，一个合成中的各个三维图层的图像构成三维场景，通过摄像机视角在合成视图中呈现最终的效果，摄像机的操作设置影响着最终效果的构图和镜头模糊。本章对三维场景中摄像机的影响进行专项的讲解。

10.1 单节点与双节点摄像机的使用区别

摄像机分为单节点摄像机和双节点摄像机两种，单节点摄像机围绕自身定向，而双节点摄像机具有目标点并围绕该点定向。除了修改摄像机的类型选项，还可以通过自动定向选项（"图层 > 变换 > 自动定向"）设置为"定向到目标点"，将单节点摄像机转换成双节点摄像机。

操作文件位置：光盘 \AE CC 手册源文件 \CH10 操作文件夹 \CH10 操作 .aep

操作1：单节点摄像机的穿行操作

（1）按 Ctrl+N 键打开"合成设置"对话框，将预设选择为 HDTV 1080 25，将持续时间设为 5 秒，单击"确定"按钮建立合成。

（2）按 Ctrl+Y 键按当前合成的尺寸建立一个品蓝色的纯色层，RGB 为（183，235，255）。选择菜单"效果 > 生成 > 梯度渐变"，设置"起始颜色"为蓝色，RGB 为（83，176，255），这样制作一个渐变的背景，如图 10-1 所示。

图 10-1　建立渐变背景

（3）选中纯色层，按 Ctrl+D 键创建一个副本，删除添加的效果，打开三维开关，将"方向"的 X 轴向数值设为 270°，水平放置。

（4）从项目面板中将准备好的"排列文字"合成拖至时间轴，打开三维开关和折叠变换开关。使用"2 个视图 - 水平"的方式查看，将左侧设为"顶部"视图，右侧设为"自定义视图 3"。然后将水平放置的纯色层"缩放"的 Y 轴向数值设为 1000，沿文字的排列方向拉长，如图 10-2 所示。

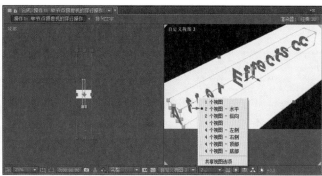

图 10-2　设置三维文字场景

（5）从项目面板中将"AE 标 .jpg"拖至时间轴，打开三维开关，将"锚点"的 Y 轴向设为 500，即将图像提高到平面上；再照视图中文字的位置，将"AE 标 .jpg"层"位置"的 Z 轴向数值设为 3000，放置到文字的尽头。可以在工具栏中选择■工具在自定义视图中拖拉，推拉自定义摄像机，这里将场景拉远使显示范围变大一些查看"AE 标 .jpg"图像的位置，如图 10-3 所示。

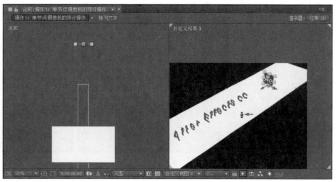

图 10-3　调整图层与视图

（6）放置好图层之后，在时间轴空白处右击，选择弹出菜单"新建 > 摄像机"命令，在打开的"摄像机设置"对话框中，设置"类型"为"单节点摄像机"，将"预设"选择为"15 毫米"，单击"确定"按钮，如图 10-4 所示。

图 10-4　新建单节点摄像机

（7）将右侧视图设为"活动摄像机"视图，并将其设为"适合"的显示方示，显示完整的画面。调整摄像机的位置为（1260，400，-2000），如图 10-5 所示。

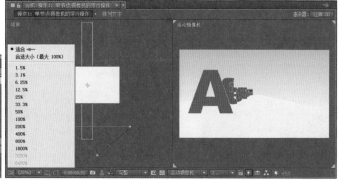

图 10-5　调整活动摄像机视图

（8）此时画面中的对象偏向左侧，将"Y轴旋转"调整为-10°。时间移至第0帧处，单击打开"位置"和"Y轴旋转"前面的码表，记录当前数值的关键帧，如图10-6所示。

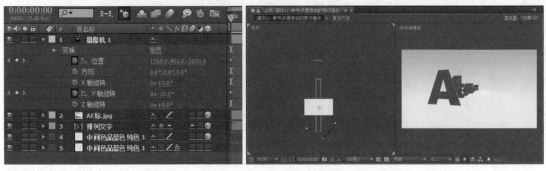

图10-6　设置摄像机关键帧

（9）将时间移至第4秒，设置"位置"为（960，450，2300），"Y轴旋转"设为0°，摄像机从排列文字的旁边穿过，移到"AE标.jpg"图像前，如图10-7所示。

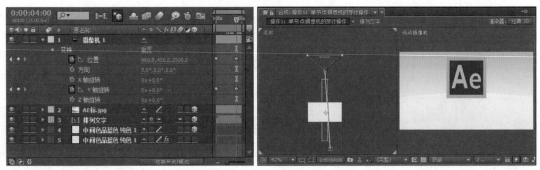

图10-7　设置摄像机关键帧

（10）查看动画效果，如图10-8所示。

图10-8　摄像机动画效果

操作2：双节点摄像机的穿行操作

（1）接着上面的操作，双击摄像机图层，在打开的"摄像机设置"对话框中将"类型"更改为"双节点摄像机"，其他设置不变，单击"确定"按钮。

（2）播放原来的动画效果，会发现摄像机在推进的过程中存在转向的问题，在运行到一半的距离后，视角方向转向相反的方向，如图10-9所示。

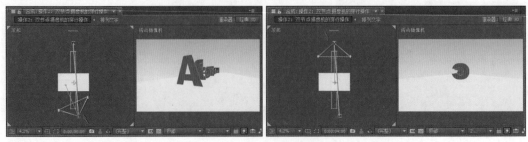

图10-9　摄像机视角转向问题

（3）引起转向的原因是由于双节点的摄像机存在独立的目标点，默认为指向场景的中心点，这里将摄像机的"目标点"移至"AE 标 .jpg"的位置处，即 Z 轴向数值改设为 3000,同时将 Y 轴数值减小一些，这里为 400，即提高摄像机的位置，如图 10-10 所示。

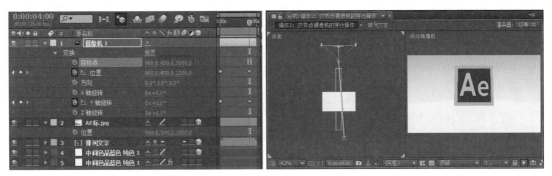

图 10-10　调整摄像机目标点

（4）查看动画效果，如图 10-11 所示。

图 10-11　预览动画

操作3：单节点摄像机的绕行操作

（1）按 Ctrl+N 键打开"合成设置"对话框，将预设选择为 HDTV 1080 25,将持续时间设为 5 秒,单击"确定"按钮建立合成。

（2）按 Ctrl+Y 键以当前合成的尺寸建立一个纯色层,选择菜单"效果 > 生成 > 梯度渐变"命令,设置"起始颜色"为蓝色，RGB 为（83，176，255），这样制作一个渐变的背景,如图 10-12 所示。

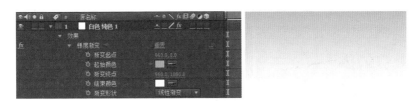

图 10-12　建立渐变背景

（3）按 Ctrl+Y 键按当前合成的尺寸建立一个淡灰色的纯色层，RGB 为（169，169，169）。打开其三维开关，将方向的 X 轴设为 270°，旋转为水平的状态，如图 10-13 所示。

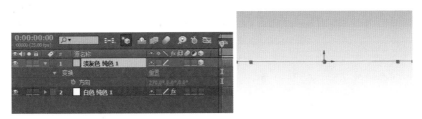

图 10-13　旋转三维图层

（4）在时间轴空白处右击,选择弹出菜单"新建 > 摄像机"命令,在打开的"摄像机设置"对话框中,设置"类型"为"单节点摄像机",将"预设"选择为"15 毫米",单击"确定"按钮。

（5）使用"两个视图 - 水平"方式查看场景，左侧为"顶部"视图，右侧为"活动摄像机"视图，将摄像机"位置"的Z轴设为 -1000，如图 10-14 所示。

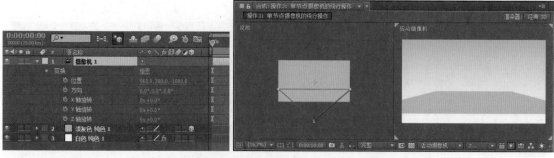

图 10-14　使用"两个视图 - 水平"方式

（6）从项目面板中将"立体文字"合成拖至时间轴中，打开三维开关和折叠变换开关。将时间移至第 0 帧，打开摄像机"位置"和"Y 轴旋转"前面的秒表，记录当前数值关键帧，如图 10-15 所示。

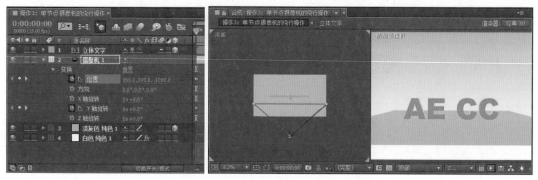

图 10-15　设置第 0 帧处的摄像机关键帧

（7）将时间移至第 1 秒处，设置"位置"为（1960，300，0），设置"Y 轴旋转"为 -90°，并在"顶部"视图中调整摄像机运动路径为围绕中心的弧形，如图 10-16 所示。

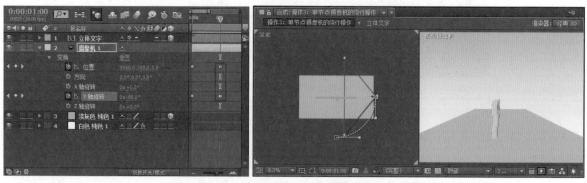

图 10-16　设置第 1 秒处的摄像机关键帧

提示：调整摄像机的运动路径与普通图层的运动路径一样，使用选择工具拖动关键点两侧的手柄来调整路径曲线，对于没有显示手柄的关键点，可以使用 工具将手柄拖出来。

（8）将时间移至第 2 秒处，设置"位置"为（960，300，1000），设置"Y 轴旋转"为 -180°，并在"顶部"视图中调整摄像机运动路径为围绕中心的弧形，如图 10-17 所示。

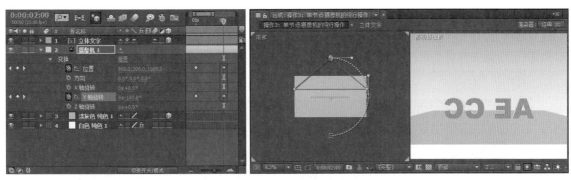

图 10-17　设置第 2 秒处的摄像机关键帧

（9）将时间移至第 3 秒处，设置"位置"为（-40，300，0），设置"Y 轴旋转"为 -270°，并在"顶部"视图中调整摄像机运动路径为围绕中心的弧形，如图 10-18 所示。

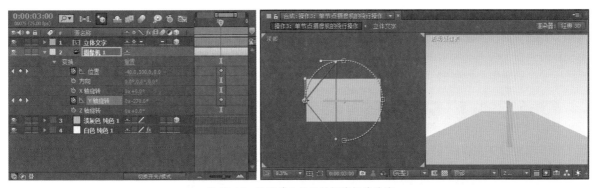

图 10-18　设置第 3 秒处的摄像机关键帧

（10）将时间移至第 4 秒处，设置"位置"为（960，300，-1000），设置"Y 轴旋转"为 -360°，数值会自动转换为 1x+0°，即旋转一周。在"顶部"视图中调整摄像机运动路径为围绕中心的弧形，如图 10-19 所示。

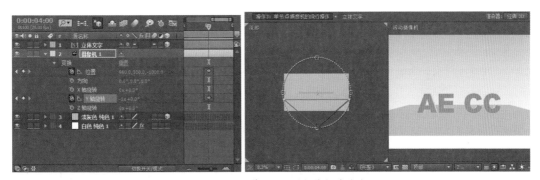

图 10-19　设置第 4 秒处的摄像机关键帧

（11）查看摄像机的绕行动画，如图 10-20 所示。

图 10-20　预览动画效果

操作4：双节点摄像机的绕行操作

（1）接着上面的操作，双击摄像机图层，在打开的"摄像机设置"对话框中将"类型"更改为"双节点摄像机"，其他设置不变，单击"确定"按钮。

（2）播放原来的动画效果，会发现摄像机在绕行的过程中存在转向的问题，如图 10-21 所示。

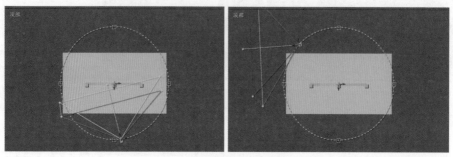

图 10-21　摄像机转向问题

（3）将时间移至第 0 帧处，单击摄像机"Y 轴旋转"前面的秒表，关闭摄像机旋转的关键帧动画。由于双节点摄像机具有独立的目标位置点，当前目标点默认固定在场景中心，所以摄像机移动时目标点始终不变，即摄像机始终围绕场景中心在运动，如图 10-22 所示。

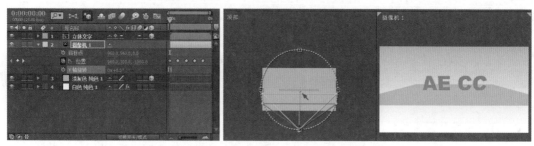

图 10-22　关闭摄像机旋转的关键帧动画

（4）查看摄像机围绕中心旋转的动画效果，如图 10-23 所示。

图 10-23　预览动画效果

10.2　让摄像机用上不同焦段的镜头

新建摄像机的"预设"选项中有多种镜头的选项，例如 15 毫米的广角、200 毫米的长焦，可以根据制作对象选择不同的焦段，并且在动画中可以进一步制作变焦动画的效果。

操作5：为摄像机选择不同焦距的定焦镜头

（1）按 Ctrl+N 键打开"合成设置"对话框，将预设选择为 HDTV 1080 25，将持续时间设为 5 秒，单击"确定"按钮建立合成。

（2）从项目面板中将"人物横排"合成、"地板 .jpg"和"背景 .jpg"图片拖至时间轴中，打开图层的三维开关，打开"人物横排"层的折叠变换开关；设置"地板 .jpg"的"方向"为（90°，0°，

90°），"位置"为（960，1300，1000），"缩放"为（400，400，400%）；设置"背景 .jpg""位置"为（960，540，5000），"缩放"为（500，500，500%）。使用"两个视图 - 水平"方式查看场景，左侧为"顶部"视图，右侧为"活动摄像机"视图。可以使用工具栏中的 工具在"顶部"视图中拖动，缩放视图范围的大小，如图 10-24 所示。

图 10-24 设置三维图层变换属性

（3）在时间轴空白处右击，选择弹出菜单"新建 > 摄像机"命令，在打开的"摄像机设置"对话框中，设置"类型"为"单节点摄像机"，将"预设"选择为"15 毫米"，单击"确定"按钮。

（4）设置摄像机的"位置"为（960，540，-800），查看此时的摄像机视图效果，如图 10-25 所示。

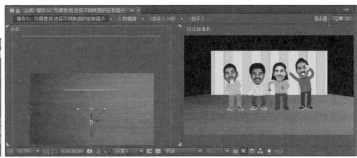

图 10-25 调整摄像机位置和查看视角效果

（5）双击摄像机层，在打开的"摄像机设置"对话框中，将"预设"选择为"24 毫米"，单击"确定"按钮。

（6）查看此时的摄像机视图效果，如图 10-26 所示。

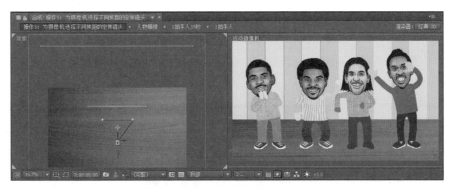

图 10-26 查看 24 毫米摄像机的视角效果

（7）双击摄像机层，在打开的"摄像机设置"对话框中，将"预设"选择为"35 毫米"，单击"确定"按钮。查看此时的摄像机视图效果，如图 10-27 所示。

图 10-27　更改为 35 毫米摄像机

（8）此时若需要将人物在画面中完整显示，则可以将摄像机向后移动。这里将摄像机"位置"的 Z 轴数值设为 -1800，如图 10-28 所示。

图 10-28　调整摄像机位置和查看视角效果

（9）同样，双击摄像机层，在打开的"摄像机设置"对话框中，将"预设"选择为更大的"200 毫米"，单击"确定"按钮。查看此时的摄像机视图效果，如图 10-29 所示。

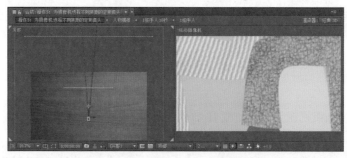

图 10-29　更改为 200 毫米摄像机并查看视角效果

（10）此时若需要将人物在画面中完整显示，则需要将摄像机向后大幅移动，这里将摄像机"位置"的 Z 轴数值设为 -16000，如图 10-30 所示。

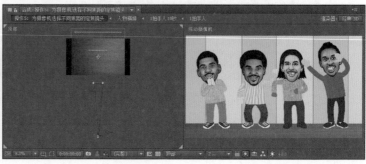

图 10-30　移动摄像机

操作6：为摄像机设置原地变焦镜头推拉效果

（1）按 Ctrl+N 键打开"合成设置"对话框，将预设选择为 HDTV 1080 25，将持续时间设为 5 秒，单击"确定"按钮建立合成。

（2）从项目面板中将"地板 .jpg"和"背景 .jpg"图片拖至时间轴中，打开图层的三维开关；设置"地板 .jpg"的"方向"为（90°，0°，0°），"位置"为（960，1300，1000），"缩放"为（500，500，500%）；设置"背景 .jpg""位置"为（960，540，5000），"缩放"为（500，500，500%）。使用"两个视图 - 水平"方式查看场景，左侧为"右侧"视图，右侧为"自定义视图 3"视图。可以使用工具栏中的 ■ 工具在"顶部"视图中拖动，缩放视图范围的大小，如图 10-31 所示。

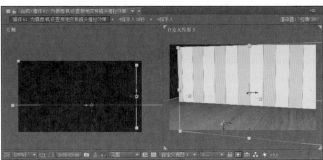

图 10-31　设置三维图层的变换属性

（3）从项目面板中将准备好的 4 个人物的合成拖至时间轴中，打开图层的三维开关，设置四个从前到后倾斜的站位顺序，其中每个人物间的前后距离为相隔 1000，如图 10-32 所示。

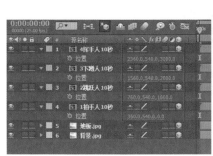
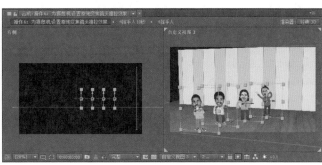

图 10-32　设置人物的站位

（4）在时间轴空白处右击，选择弹出菜单"新建 > 摄像机"命令，在打开的"摄像机设置"对话框中，设置"类型"为"双节点摄像机"，将"预设"选择为"50 毫米"，单击"确定"按钮。

（5）将左侧视图设为"顶部"视图方式，将右侧视图设为"活动摄像机"视图方式，查看此时的摄像机视图效果，如图 10-33 所示。

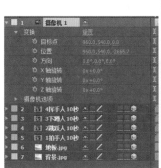

图 10-33　设置视图

（6）这里要制作从第一个人物全身到第四个人物全身显示的摄像机视角动画效果。将时间移至第0帧处，单击打开摄像机"变换"下"目标点"和"摄像机选项"下"缩放"前面的秒表，设置"缩放"为2000，设置"目标点"为（550，640，0），将第一个人物的全身居中显示，如图10-34所示。

图 10-34　设置摄像机显示的关键帧

（7）将时间移至第3秒处，设置"缩放"为4000，设置"目标点"为（1600，550，0），将第四个人物的全身居中显示，如图10-35所示。

图 10-35　设置摄像机显示的关键帧

（8）查看顶视图中动画中摄像机运动状态，摄像机固定在原地，通过"缩放"的变化达到变焦的效果，通过"目标点"的移动达到转动视角的效果，如图10-36所示。

图 10-36　设置摄像机变焦和转动视角

10.3　用光圈、景深与镜头模糊效果

AE的摄像机也具有现实中摄像机的景深效果，为摄像机勾选"启用景深"选项，并设置"光圈"和"模糊层次"，可以模拟出浅景深的镜头虚化效果，制作景深变化效果。

操作7：为摄像机设置镜头的虚化效果

（1）按Ctrl+N键打开"合成设置"对话框，将预设选择为HDTV 1080 25，将持续时间设为5秒，单击"确定"按钮建立合成。

（2）从前一合成中选中除摄像机之外的图层，按 Ctrl+C 键复制，切换到所新建的合成，按 Ctrl+V 键粘贴，准备在这个场景中添加新的摄像机，制作镜头虚化效果。

（3）在时间轴空白处右击,选择弹出菜单"新建 > 摄像机"命令,在打开的"摄像机设置"对话框中,设置"类型"为"双节点摄像机",将"预设"选择为"50 毫米",勾选"启用景深"选项,单击"确定"按钮。

（4）将视图选择为"两个视图 - 水平"方式查看场景，左侧为"顶部"视图，右侧为"活动摄像机"视图。可以使用工具栏中的 工具在"顶部"视图中拖动，缩放视图范围的大小，查看到清晰的摄像机状态，如图 10-37 所示。

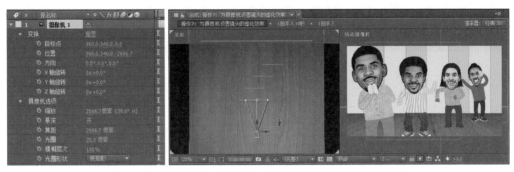

图 10-37　使用水平双视图并在"顶部"视图中查看摄像机状态

（5）将时间移至第 1 秒处，单击打开"焦距"前面的秒表，保持当前数值，增大"光圈"为 50，增大"模糊层次"为 500%，如图 10-38 所示。

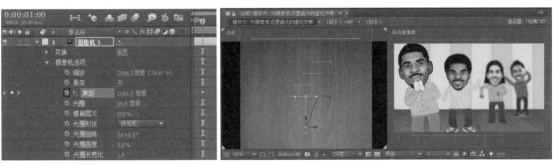

图 10-38　设置摄像机选项下的关键帧

（6）可以看到第一个人物处于清晰的状态，这是因为焦距的位置处于第一个人物的位置，第二个人物至第四个人物随着离焦距的距离渐远,模糊的程度也渐强。再将时间移至第 4 秒处,对照"顶部"视图,在"焦距"的数值上拖动鼠标,增大数值,在数值为 5700 时,摄像机的"焦距"位于第四个人物的位置,查看效果,如图 10-39 所示。

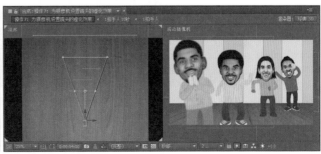

图 10-39　设置摄像机选项下的关键帧

（7）随着焦距的增大，深景清晰度的范围也在增大，此时如果仍要制作前面三个人物处于模糊的状态，可以进一步设置"模糊层次"的关键帧动画。例如将时间移至第 1 秒处，单击打开"模糊层次"前面的秒表，记录当前数值关键帧，再将时间移至第 4 秒处，将数值设为 1200，如图 10-40 所示。

图 10-40　增加摄像机模糊效果

（8）播放动画效果，查看当摄像机的"焦距"位置位于某个人物时，此人物清晰，而其他人物模糊，如图 10-41 所示。

图 10-41　预览动画效果

10.4　创建多个摄像机制作镜头剪接效果

AE 中在同一场景中建立多个摄像机，可以实现不同景别镜头的剪接效果，这对于制作一些视觉变幻效果的包装十分有利。

操作8：多摄像机的镜头剪接效果

（1）继续前面的操作，选中摄像机层，先双击摄像机层，打开其"摄像机设置"对话框，将其更改为"单节点摄像机"，单击"确定"按钮，这样方便下一步对每个人物取景时的调整制作。

（2）取消摄像机的关键帧，在第 1 秒、第 2 秒、第 3 秒和第 4 秒处分别按 Ctrl+Shift+D 键分割图层，这样产生名称为"摄像机 1"至"摄像机 5"的五个摄像机层，如图 10-42 所示。

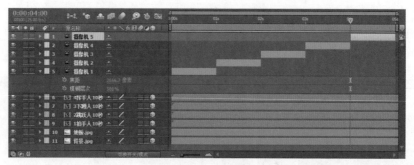

图 10-42　分割图层

（3）准备将前 4 个摄像机修改为每个人物单独的镜头。先选择"摄像机 1"层，用鼠标在时间轴中"位置"的数值上拖动，对照"顶部"视图中摄像机的位置和"活动摄像机"视图中的效果，调整第一个人物单独的镜头,"位置"调整为(440,330,-1700)。同时参照"顶部"视图中摄像机"焦距"的位置,"焦距"调整为 1720,如图 10-43 所示。

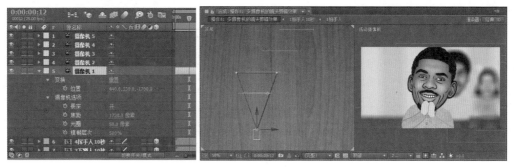

图 10-43　调整摄像机 1 的视角

(4)选择"摄像机 2"层,"位置"调整为(810,225,-670),"焦距"调整为 1720,如图 10-44 所示。

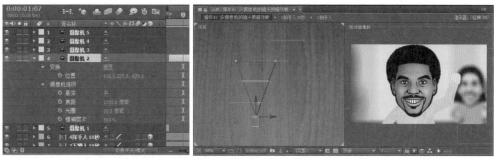

图 10-44　调整摄像机 2 的视角

(5)选择"摄像机 3"层,"位置"调整为(1560,345,270),"焦距"调整为 1720,如图 10-45 所示。

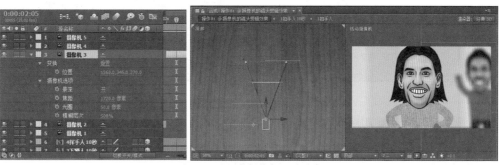

图 10-45　调整摄像机 3 的视角

(6)选择"摄像机 4"层,"位置"调整为(2360,185,1270),"焦距"调整为 1720,如图 10-46 所示。

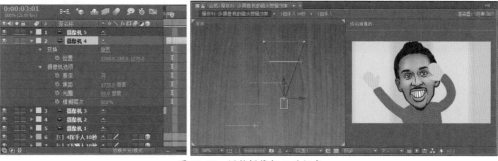

图 10-46　调整摄像机 4 的视角

（7）选择"摄像机5"层，将"景深"设为"关"，如图10-47所示。

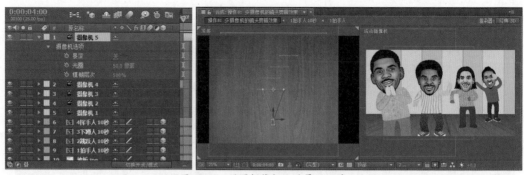

图 10-47　设置摄像机 5 的景深开关

（8）播放动画效果，在同一合成场景中有多个不同景别的镜头在切换。

10.5　实例：暮光之城

本例主要利用一张天际线的图片和一张飞鸟的图片，建立三维场景，制作飞鸟动画，通过摄像机动画来制作长距离的推拉镜头动画，效果如图10-48所示。

图 10-48　实例效果

实例的合成流程图示如图10-49所示。

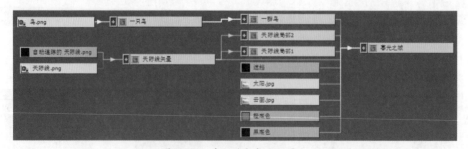

图 10-49　实例的合成流程图示

实例文件位置：光盘 \AE CC 手册源文件 \CH10 实例文件夹 \ 暮光之城 .aep

步骤1：导入素材。

在项目面板中双击打开"导入文件"对话框，将本实例准备的图片文件和1个音频文件全部选中，单击"导入"，将其导入到项目面板中。

步骤 2：建立"一只鸟"合成。

（1）在项目面板中将"鸟 .png"拖至面板下方的 新建合成按钮上释放新建合成，在项目面板中按主键盘的 Enter 键将其重命名为"一只鸟"。

（2）在工具栏中选择 钢笔工具按钮，在时间轴中选中"鸟 .png"层，按主键盘上的 Enter 键将其重命名为"鸟身体"，在其上按鸟身体的形状绘制蒙版，如图 10-50 所示。

图 10-50　绘制鸟的身体

（3）选中"鸟身体"层按 Ctrl+D 键创建副本，重命名为"鸟翅膀"，暂时关闭"鸟身体"层，删除"鸟翅膀"层的蒙版，重新按翅膀的形状绘制蒙版，如图 10-51 所示。

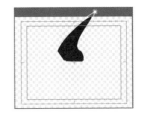

图 10-51　绘制鸟的翅膀

（4）选中"鸟翅膀"层，打开其三维开关，按 Ctrl+D 键创建副本"鸟翅膀 2"层，展开其"X 轴旋转"，在第 0 帧时单击打开其前面的秒表记录关键帧，第 0 帧"鸟翅膀"层为 30°，"鸟翅膀 2"层为 -30°，在视图中使用自定义视图查看，如图 10-52 所示。

图 10-52　设置三维图层与翅膀关键帧

（5）第 20 帧"鸟翅膀"层为 120°，"鸟翅膀 2"层为 -120°，如图 10-53 所示。

图 10-53　设置翅膀关键帧

（6）在时间轴上部单击打开 图表编辑器，双击"鸟翅膀"层的"X 轴旋转"全选其关键帧，单击图表编辑器下部的 按钮设置缓动关键帧，同样将"鸟翅膀 2"层的"X 轴旋转"也设为缓动关键帧，如图 10-54 所示。

图 10-54　设置缓动关键帧

（7）关闭图表编辑器切换回图层状态，选中"鸟翅膀"层的两个关键帧，按 Ctrl+C 键复制，然后分别在第 2 秒、第 4 秒、第 6 秒直至结尾的时间处，按 Ctrl+V 键粘贴；同样，选中"鸟翅膀 2"层的两个关键帧复制然后在对应的时间处粘贴，这样制作飞鸟翅膀循环的动画，如图 10-55 所示。

图 10-55　复制循环关键帧

步骤 3：建立"一群鸟"合成。

（1）按 Ctrl+N 键打开"合成设置"对话框，将合成名称设为"一群鸟"，将预设选择为 HDTV 1080 25，将持续时间设为 20 秒，将背景颜色设为浅蓝色，单击"确定"按钮建立合成。

（2）从项目面板中将"一只鸟"拖至时间轴中，按 Ctrl+D 键 9 次创建 9 个副本层，按 S 键展开全部图层的缩放属性，设置（26，26%）至（40，40%）大小不等，将打开各层的 ⚙ 折叠变换开关，如图 10-56 所示。

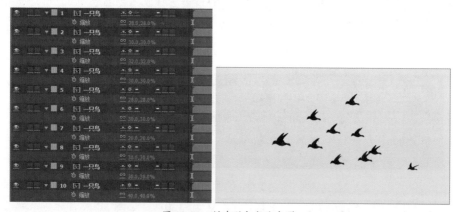

图 10-56　创建副本成为鸟群

（3）将各图层的入点从第 0 帧至第 2 秒不等，并在第 2 秒处按 Ctrl+Alt+A 键取消全部选择状态，按小键盘的 *（星号）键，在时间标尺上添加一个标记点，如图 10-57 所示。

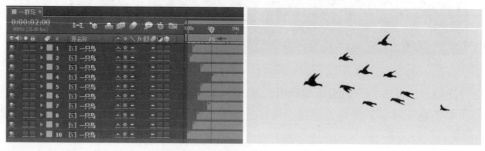

图 10-57　设置入点为不同的时间

步骤 4：建立"天际线矢量"合成。

（1）从项目面板中将"天际线.png"拖至面板下方的  新建合成按钮上释放新建合成，在项目面板中按主键盘的 Enter 键将其重命名为"天际线矢量"。

（2）在时间轴中选中"天际线.png"层，选择菜单"图层 > 自动追踪"命令，将"时间跨度"设为"当前帧"，通道为 Alpha，将"最小区域"设为 10，圆角值设为 0，勾选"应用到新图层"，单击"确定"按钮，在时间轴中将建立"自动追踪的 天际线.png"层，其下有多个蒙版，将蒙版以不同颜色区分，可以看到其中有一个主要的图形轮廓蒙版，这里为"蒙版 3"，将其他的蒙版删除，并关闭"天际线.png"层的显示，如图 10-58 所示。

图 10-58　自动追踪生成蒙版

（3）选中"自动追踪的 天际线.png"层，按 Ctrl+Shift+Y 键，将纯色层改为黑色，查看蒙版图形，如图 10-59 所示。

步骤 5：建立"天际线局部 1"合成。

（1）从项目面板中将"天际线矢量"拖至面板下方的  新建合成按钮上释放新建合成，按 Ctrl+K 键打开"合成设置"对话框，将"合成名称"设为"天际线局部 1"，更改宽度为 3000，高度为 2000。

（2）在时间轴中，将"天际线矢量"图层的位置设为（3900，1000），使用原图形左侧的一部分，如图 10-60 所示。

图 10-59　更改纯色层颜色

图 10-60　天际线局部 1 的图形

步骤 6：建立"天际线局部 2"合成。

在项目面板中选中"天际线局部 1"，按 Ctrl+D 键创建副本"天际线局部 2"，打开时间轴面板，将"天际线矢量"层的位置设为（-1000，1000），取原图右侧一部分，如图 10-61 所示。

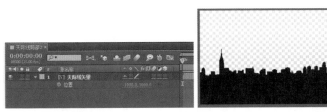

图 10-61　天际线局部 2 的图形

步骤 7：建立"暮光之城"合成。

（1）按 Ctrl+N 键打开"合成设置"对话框，将合成名称设为"暮光之城"，将预设选择为 HDTV 1080 25，将持续时间设为 18 秒，单击"确定"按钮建立合成。

（2）按 Ctrl+N 键建立一个黑色的纯色层，命名为"黑底色"。

（3）按 Ctrl+N 键建立一个橙色的纯色层，颜色为 RGB（255，84，0），命名为"橙底色"。

（4）从项目面板中将"太阳 .jpg"和"云图 .jpg"选中，拖至时间轴中，将"太阳 .jpg"设为"相加"模式，将"云图 .jpg"设为"叠加"模式，如图 10-62 所示。

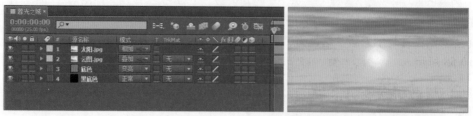

图 10-62　放置图层并设置叠加模式

（5）从项目面板中将"天际线 .png"拖至时间轴顶层，打开三维图层开关。

（6）在时间轴空白处右击，选择菜单"新建 > 摄像机"命令，打开"摄像机设置"对话框，将"类型"设为"单节点摄像机"，将"预设"设为 35 毫米，"启用景深"为非勾选状态，以保持视角内容的清晰度，单击"确定"按钮创建摄像机。

（7）查看此时的效果，如图 10-63 所示。

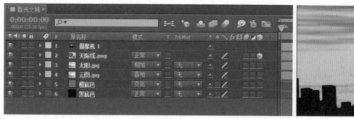

图 10-63　预览效果

（8）选中"天际线 .png"层，按 A 键显示"锚点"属性，拖动属性的 X 和 Y 轴的数值，将图形中的尖顶楼右侧边缘移至视图中心，这里设为（4160，1160，0），如图 10-64 所示。

图 10-64　调整锚点

（9）选中摄像机层，按 P 键展开其"位置"属性，在第 0 帧时单击打开其前面的秒表，用鼠标拖动 Z 轴的数值，使其减小，即摄像机向图像推近，显示楼房尖顶特写，这里数值为 -40，如图 10-65 所示。

图 10-65　设置摄像机 Z 轴数值推进

（10）将时间移至第 15 秒处，用鼠标拖动 Z 轴的数值，使其增大，即摄像机远离图像，显示天际线全貌，这里数值为 -7450，如图 10-66 所示。

图 10-66　设置摄像机 Z 轴数值拉远

提示： 当数值较大时可以按住 Shift 键拖动数值，这样能大幅度改变数值，然后手动精确数值。

（11）为摄像机关键帧设置缓入缓出的效果，单击时间轴上部的 ▧ 按钮打开图表编辑器，双击摄像机的"位置"属性名称将关键帧全选，单击图表编辑器下部的 ▧ 缓动按钮，如图 10-67 所示。

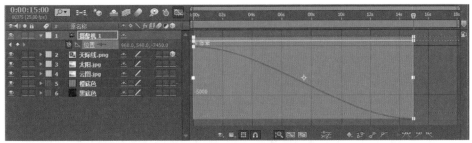

图 10-67　设置缓动关键帧

（12）关闭 ▧ 按钮切换回时间轴的图层状态，将时间移至第 0 帧处，可以看到放大后的图像变得模糊。选中"天际线 .png"层，按住 Alt 键从项目面板中将"天际线矢量"拖至"天际线 .png"层上释放，将其替换，此时图像仍为模糊状态。

（13）双击"天际线矢量"层，打开其合成时间轴，在其中打开"自动追踪的 天际线 .png"的 ✳ 连续栅格化开关和三维图层开关，然后切换回"暮光之城"时间轴，打开"天际线矢量"层的 ✳ 开关，查看放大后的图像变得清晰了，如图 10-68 所示。

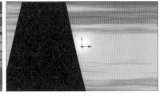

图 10-68　设置连续栅格化开关

（14）按 Ctrl+N 键创建一个名为"遮挡"的黑色纯色层，打开其三维开关，将时间移至时间轴尾部显示出天际线图像，调整缩放比例和位置，遮挡住天际线的下部，如图 10-69 所示。

图 10-69　建立遮挡层

（15）从项目面板中将"天际线局部 1"拖至时间轴中，单独显示这一层，按 A 键显示其"锚点"属性，拖动属性的 X 和 Y 轴数值，使图像中两栋楼之间的空隙作为视图中心点，这里数值为（1820，1400），如图 10-70 所示。

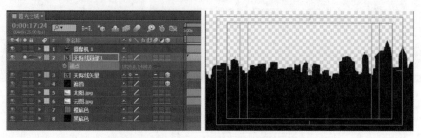

图 10-70　设置天际线局部 1 层的锚点

（16）从项目面板中将"天际线局部 2"拖至时间轴中，单独显示这一层，按 A 键显示其"锚点"属性，拖动属性的 X 轴和 Y 轴数值，使图像中两栋楼之间的空隙作为视图中心点，这里数值为（1150，1320），如图 10-71 所示。

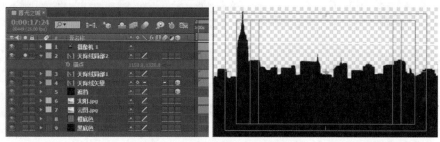

图 10-71　设置天际线局部 2 层的锚点

（17）打开"天际线局部 1"和"天际线局部 2"的三维图层开关，在合成视图面板下部选择"左侧"视图方式查看，将"天际线局部 1"位置的 Z 轴设为 -1000，将"天际线局部 2"位置的 Z 轴设为 -2000，如图 10-72 所示。

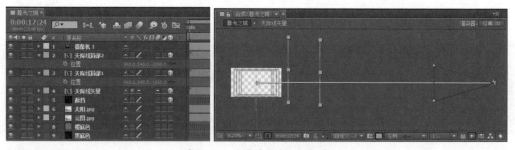

图 10-72　设置图层的 Z 轴数值

（18）由"左侧"视图切换回"活动摄像机"视图，查看动画效果，摄像机从"天际线局部 1"和"天际线局部 2"的两组楼房图层中穿梭，增加透视和动感效果，如图 10-73 所示。

图 10-73　预览效果

（19）同样，修改"天际线局部 1"和"天际线局部 2"的模糊问题，分别打开"天际线局部 1"和"天际线局部 2"合成中图层的 ☀ 开关和三维图层开关，然后切换回"暮光之城"时间轴，打开"天际线局部 1"和"天际线局部 2"图层的 ☀ 开关，查看图像变得清晰，如图 10-74 所示。

图 10-74　设置连续栅格化开关

提示： 摄像机效果中往往也需要景深模糊效果，可以使用"启用景深"功能来制作。

（20）因为"天际线局部 1"和"天际线局部 2"的图形影响了最终的天际线效果，这里为其制作从出现后逐渐下移的关键帧动画。对照摄像机"位置"属性 Z 轴的数值变化，将时间移至"天际线局部 1"刚出现的第 3 秒 10 帧，单击打开其"位置"前面的秒表记录关键帧（此时摄像机"位置"的 Z 轴数值刚超过 -1000）；将时间移至"天际线局部 2"刚出现的第 5 秒 02 帧，单击打开其"位置"前面的秒表记录关键帧（此时摄像机"位置"的 Z 轴数值刚超过 -2000）；再将时间移至摄像机动画结束的第 15 秒处，将两个图层"位置"的 Y 轴数值均设为 1000，将图形下移不至于影响天际线图形，如图 10-75 所示。

图 10-75　设置位置关键帧

（21）框选中"天际线局部 1"和"天际线局部 2"层第 15 秒处的两个关键帧，在时间轴上方单击打开 图表编辑器，单击图表编辑器下部的 缓入按钮，使关键帧数值缓慢结束，这样使"天际线局部 1"和"天际线局部 2"层图形在动画过程中更自然，如图 10-76 所示。

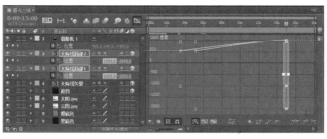

图 10-76　设置缓动关键帧

（22）从项目面板中将"一群鸟"搬到时间轴中，将时间移至标记点处，选中"一群鸟"层，按 Alt+[键剪切入点，将时间移至第 0 帧处，按 [键将图层新入点移至第 0 帧。打开图层的 ☀ 开关和三维图层开关，设置"缩放"为（4，4%）。在第 0 帧处单击打开"位置"前面的秒表记录关键帧，将鸟群的图像在视图中移至楼房尖顶的旁边，这里"位置"为（968，550，0）；将时间移至第 15 秒，将鸟群位置向左移动，这里为（700，550，0），如图 10-77 所示。

图 10-77 设置鸟群位置动画

（23）展开"太阳.jpg"的"位置"和"缩放"，第 0 帧时打开其前面的秒表记录关键帧，第 0 帧时"位置"为（960，780），"缩放"为（500，500%）；第 17 秒 24 帧时"位置"为（960，600），"缩放"为（50，50%），并将缩放的后一关键帧按前面的方法设为缓入关键帧。

（24）展开"云图.jpg"的"缩放"，第 0 帧打开其前面的秒表记录关键帧，第 0 帧时为（300，300%）；第 15 秒时为（100，100%），并将后一关键帧按前面的方法设为缓入关键帧。

（25）展开"橙底色"层的"不透明度"，第 0 帧打开其前面的秒表记录关键帧，第 0 帧为 100%，第 17 秒 24 帧为 30%，如图 10-78 所示。

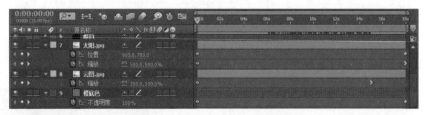

图 10-78 设置天空部分的关键帧

（26）将音频素材拖至时间轴中为动画配乐，这样完成实例的制作，按小键盘的 0 键预览视音频动画效果。

第 11 章

三维场景中的灯光操作

灯光图层可影响照射到的 3D 图层的亮度、颜色并投阴影，除"类型"和"投影"属性之外，可以为其他属性设置制作动画。本章对三维场景中的灯光操作进行专项的讲解。

11.1 灯光类型

灯光的类型分为："平行光"、"聚光灯"、"点光"和"环境光"，其中"平行光"从无限远的光源处发出无约束的定向光，接近来自太阳等光源的光照；"聚光灯"从受锥形物约束的光源发出光；"点光"发出无约束的全向光；"环境光"创建没有光源，但有助于提高场景的总体亮度且不投影的光照。因为"环境光"在空间中的位置不影响照明的变化，所以"环境光"在合成视图中没有图标显示。

操作文件位置：光盘 \AE CC 手册源文件 \CH11 操作文件夹 \CH11 操作 .aep

操作1：不同类型灯光的区别

（1）按 Ctrl+N 键打开"合成设置"对话框，将预设选择为 HDTV 1080 25，将持续时间设为 5 秒，单击"确定"按钮建立合成。

（2）按 Ctrl+Y 键按当前合成的尺寸建立一个灰色的纯色层，RGB 为（130，130，130）。单击打开图层的三维开关。

（3）从项目面板中将"地板 .jpg"图片拖至时间轴中，打开图层的三维开关，将"变换"下"方向"的 X 轴向设为 270°。

（4）从项目面板中将"立体文字"拖至时间轴中，打开图层的三维开关和折叠变换开关，将"缩放"设为（100，150，100%）。

（5）将纯色层"位置"的 Z 轴向设为 600，即向后移动一些，在"自定义视图 1"中查看场景效果，如图 11-1 所示。

（6）在时间轴空白处右击，选择弹出菜单"新建 > 摄像机"命令，在打开的"摄像机设置"对话框中，设置"类型"为"双节点摄像机"，设置"预设"为"35 毫米"。

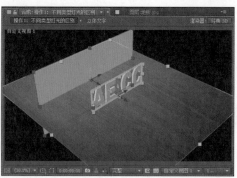

图 11-1　建立三维场景

（7）设置摄像机的"目标点"为（800，350，0），设置"位置"为（450，0，-1000）。将"地板 .jpg"和纯色层的"缩放"均设为（200，200，200%）。使用"两个视图 - 水平"的查看方式，将左侧设为"自定义视图 1"，将右侧设为"活动摄像机"视图，如图 11-2 所示。

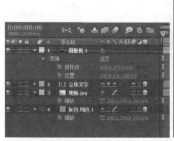

图 11-2　设置视图方式

（8）在时间轴空白处右击，选择弹出菜单"新建 > 灯光"命令，在打开的"灯光设置"对话框中，设置"灯光类型"为第一种"平行"，设置"名称"为"灯光 1 平行光"，勾选"投影"选项，查看此时的效果，如图 11-3 所示。

图 11-3　建立平行光

（9）调整灯光层的"位置"为（960，-800，-1200），即将灯光移至文字的正前上方位置，灯光的"目标点"仍为场景的中心位置，如图 11-4 所示。

图 11-4　调整灯光位置

（10）选中"灯光 1 平行光"层按 Ctrl+D 键创建一个副本，关闭原灯光层的显示，在副本层"灯光选项"后将灯光类型选择为"聚光"，将副本层的名称重新命名为"灯光 2 聚光灯"；在"自定义视图 1"中查看灯光状态的改变；在"活动摄像机"视图中查看灯光效果的变化。另外"变换"和"灯光选项"下的属性有所增加，如图 11-5 所示。

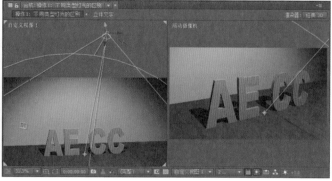

图 11-5　创建灯光副本并更改为聚光灯

（11）选中"灯光 2 聚光灯"层按 Ctrl+D 键创建一个副本，关闭原灯光层的显示，在副本层"灯光选项"后将灯光类型选择为"点"，将副本层的名称重新命名为"灯光 3 点光灯"；在"自定义视图 1"中查看灯光状态的改变；在"活动摄像机"视图中查看灯光效果的变化。另外点光灯没有目标点，"变换"下只有"位置"属性；"灯光选项"下的属性也有所变化，如图 11-6 所示。

图 11-6　创建灯光副本并更改为点光灯

（12）选中"灯光 3 点光灯"层按 Ctrl+D 键创建一个副本，关闭原灯光层的显示，在副本层"灯光选项"后将灯光类型选择为"环境"，将副本层的名称重新命名为"灯光 4 环境光"；在"活动摄像机"视图中查看灯光效果的变化。环境光将没有图标显示，只有"变换"下的"强度"和"颜色"两个属性，如图11-7所示。

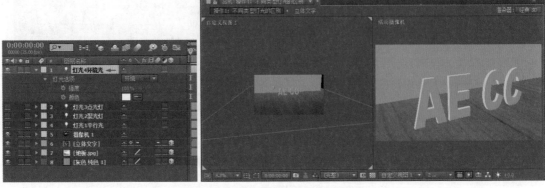

图 11-7　创建灯光副本并更改为环境光

提示： 环境光"强度"调整为默认的100%时，如果场景中存在这一个灯光，此时的光度效果与没有灯光时相等，即未建灯光时的场景按100%亮度的环境光来显示亮度。

11.2　三维场景的布光法则

在三维场景中往往需要建立多个灯光才能达到较好的照明效果。在摄影行业有专业的布光方案，而在三维场景中根据元素的位置与表现需求，也有多种布光方法。其中一种通用的基本方法是三点布光法则：一个主光源在前侧方照亮主体表面，一个辅光源在前面的另一侧补充照亮主体的暗面，一个轮廓光源在主体后面照亮主体的轮廓。当然这只是基本理论，在 AE 的三维场景中因为三维元素的边缘轮廓通常没有毛发或布料的过渡，轮廓光难以体现。使用主光、辅光和一个为整体场景调整亮度的"环境光"成为 AE 中三维场景的通用布光方法，在此基础上再视需要进行灯光的增减。

操作2：通用的三点布光

（1）打开操作对应的合成，在时间轴中放置着"地板.jpg"、"立方体"和四个立体文字层，使用"4个视图"方式查看场景状态，如图11-8所示。

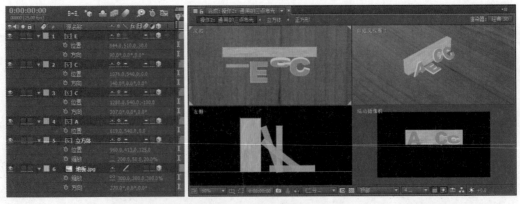

图 11-8　打开三维场景的合成

（2）为场景建立一个摄像机视角，在时间轴空白处右击，选择弹出菜单"新建 > 摄像机"命令，在打开的"摄像机设置"对话框中，设置"类型"为"双节点摄像机"，设置"预设"为"35 毫米"。

（3）设置摄像机的"目标点"为（820，450，0），设置"位置"为（400，100，-700），如图11-9所示。

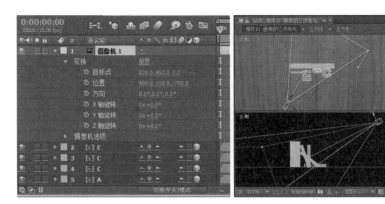

图 11-9 设置摄像机位置

（4）在时间轴空白处右击，选择弹出菜单"新建 > 灯光"命令，在打开的"灯光设置"对话框中，设置"名称"为"灯光 1 主光"，设置"灯光类型"为"聚光"，勾选"投影"选项，查看此时的效果，如图 11-10 所示。

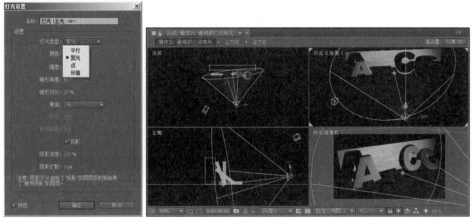

图 11-10 建立主光

（5）在时间轴中将"灯光 1 主光"的"位置"设为（-650，0，-1550），将"灯光选项"下的"强度"设为 120%，如图 11-11 所示。

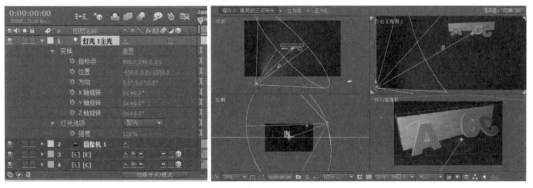

图 11-11 设置主光位置和强度

（6）在时间轴空白处右击，选择弹出菜单"新建 > 灯光"命令，在打开的"灯光设置"对话框中，设置"名称"为"灯光 2 辅光"，设置"灯光类型"为"聚光"，勾选"投影"选项。根据场景的亮度，在时间轴中将"灯光 2 辅光"的"位置"设为（1850，-300，-960），将"灯光选项"下的"强度"设为 80%，如图 11-12 所示。

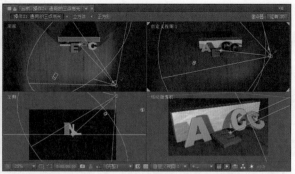

图 11-12　建立和设置辅光

（7）在时间轴空白处右击，选择弹出菜单"新建＞灯光"命令，在打开的"灯光设置"对话框中，设置"名称"为"灯光 3 顶光"，设置"灯光类型"为"点"。根据场景的亮度，在时间轴中将"灯光 3 顶光"的"位置"设为（1000，0，500），将"灯光选项"下的"强度"设为 50%，如图 11-13 所示。

图 11-13　建立和设置顶光

（8）在时间轴空白处右击，选择弹出菜单"新建＞灯光"命令，在打开的"灯光设置"对话框中，设置"名称"为"灯光 4 环境光"，设置"灯光类型"为"环境"。根据场景的亮度，在时间轴中在"灯光 4 环境光"的"灯光选项"下将"强度"设为 15%，如图 11-14 所示。

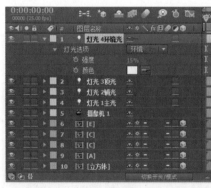

图 11-14　建立和设置环境光

提示：布光中最基本的需要有前侧方的主光和辅光，以及顶部或后方的顶光或轮廓光。根据实际情况，对灯光可以进行增减，对位置也可以进行调整。

11.3　灯光投影设置

AE 中灯光投影需要三个必要条件：一是灯光打开"投影"选项开关，二是投射阴影的三维图层打开"材质选项"下的"投影"选项开关，三是接受阴影的三维图层打开"材质选项"下的"接受阴影"选项开关。可以通过这些选项有选择地控制全部或部分灯光或三维图层的投影。

操作3：灯光的投影

（1）打开操作对应的合成，在时间轴中放置着纯色层、"地板 .jpg"、"立方体"、文本层和 35 毫米的双节点摄像机，使用"4 个视图"方式查看场景状态，如图 11-15 所示。

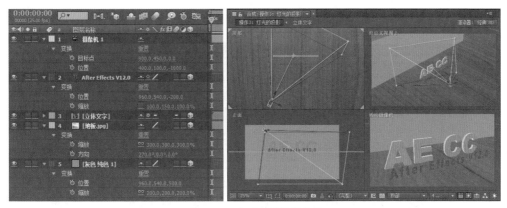

图 11-15　打开三维场景合成

（2）在时间轴空白处右击，选择弹出菜单"新建 > 灯光"命令，然后建立三个灯光层，分别设置灯光类型、位置和强度，如图 11-16 所示。

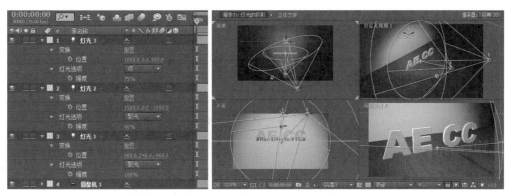

图 11-16　建立和设置灯光

（3）准备为场景中的文字设置灯光的投影效果。检查投影的三个必要条件之一：灯光的"投影"选项。这里有三个灯光层，选中其中的主光"灯光 1"层，打开其"投影"选项。可以在时间轴中修改，或者双击灯光层，在其打开的"灯光设置"对话框中修改，如图 11-17 所示。

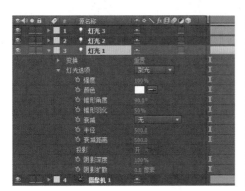

图 11-17　投影条件之一灯光设置的"投影"选项

（4）检查投影的三个必要条件之二：产生投影对象的"投影"选项。这里有两个文字对象需要产生投影，先展开文本层"材质选项"下的"投影"，在其后面的"关"选项上单击或拖动鼠标，将其切换为"开"。再查看嵌套的"立体文字"层，因为使用了折叠变换开关，所以没有"材质选项"，双击"立体文字"层，切换到来源的"立体文字"合成时间轴中，可以看到有众多的文本图层组成的立体文字效果，在这里打开文本层的"投影"开关。按 Ctrl+A 键选中全部的文本层，展开其中一层"材质选项"下的"投影"，保持全选状态，修改一层的"投影"为"开"后，其他图层也一同被更改，如图 11-18 所示。

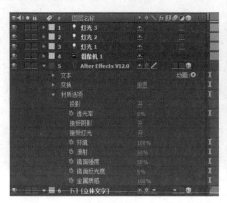

图 11-18　投影条件之二材质选项的"投影"选项

提示： 嵌套的"立体文字"层，因为使用了折叠变换开关，从来源合成中继承了相关的"材质选项"，所以在此处没有"材质选项"的属性，相关的修改设置需要在来源合成中进行操作。

（5）检查投影的三个必要条件之三：接受投影对象的"接受阴影"选项。默认状态下，三维图层"接受阴影"的开关为"开"的状态，如图 11-19 所示。

图 11-19　投影条件之三接受投影对象的"接受阴影"选项

11.4　实例：照片光影

本例在 AE 中搭建三维场景，利用胶片、夹子、绳子的图片和照片素材，通过灯光的打光和投影制作悬挂和展示照片的动画，效果如图 11-20 所示。

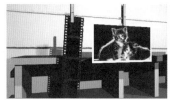

图 11-20　实例效果

实例的合成流程图示如图 11-21 所示。

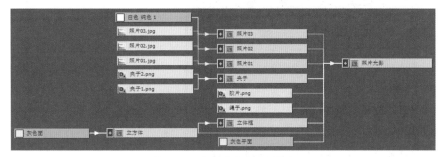

图 11-21　实例的合成流程图示

实例文件位置：光盘 \AE CC 手册源文件 \CH11 实例文件夹 \ 照片光影 .aep

步骤 1：导入素材。

在项目面板中双击打开"导入文件"对话框，将本实例准备的图片文件和音频文件全部选中，单击"导入"，将其导入到项目面板中。

步骤 2：建立"夹子"合成。

（1）按 Ctrl+N 键打开"合成设置"对话框，将合成名称设为"夹子"，先将预设选择为 HDTV 1080 25，确定方形像素和帧速率，将"宽度"和"高度"都改为 1000，将持续时间设为 30 秒，单击"确定"按钮建立合成。

（2）从项目面板中将"夹子 1.png"和"夹子 2.png"拖至时间轴中，选中两个图层，打开三维开关，并按 Ctrl+D 键各创建一个副本层。在视图面板中切换到 4 个视图方式，对四个图层的变换属性进行以下设置："夹子 1.png"层"锚点"的 Y 轴设为 -40；另一个"夹子 1.png"层"锚点"的 Y 轴设为 40，"缩放"的 X 轴设为 -100；"夹子 2.png"层"锚点"Z 轴设为 50，"Y 轴旋转"设为 90°；另一个"夹子 2.png"层"锚点"Z 轴设为 -50，"Y 轴旋转"设为 90°，这样将图像围成一个立体的夹子效果，如图 11-22 所示。

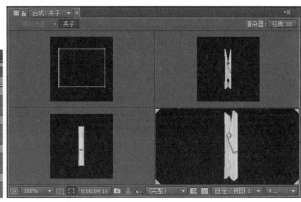

图 11-22　设置立体的夹子

步骤 3：建立"立方体"合成。

（1）按 Ctrl+N 键打开"合成设置"对话框，将合成名称设为"立方体"，先将预设选择为 HDTV

1080 25，确定方形像素和帧速率，将"宽度"和"高度"都改为2000，将持续时间设为30秒，单击"确定"按钮建立合成。

（2）按Ctrl+Y键在打开的"纯色设置"对话框中，将"名称"设为"灰色面"，单击"制作合成大小"按钮，将颜色设为RGB（220，220，220），单击"新建"按钮建立纯色层。

（3）在时间轴中打开"灰色面"层的三维开关，将"锚点"的Z轴设为1000，然后按Ctrl+D键5次创建5个副本层，然后将其中三层"方向"的X轴设为90°、180°和270°，将另两层"方向"的Y轴设为90°和270°，如图11-23所示。

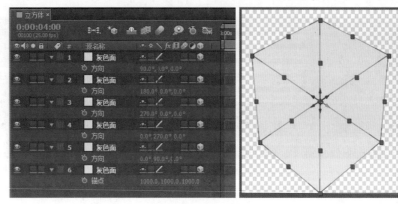

图11-23　建立立方体

步骤4：建立"立方框"合成。

（1）从项目面板中将"立方体"拖至面板下方的新建合成按钮上释放新建合成，在项目面板中按主键盘的Enter键将其重命名为"立方框"。

（2）在时间轴中打开"立方体"层的开关和三维图层开关，按Ctrl+D键两次创建两个副本层，设置其中一个层"缩放"的X轴为10%，"位置"的X轴为200；另一个层"缩放"的X轴为10%，"位置"的X轴为1800；第三个层"缩放"的Y轴为10%，"位置"的Y轴为0，Z轴为-100，如图11-24所示。

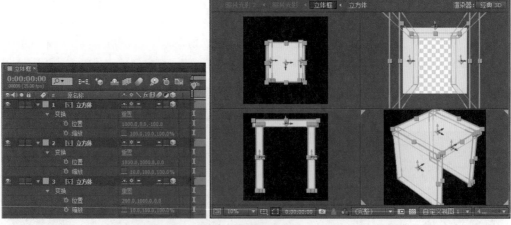

图11-24　设置立方框

步骤5：建立"照片01"合成。

（1）按Ctrl+N键打开"合成设置"对话框，将合成名称设为"照片01"，将预设选择为HDV/HDTV 720 25，将持续时间设为30秒，单击"确定"按钮建立合成。

（2）按Ctrl+Y键建立一个白色的纯色层，选中纯色层，双击工具栏中的矩形工具按钮在纯色层上建立蒙版，将"蒙版扩展"设为-40，勾选"反转"选项。

（3）从项目面板中将"照片 01.jpg"拖至时间轴底层，调整合适的大小和位置，如图 11-25 所示。

（4）在项目面板中选中"照片 01"，按 Ctrl+D 键两次创建副本"照片 02"和"照片 03"合成，并使用对应的照片素材分别替换其中的照片。

图 11-25　设置照片效果

步骤 6：建立"照片光影"合成。

（1）按 Ctrl+N 键打开"合成设置"对话框，将合成名称设为"照片光影"，将预设选择为 HDTV 1080 25，将持续时间设为 10 秒，单击"确定"按钮建立合成。

（2）按 Ctrl+Y 键在打开的"纯色设置"对话框中，将"名称"设为"灰色平面"，单击"制作合成大小"按钮，将颜色设为 RGB（220，220，220），单击"新建"按钮建立纯色层。

（3）打开"灰色平面"层的三维开关，按 Ctrl+D 键创建一个副本层，将其中一层"方向"的 X 轴设为 90°，"缩放"设为（300，300，300%），"位置"设为（2000，1000，0）；将另一层"缩放"设为（400，300，300%），"位置"设为（2000，1000，550）。使用自定义视图查看效果，如图 11-26 所示。

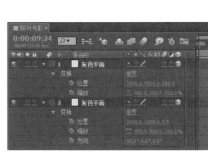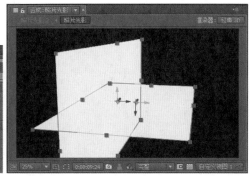

图 11-26　设置空间平面

（4）在时间轴空白处右击，选择弹出菜单"新建 > 灯光"命令，在"灯光设置"对话框中将"灯光类型"选为"点"方式，"强度"设为 75%，勾选"投影"，将"阴影扩散"设为 5，单击"确定"按钮创建"灯光 1"。

（5）在时间轴空白处右击，选择弹出菜单"新建 > 灯光"命令，在"灯光设置"对话框中将"灯光类型"选为"聚光"方式，"强度"设为 75%，勾选"投影"，将"阴影扩散"设为 20，单击"确定"按钮创建"灯光 2"，如图 11-27 所示。

图 11-27　建立和设置灯光

（6）将"灯光1"层的"位置"设为（700，-200，-2000），将"灯光2"层的"位置"设为（3000，-100，-1000），使用自定义视图查看效果，如图11-28所示。

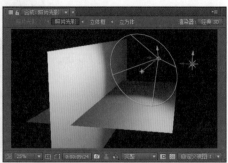

图11-28　设置灯光位置

（7）从项目面板中将"立方体"拖至时间轴中，打开◉开关和三维图层开关，设置"缩放"为（100，10，50%），"位置"为（960，1000，300）。

（8）从项目面板中将"立体框"拖至时间轴中，打开◉开关和三维图层开关，将"缩放"设为（20，20，20%），按Ctrl+D键两次创建两个副本层，设置"位置"分别为（260，800，400），（960，800，400）和（1760，800，400），如图11-29所示。

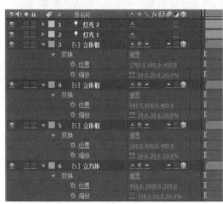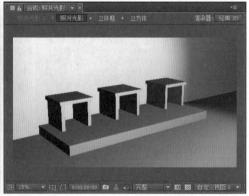

图11-29　设置三维场景

（9）此时"立方体"和"立体框"没有投射阴影，可以打开"立方体"合成的时间轴面板，将"灰色面"层全部选中，展开"材质选项"，将其下的"投影"设为"开"。再返回"照片光影"合成的时间轴面板，可以看到投影效果，如图11-30所示。

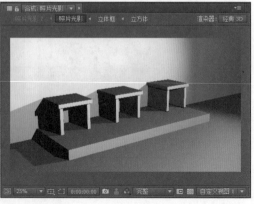

图11-30　设置投影

（10）从项目面板中分别将"绳子.png"、"胶片.png"、"夹子"、"照片 01"、"照片 02"和"照片 03"拖至时间轴中，分别设置"方向"、"缩放"和"位置"，将其摆放在场景中，如图 11-31 所示。

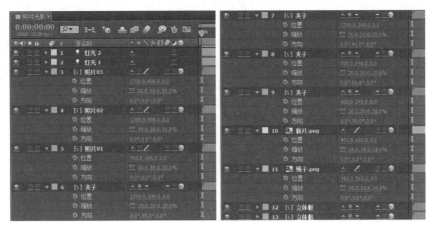

图 11-31　设置三维场景

（11）打开"夹子"合成的时间轴面板，将其中全部图层的"投影"设为"开"，返回"照片光影"合成；同样，将"绳子.png"、"胶片.png"和照片层的"投影"均设为"开"，得到投影效果，如图 11-32 所示。

图 11-32　设置场景中的投影

（12）将照片层"材质选项"下的"镜面强度"设为 75%，使照片表面产生反光的效果；将"胶片.png"层"材质选项"下的"透光率"设为 70%，产生半透明的胶片的彩色投影效果，如图 11-33 所示。

图 11-33　设置半透明的投影

（13）在时间轴空白处右击，选择弹出菜单"新建 > 摄像机"命令，在打开的"摄像机设置"对话框中，设置类型为"双节点摄像机"，预设为 28 毫米，单击"确定"按钮建立摄像机。

（14）展开摄像机层的"目标点"和"位置"，将时间移至第 0 帧，单击打开其前面的秒表记录关键帧，设置"目标点"为（480，540，0），"位置"为（310，540，-645）；将时间移至第 9 秒 24 帧，设置"目标点"为（1500，540，0），"位置"为（2000，300，-675），如图 11-34 所示。

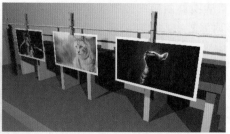

图 11-34　设置摄像机动画

（15）从项目面板中将音频文件拖至时间轴中为动画配乐，完成实例的制作，按小键盘的 0 键预览最终的视音频效果。

第 12 章

键控操作

"键控"一词是影视制作术语，英文称作"Key"，意思是吸取画面中的某一种颜色作为透明色，画面中所包含的这种透明色将被清除。"键控"俗称"抠像"，其本质就是"抠"和"填"，"抠"就是吸取颜色产生透明；"填"就是叠加图像到透明区域，而最终生成前景物体与叠加背景相合成的图像。通过这样的方式，单独拍摄的角色经抠像后可以与各种景物叠加在一起，由此形成丰富而神奇的艺术效果。

在早期的电视制作中，键控技术需要用昂贵的硬件来支持，而且对拍摄背景要求很严，通常是在高饱和度的蓝色或绿色背景下拍摄，同时对光线的要求也很严格。如果是实时的"抠像"都需要视频切换台或者支持实时色键的视频捕获卡，但价格比较昂贵。

当前，"抠像"并不是只能用蓝或绿，理论上只要是单一的、比较纯的颜色就可以，但是与演员的服装、皮肤的颜色反差越大越好，这样键控比较容易实现。现在各种非线性编辑软件与合成软件都能做键控技术处理，对背景的颜色要求也大大放宽，例如在 AE CC 中就有多种键控工具来应对多种状况下的键控处理。AE CC 中的键控效果有上十种，在实际使用时该如何选用呢？本章对这些键控效果进行列举和介绍。

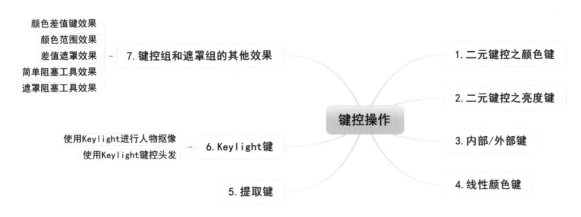

12.1 二元键控之颜色键

键控中最原始的有二元键控类型的颜色键和亮度键。所谓二元键控，指的是键控的图像，或者完全透明，或者完全不透明，没有半透明的区域，主要应用于有锐利边缘的固态对象，是最简单的键控。而大多数情况下的键控画面二元键将不能胜任，需要选用另外几种键控效果来处理。

颜色键效果可抠出与指定的主色相似的所有图像像素。使用颜色键来抠除背景色，当选择了一个"主色"（吸管吸取的背景颜色），被选颜色部分变为透明。同时可以控制"主色"的相似程度，调整透明的效果。还可以对键控的边缘进行羽化，消除毛边的区域，这时需要调整以下参数："颜色容差"用于控制颜色容差范围，值越小颜色范围越小；"薄化边缘"用于调整键控边缘，正值扩大遮罩范围，负值缩小遮罩范围；"羽化边缘"用于羽化键控边缘，产生细腻、稳定的键控遮罩。

此效果仅修改图层的 Alpha 通道，适用于 8-bpc 和 16-bpc 颜色，如图 12-1 所示。

使用颜色键效果抠出单色：

（1）选择要使其部分透明的图层，然后选择"效果 > 抠像 > 颜色键"。

（2）在"效果控件"面板中，使用以下两种方法之一指定主色：①单击"主色"色板以打开"颜色"对话框，并指定颜色。②单击吸管，然后单击屏幕上的颜色。

（3）拖动"颜色容差"滑块，以指定要抠出的颜色的范围。值越低，要抠出的接近主色的颜色范围越小。值越高，抠出的颜色范围越大。

（4）拖动"薄化边缘"滑块，以调整抠像区域边界的宽度。正值用于扩大蒙版，从而增大透明区域。负值用于缩小蒙版，从而减少透明区域。

（5）拖动"羽化边缘"滑块，以指定边缘的柔和度。值越高，边缘越柔和，但渲染时间越长。

另外在抠像过程中常一同使用溢出抑制效果来改善边缘的颜色效果。溢出抑制效果可从具有已抠出的屏幕的图像中移除主色的痕迹。通常，溢出抑制效果用于从图像边缘移除溢出的主色。溢出是光照从屏幕反射到主体所致。如果不满意使用溢出抑制效果产生的结果，则尝试在抠像后对图层应用色相/饱和度效果，然后减少饱和度值以降低主色的重要性。此效果适用于 8-bpc 和 16-bpc 颜色。在 After Effects CS6 或更高版本中，此效果在 32 位颜色中有效，如图 12-2 所示。

图 12-1　颜色键

图 12-2　溢出抑制

使用溢出抑制效果：

（1）选择图层，然后选择"效果 > 抠像 > 溢出抑制"。

（2）使用以下方法之一选择要抑制的颜色：①如果已使用"效果控件"面板中的抠像工具抠出颜色，则单击"要抑制的颜色"吸管，然后为抠像在"主色"色板中单击屏幕颜色。②在"溢出抑制"中，单击"主色"色板，并从色轮选择颜色。③要在"图层"面板中使用吸管，请从"图层"面板的"视图"菜单中选择"溢出抑制"。

（3）在"颜色准确度"菜单中，选择"更快"以抑制蓝色、绿色或红色。选择"更好"以抑制其他颜色，因为 After Effects 可能需要更仔细地分析颜色以产生准确的透明度。"更好"选项可能会使渲染时间增加。

（4）拖动"抑制"滑块，直至充分抑制颜色。

操作文件位置：光盘 \AE CC 手册源文件 \CH12 操作文件夹 \CH12 操作 .aep

操作1：使用颜色键

（1）这里将"绿幕人物 .png"拖至时间轴中，选择"效果 > 键控 > 颜色键"，然后在"主色"色块右侧选择 ■ 颜色吸取工具，在视图中人物旁边的绿色背景布上单击，指定要键控的主色，如图 12-3 所示。

图 12-3　使用"颜色键"并使用颜色吸取工具

（2）指定要键控的主色在背景布上的绿色之后，用鼠标拖动"颜色容差"为适当的数值，使背景透明。

当数值不足时背景绿色将过多，数值过大时人物身体中将有部分近似颜色也被误键出透明掉，如图 12-4 所示。

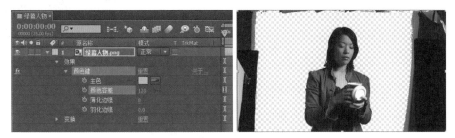

图 12-4　指定主色和调整颜色容差

（3）对于远离人物的图像，可以选择工具栏中的█钢笔工具，建立蒙版将其排除在外，对于人物边缘残留的绿色，将用另外的方法，如图 12-5 所示。

图 12-5　使用蒙版排除画面边角图像

（4）选择效果"效果 > 键控 > 溢出抑制"，将"要抑制的颜色"吸取为绿色，这样将绿颜色去色，如图 12-6 所示。

图 12-6　使用"溢出抑制"效果

（5）将"光斑背景 2.mov"拖至时间轴底层，查看效果，如图 12-7 所示。

图 12-7　放置背景

12.2　二元键控之亮度键

亮度键效果可抠出图层中具有指定明亮度或亮度的所有区域。图层的品质设置不会影响亮度键效果。

如果要在其中创建遮罩的对象的明亮度值与其背景显著不同，则使用此效果。例如，如果要在白色背景上为音符创建遮罩，则可抠出较亮的值；黑暗的音符将变为唯一不透明的区域。此效果适用于 8-bpc 和 16-bpc 颜色，如图 12-8 所示。

图 12-8　亮度键

使用亮度键效果抠出明亮度值区域：

（1）选择要使其部分透明的图层，然后选择"效果 > 抠像 > 亮度键"。

（2）选择"键控类型"以指定要抠出的范围。

（3）在"效果控件"面板中拖动"阈值"滑块，以设置希望遮罩基于的明亮度值。

（4）拖动"容差"滑块，以指定要抠出的值的范围。值越低，要抠出的阈值附近的值范围越小。值越高，要抠出的值范围越大。

（5）拖动"薄化边缘"滑块，以调整抠像区域边界的宽度。正值用于使蒙版增大，从而增大透明区域。负值用于缩小蒙版。

（6）拖动"羽化边缘"滑块，以指定边缘的柔和度。值越高，边缘越柔和，但渲染时间越长。

操作2：使用亮度键

（1）将"建筑.jpg"拖至时间轴中，选择菜单"效果 > 键控 > 亮度键"，如图 12-9 所示。

图 12-9　使用"亮度键"

（2）将"键控类型"选择为"抠出较亮区域"，并调整阈值的大小，直到将天空部分键出，此时的数值为 100，如图 12-10 所示。

图 12-10　调整"阈值"

（3）将"晚空背景.mov"拖至时间轴底层，查看效果，在背景的衬托下，局部边缘有部分残留的颜色，如图 12-11 所示。

图 12-11　边缘残留颜色

可以看到以上两个键控效果简单易用，只不过功能相对有局限。

（4）选中"建筑 .jpg"层，选择菜单"效果 > 遮罩 > 调整柔和遮罩"，将"其他边缘半径"设为 2，消除边缘残留的颜色，如图 12-12 所示。

图 12-12　使用"调整柔和遮罩"

（5）这样制作了一个风云变换的城楼效果，如图 12-13 所示。

图 12-13　预览效果

12.3　内部 / 外部键

内部 / 外部键效果可在背景中隔离前景对象。此效果适用于 8-bpc 和 16-bpc 颜色，如图 12-14 所示。

要使用内部 / 外部键效果，请创建蒙版来定义要隔离的对象的边缘内部和外部。蒙版可以相当粗略，它不需要完全贴合对象的边缘。

除在背景中对柔化边缘的对象使用蒙版以外，内部 / 外部键效果还会修改边界周围的颜色，以移除沾染背景的颜色。此颜色净化过程会确定背景对每个边界像素颜色的影响，然后移除此影响，从而移除在新背景中遮罩柔化边缘的对象时出现的光环。

图 12-14　内部 / 外部键

使用内部 / 外部键效果：

（1）通过执行以下任一操作，选择要提取的对象的边界：① 在对象的边界附近绘制单个闭合的蒙版；然后从"前景"菜单中选择蒙版，并将"背景"菜单设置为"无"。调整"单个蒙版高光半径"以控制此蒙版周围边界的大小（此方法仅适用于边缘简单的对象）。② 绘制两个闭合的蒙版：对象内部的内部蒙版和对象外部的外部蒙版。确保对象的所有模糊或不确定的区域位于这两个蒙版内。从"前景"菜单选择内部蒙版，从"背景"菜单选择外部蒙版。确保所有蒙版的蒙版模式设置为"无"。

（2）根据需要移动蒙版，以找到提供最佳结果的位置。

（3）要提取多个对象，或在对象中创建缺口，请绘制其他蒙版，然后从"其他前景"和"其他背景"菜单中选择它们。例如，要抠出以蓝天为背景的某人随风飘动的头发，请在头部内绘制内部蒙版，在头发的外部边缘周围绘制外部蒙版，然后在您可以看到天空的头发间隙周围绘制其他蒙版。从"其他前景"菜单中选择其他蒙版，以提取间隙，并移除背景图像。

（4）创建其他断开或闭合的蒙版以清理图像的其他区域，然后从"清理前景"或"清理背景"菜单中选择它们。"清理前景"蒙版用于沿蒙版增加不透明度；"清理背景"蒙版用于沿蒙版减少不透明度。使用"笔刷半径"和"笔刷压力"选项来控制每个描边的大小和浓度。您可以选择"背景"（外部）蒙版作为"清理背景"蒙版，以清理图像背景部分的杂色。

（5）设置"薄化边缘"以指定受抠像影响的遮罩的边界数量。正值使边缘朝透明区域的相反方向移动，从而增大透明区域；负值使边缘朝透明区域移动，可增大前景区域的大小。

（6）增大"羽化边缘"值以柔化抠像区域的边缘。"羽化边缘"值越高，渲染时间越长。

（7）指定"边缘阈值"，这是一个软屏蔽，用于移除使图像背景产生不需要的杂色的低不透明度像素。

（8）选择"反转提取"，以反转前景和背景区域。

（9）设置"与原始图像混合"，以指定生成的提取图像与原始图像混合的程度。

操作3：使用内部/外部键

（1）将"模特1.jpg"拖至时间轴中，可以看出这个图像中人物脸部颜色与背景颜色、亮度都相近，帽子毛边部分也需要特殊处理。这种情况下需要使用"内部/外部键"来处理。先沿帽子毛边的边缘建立内外两个蒙版，如图12-15所示。

图12-15　绘制蒙版

（2）选择"效果>键控>内部/外部键"，设置"前景（内部）"对应为"蒙版1"，设置"背景（外部）"对应为"蒙版2"，查看效果，如图12-16所示。

图12-16　使用"内部/外部键"

（3）在时间轴中选中图层，按Ctrl+D键创建一个副本，将下层中的蒙版删除，并重新沿身体部分绘制蒙版，如图12-17所示。

图12-17　绘制身体部分蒙版

（4）将"光斑背景.mov"拖至时间轴底层，查看效果，如图12-18所示。

图12-18　添加背景

提示：对于动态的人物素材，可以使用Roto笔刷工具来代替手动建立蒙版，方便动态蒙版的跟踪制作。

12.4　线性颜色键

　　线性键效果可跨图像创建一系列透明度。线性键效果可将图像的每个像素与指定的主色进行比较。如果像素的颜色与主色近似匹配，则此像素将变得完全透明。不太匹配的像素将变得不太透明，根本不匹配的像素保持不透明。因此，透明度值的范围形成线性增长趋势。线性颜色键效果可使用 RGB、色相或色度信息来创建指定主色的透明度。此效果适用于 8-bpc、16-bpc 和 32-bpc 颜色，如图 12-19 所示。

　　在"效果控件"面板中，线性颜色键效果将显示两个缩览图图像：左边的缩览图图像表示未改变的源图像，右边的缩览图图像表示在"视图"菜单中选择的视图。

　　您可以调整主色、匹配容差和匹配柔和度。匹配容差用于指定像素在开始变透明之前，必须匹配主色的严密程度。匹配柔和度用于控制图像和主色之间的边缘的柔和度。

　　您还可以重新应用此抠像，以保留第一次应用此抠像使其变透明的颜色。例如，如果抠出中蓝屏，则可能丢失主体穿着的衣物的某些或全部淡蓝色部分。您可以恢复淡蓝色，具体方法是再应用一个线性颜色键效果的实例，并从"主要操作"菜单中选择"保留此颜色"。

图 12-19　线性颜色键

应用线性颜色键效果：

　　（1）选择一个图层作为源图层，然后选择"效果 > 抠像 > 线性颜色键"。

　　（2）在"效果控件"面板中，从"主要操作"菜单中选择"主色"。

　　（3）从"匹配颜色"菜单中选择一个颜色空间。在大多数情况下，使用默认 RGB 设置。如果使用一种颜色空间难以隔离主体，则尝试使用其他颜色空间。

　　（4）在"效果控件"面板中，从"视图"菜单中选择"最终输出"。选择的视图将显示在右缩览图和"合成"面板中。要查看其他结果，请使用其他视图之一工作：①仅限源：显示未应用抠像效果的原始图像。②仅限遮罩：显示 Alpha 通道遮罩。使用此视图可检查透明度的缺口。要在完成抠像过程后填充不需要的缺口，请参阅使遮罩中的缺口闭合。

　　（5）使用以下方法之一选择主色：①选择"缩览图"吸管，然后单击"合成"面板或原始缩览图图像中的相应区域。②选择"主色"吸管，然后单击"合成"或"图层"面板中的相应区域。③要预览其他颜色的透明度，请选择"主色"吸管，按住 Alt 键（Windows）或 Option 键（Mac OS），并将指针移至"合成"面板或原始缩览图图像中的其他区域。在其他颜色或阴影上移动指针时，"合成"面板中的图像的透明度会改变。单击以选择颜色。④单击"主色"色板，以从指定颜色空间选择颜色。所选颜色将变透明。吸管工具可相应地移动滑块。使用第 6 步和第 7 步中的这些滑块可微调抠像结果。要在"图层"面板中使用吸管，请从"图层"面板的"视图"菜单中选择"线性颜色键"。

　　（6）使用以下方法之一调整匹配容差：①选择"加号"（+）或"减号"（-）吸管，然后单击左缩览图图像中的颜色。"加号"吸管会将指定颜色添加到主色范围，从而增加透明度的匹配容差和级别。"减号"吸管会从主色范围减去指定颜色，从而减少透明度的匹配容差和级别。②拖动匹配容差滑块。值为 0，可使整个图像不透明；值为 100，可使整个图像透明。

　　（7）拖动"匹配柔和度"滑块，以通过减少容差值来柔化匹配容差。通常，20% 以下的值可产生最佳结果。

　　（8）在关闭"效果控件"面板之前，确保从"视图"菜单中选择"最终输出"，以此确保 After Effects 渲染透明度。

　　在应用线性颜色键效果后保留颜色：

（1）在"效果控件"面板或"时间轴"面板中，取消选择抠像名称或工具名称左侧的"效果"选项，以关闭抠像或遮罩效果的当前所有实例。取消选择选项会使原始图像显示在"合成"面板中，以使您可以选择要保留的颜色。

（2）选择"效果 > 抠像 > 线性颜色键"。第二组"线性颜色键"控件将显示在"效果控件"面板中第一组控件之下。

（3）在"效果控件"面板中，从"主要操作"菜单中选择"保持颜色"。

（4）选择要保持的颜色。

（5）在线性颜色键效果的第一个应用中，从"效果控件"面板的"视图"菜单中选择"最终输出"，然后重新打开线性颜色键效果的其他实例，以检查透明度。您可能需要调整颜色，或第三次重新应用抠像来获取需要的结果。

操作4：使用线性颜色键

（1）将"产品图1.jpg"拖至时间轴中，选择菜单"效果 > 键控 > 线性颜色键"，然后在"主色"色块右侧选择━颜色吸取工具，在视图中背景上单击，指定要键控的主色，如图12-20所示。

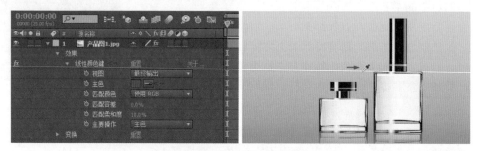

图12-20　使用"线性颜色键"

（2）吸取颜色之后，视图中背景的颜色变得透明，不过底部背景色因为颜色要深一些，所以有部分残留，在"效果控件"面板中可以查看预览图来对比效果，如图12-21所示。

图12-21　吸取颜色

（3）在"效果控件"面板中使用▨工具在图像底部残留的颜色区域点击吸取颜色，这些颜色将被加入到抠除的范围，如图12-22所示。

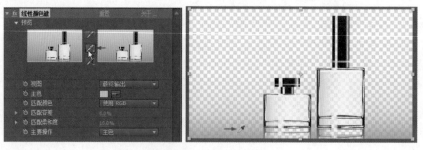

图12-22　增加抠除颜色

（4）查看结果，底部残留的颜色已被消除了，效果中的"匹配容差"数值同时也发生变化，如图 12-23 所示。

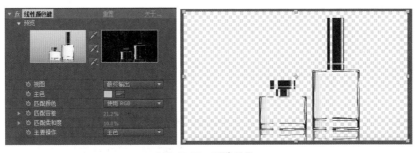

图 12-23　预览效果

提示：如果觉得颜色消除的过多，可以使用▧工具在图像中点击吸取恢复一些颜色。

（5）在"产品图 1.jpg"层下放置一个渐变的背景，如图 12-24 所示。

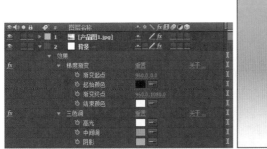

图 12-24　放置渐变背景

12.5　提取键

提取效果可创建透明度，具体方法是根据指定通道的直方图，抠出指定亮度范围。此效果最适用于在以下图像中创建透明度：在黑色或白色背景中拍摄的图像，或在包含多种颜色的黑暗或明亮的背景中拍摄的图像。此效果的控件与 Adobe Premiere Pro 中提取效果的控件相似，但此效果的用途和结果不同。此效果适用于 8-bpc 和 16-bpc 颜色，如图 12-25 所示。

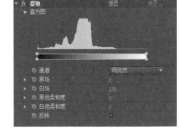

在"效果控件"面板中，提取效果将显示"通道"菜单中指定的通道的直方图。此直方图描绘了图层中的亮度级别，显示了每个级别的相对像素数量。此直方图按从左到右的顺序从最暗（值为 0）扩展到最亮（值为 255）。

使用直方图下的透明度控制条，可以调整变透明的像素的范围。与直方图有关的控制条的位置和形状可确定透明度。与控制条覆盖的区域对应的像素保持不透明；与控制条未覆盖的区域对应的像素变透明。

图 12-25　提取

要使用提取效果：

（1）选择要使其部分透明的图层，然后选择"效果 > 抠像 > 提取"。

（2）如果是抠出明亮或黑暗的区域，则从"通道"菜单中选择"明亮度"。要创建视觉效果，请选择"红色"、"绿色"、"蓝色"或"Alpha"。

（3）使用以下方法拖动透明度控制条，以调整透明度数量：①拖动右上角或左上角的选择手柄，以调整控制条的长度，并缩小或增大透明度范围。也可以移动"白场"和"黑场"滑块来调整此长度，使高于白场并低于黑场的值变透明。②拖动右下角或左下角的选择手柄，以使控制条变细。使左侧控制条变细会影响图像较暗区域的透明度、柔和度；使右侧控制条变细会影响较亮区域的柔和度。也可以通过调整"白色柔和度"（亮区）和"黑色柔和度"（暗区）来调整柔和度水平。要使透明度控制条的边缘变细，请先缩短透明度条。③向左或向右拖动整个控制条，以在直方图下对其定位。

操作5：使用提取键

（1）将"键控素材 1.mov"拖至时间轴中，选择菜单"效果 > 键控 > 提取"，添加"提取"键控效果，如图 12-26 所示。

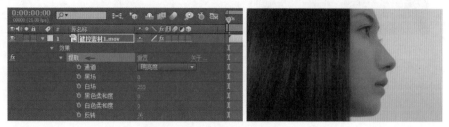

图 12-26　使用"提取"效果

（2）在"效果控件"面板中可以查看对应的直方图，将"反转"勾选，调整"黑场"的数值，直至天空背景被抠除，同时人物脸部保留下来，此时"黑场"的数值为 156，如图 12-27 所示。

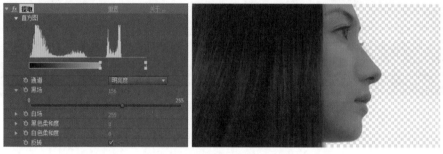

图 12-27　调整"黑场"数值

（3）放大眼睛睫毛处和下颚处会发现有部分残留的背景色，如图 12-28 所示。

图 12-28　预览效果

（4）选择菜单"效果 > 遮罩 > 调整柔和遮罩"，将"其他边缘半径"设为 20，将"羽化"设为 5，消除残留的背景色，如图 12-29 所示。

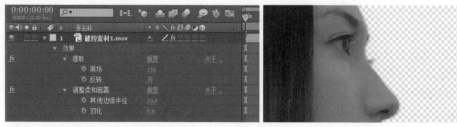

图 12-29　使用"调整柔和遮罩"

（5）将"光斑背景 2.mov"拖至时间轴底层，查看效果，如图 12-30 所示。

图 12-30　添加背景效果

12.6　Keylight 键

　　Keylight 是一个屡获殊荣并经过产品验证的蓝绿屏幕抠像插件。Keylight 易于使用，并且非常擅长处理反射、半透明区域和头发。Keylight 自身还包括了颜色校正、抑制和边缘校正功能，方便更加精细的微调处理。Keylight 被应用在众多影视制片中，包括《理发师陶德》、《地球停转之日》、《大侦探福尔摩斯》、《2012》、《阿凡达》、《爱丽丝梦游仙境》及《诸神之战》等。

　　Keylight 能够无缝集成到一些世界领先的合成和编辑系统，包括 Autodesk 媒体和娱乐系统、Avid DS、Fusion、NUKE、Shake 和 Final Cut Pro。Keylight 现在被内置到 Adobe After Effects 中，以增强 After Effects 的键控功能。从某种意义上说，一些常用的键控制作，After Effects 原有的一些颜色键控效果已被 Keylight 的功能所覆盖，Keylight 能够更好更容易地进行常用的键控处理。

　　Keylight 的参数较多，但使用起来也很容易上手。常用的参数如图 12-31 所示。

图 12-31　Keylight 效果

- View：视图方式，其下有多个选项。
- Source：在视窗中显示源图像。
- Source Alpha：源图像的 Alpha 通道。
- Corrected Source：校正源图像。
- Colour Correction Edges：校正边缘颜色。
- Screen Matte：显示被键出颜色后的蒙版。
- Inside Mask：当在图像上绘制并指定了内部蒙版时，显示内部蒙版。
- Outside Mask：当在图像上绘制并指定了外部蒙版时，显示外部蒙版。
- Combined Matte：合并后的蒙版。显示被键出颜色后的蒙版以及内、外蒙版合并后的蒙版效果。
- Status：状态，用以检查键控的蒙版状态，这个选项能夸张地显示当前键控蒙版的效果，黑色为透明，白色为不透明，灰色为半透明。

- Intermediate Result：中间结果。
- Final Result：最后结果，显示最终调整后的结果。
- Unpremultiply Result：非预乘结果选项。
- Screen Colour：选择要键出的颜色，用吸管在对应颜色上单击即可。
- Screen Gain：屏幕增益，键控时用于调整 Alpha 的暗部区域的细节。
- Screen Balance：屏幕平衡，调节图像的颜色。
- Despill Bias：去除溢色的偏移。
- Alpha Bias：透明度偏移。可使 Alpha 通道像某一类颜色偏移。
- Lock Biases Together：锁定一起偏移。
- Screen PreBlur：模糊。原素材有噪点的时候，可以用此选项来模糊掉太明显的噪点，从而得到比较好的 Alpha 通道。
- Screen Matte：屏幕遮罩。
- Inside Mask：内部蒙版。建立和指定蒙版作为保留的区域，这个蒙版称为内部蒙版。
- Outside Mask：外部蒙版。建立和指定蒙版作为排除的区域，这个蒙版称为外部蒙版。
- Foreground Colour Correction：前景颜色校正。
- EdgeColour Correction：边缘颜色校正。
- Source Crops：源画面修剪。
- 另外，Screen Matte（屏幕遮罩）也有以下比较常用的选项。
- Clip Black：修剪遮罩的暗部，增大数值会使暗部更暗，即更透明。
- Clip White：修剪遮罩的亮部，增大数值会使亮部更亮，即更实地显示。
- Clip Rollback：修剪回滚，用于恢复由于调节了以上两个参数以后损失的蒙版细节。
- Screen Shrink/Grow：屏幕收缩 / 扩展，当数值减小为负数时，键控主体的蒙版边缘收缩；当数值增大为正数时，蒙版边缘扩展。
- Screen Softness：屏幕柔化，即将蒙版的边缘或噪点进行柔化处理。
- Screen Despot Black：当蒙版的亮部区域有少许黑点或者灰点的时候（透明和半透明区域），调节此参数可以去除那些黑点和灰点。
- Screen Despot White：当蒙版的暗部区域有少许白点或者灰点的时候（不透明和半透明区域），调节此参数可以去除那些白点和灰点。
- Replace Method：替换方法。其后包含 None（无）、Source（源图像）、Hard Colour（生硬的颜色）、Soft Colour（柔和的颜色）这几项，即蒙版的边缘用什么方式来替换。

操作6：使用Keylight进行人物抠像

（1）将"绿幕人物 .png"拖至时间轴中，选择菜单"效果 > 键控 >Keylight"，然后在 Screen Colour 色块右侧选择█颜色吸取工具，在视图中背景上单击，指定要键控的颜色，如图 12-32 所示。

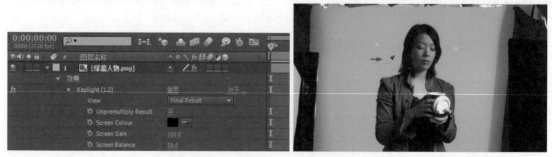

图 12-32　使用 Keylight 效果

（2）吸取颜色之后，绿色背景被轻松键出，如图 12-33 所示。

图 12-33　吸取背景颜色

（3）将 View 选择为 Screen Matte，查看键控的通道，如图 12-34 所示。

图 12-34　查看键控通道

（4）其中保留的图像为白色区域，要求越白越好，键出的部分为黑色，要求越黑越好。因为灰色部分为半透明的像素，属于残留的背景。放大人物局部，可以看到有部分半透明的像素，如图 12-35 所示。

图 12-35　查看半透明的灰色区域

（5）在 Screen Matte 下设置 Clip Black 为 20，将背景中两处半透明的区域消除掉，设置 Clip White 为 80，将身体上的半透明区域消除掉，如图 12-36 所示。

图 12-36　消除灰色区域

（6）将 View 选择为 Final Result，查看键控效果，如图 12-37 所示。

图 12-37　预览效果

（7）对于边角的其他部分，可以使用钢笔工具绘制图层蒙版来去除，如图 12-38 所示。

图 12-38　使用蒙版排除画面边角内容

（8）将"光斑背景 2.mov"拖至时间轴底层，查看效果，对比键控细节，一定会发现 Keylight 明显比前面操作中使用"颜色键"处理的效果要好，如图 12-39 所示。

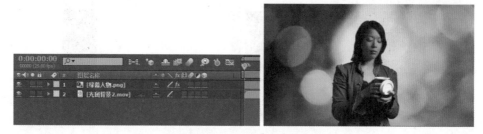

图 12-39　添加背景预览效果

操作7：使用Keylight键控头发

（1）将"头发 01.mov"拖至时间轴中，选择菜单"效果 > 键控 >Keylight"命令，然后在 Screen Colour 色块右侧选择 颜色吸取工具，在视图中背景上单击，指定要键控的颜色，如图 12-40 所示。

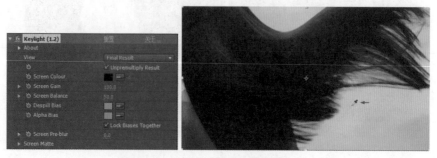

图 12-40　使用 Keylight 效果

（2）吸取颜色后，发现人和身体因为颜色相近，也被键出，如图 12-41 所示。

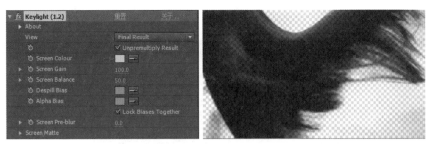

图 12-41 预览效果

（3）选中"头发 01.mov"层，在左下角绘制一个"蒙版 1"，设置为"无"运算方式。然后将 Insert Mask 下的 Inside Mask 设为"蒙版 1"，如图 12-42 所示。

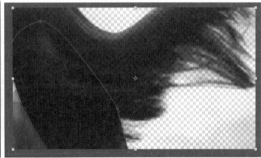

图 12-42 添加蒙版

（4）将 View 选择为 Combined Matte，查看合并的蒙版效果，如图 12-43 所示。

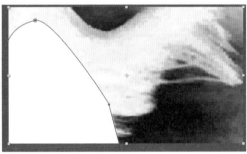

图 12-43 查看合并的蒙版效果

（5）这里将 Clip Black 设为 18，将 Clip White 设为 80，进一步调整黑色和白色区域，如图 12-44 所示。

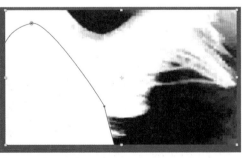

图 12-44 调整黑色和白色区域

（6）然后将 Screen Gain 设为 81，将 Screen Balance 设为 25，将 Replace Method 设为 Source，将 View 设回 Final Result 查看，这样得到较好的头发键控效果。另外再调整一些辅助参数设置，将 Screen

Pre-blur 设为 3，将 Screen Shrink/Grow 设为 -1.5，将 Screen Softness 设为 2，如图 12-45 所示。

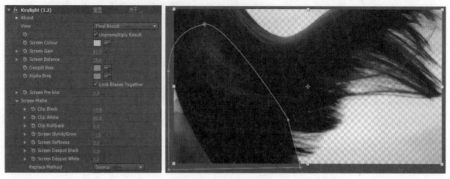

图 12-45　调整辅助参数

（7）将"光斑背景 2.mov"拖至时间轴底层，查看合成效果，可以看到右上角有明显的残留颜色，如图 12-46 所示。

图 12-46　添加背景预览效果

（8）将时间移至最后一帧，选中"头发 01.mov"层，在右上角绘制一个"蒙版 2"，并设置为"无"运算方式，单击打开"蒙版 2""蒙版路径"前的秒表，记录关键帧，如图 12-47 所示。

图 12-47　设置蒙版关键帧

（9）将 Outside Mask 下的 Outside Mask 设为"蒙版 2"，将 Outside Mask Softness 设为 500，减弱右上角残留的颜色，如图 12-48 所示。

图 12-48　减弱残留颜色

（10）将时间移至第 0 帧处，参照头发部分画面的位置，调整"蒙版 2"的位置，记录关键帧，如图 12-49 所示。

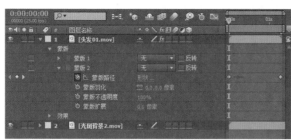

图 12-49　设置蒙版关键帧

提示： 可以将Keylight下的View选择为Combined Matte方式查看黑白遮罩的对比来绘制蒙版，尽量将人物和头发之外的区域遮挡为黑色，即使其变得透明。

（11）最后，查看动态效果 3，如图 12-50 所示。

图 12-50　预览动画效果

12.7　键控组和遮罩组的其他效果

1. 颜色差值键效果

颜色差值键效果通过将图像分为"遮罩部分 A"和"遮罩部分 B"两个遮罩，在相对的起始点创建透明度。"遮罩部分 B"使透明度基于指定的主色，而"遮罩部分 A"使透明度基于不含第二种不同颜色的图像区域。通过将这两个遮罩合并为第三个遮罩（称为"Alpha 遮罩"），颜色差值键效果可创建明确定义的透明度值。

颜色差值键效果可为以蓝屏或绿屏为背景拍摄的所有亮度适宜的素材项目实现优质抠像，特别适合包含透明或半透明区域的图像，如烟、阴影或玻璃。此效果适用于 8-bpc 和 16-bpc 颜色，如图 12-51 所示。

图 12-51　颜色差值键

（1）选择要使其部分透明的图层，然后选择"效果 > 键控 > 颜色差值键"。要在"图层"面板中使用任何吸管，请从"图层"面板的"视图"菜单中选择"颜色差值键"。

（2）在"效果控件"面板中，从"视图"菜单中选择"已校正遮罩"。要同时查看和比较源图像、两个部分遮罩和最终遮罩，请在"视图"菜单中选择"已校正 [A，B，遮罩]，最终"。"视图"菜单中的其他可用视图如第 10 步中所述。

（3）选择适当的主色：要抠出蓝屏，请使用默认的蓝色。要抠出非蓝屏，请使用以下方法之一选择主色：①缩览图吸管：选择"合成"面板或原始缩览图图像，然后单击此面板或此图像的相应区域。②主色吸管：选择"合成"或"图层"面板，然后单击此面板的相应区域。③主色色板：从指定颜色空间单击以选择颜色。吸管工具可相应地移动滑块。使用第 9 步中所述的滑块可微调抠像结果。

（4）单击▣遮罩按钮以将最终合并的遮罩显示在遮罩缩览图中。

（5）选择"黑色"吸管，然后在最亮的黑色区域的遮罩缩览图内单击，以指定透明区域，将调整缩览图和"合成"面板中的透明度值。

（6）选择"白色"吸管，然后在最暗的白色区域的遮罩缩览图内单击，以指定不透明区域，将调整缩览图和"合成"面板中的不透明度值。

要实现尽可能最佳的抠像，请使黑白区域尽可能不同，以使图像保留尽可能多的灰色阴影。

（7）从"颜色匹配准确度"菜单中选择匹配准确度。如果不使用非主要颜色（红色、蓝色或黄色）的屏幕，则选择"更快"。对于这些主要颜色屏幕，则选择"更准确"，这样会增加渲染时间，但可产生更好的结果。

（8）要进一步调整透明度值，请对一个或两个部分遮罩重复第5步和第6步。单击"部分遮罩B"按钮或"部分遮罩A"按钮，以选择部分遮罩，然后重复这些步骤。

（9）在"遮罩控件"部分拖动以下一个或多个滑块，为每个部分遮罩和最终遮罩调整透明度值：①"黑色"滑块用于调整每个遮罩的透明度水平。可以使用"黑色"吸管调整同样的水平。②"白色"滑块用于调整每个遮罩的不透明度水平。可以使用"白色"吸管调整同样的水平。③"灰度系数"滑块用于控制透明度值遵循线性增长的严密程度。值为1（默认值），则增长呈线性。其他值可产生非线性增长，以供特殊调整或视觉效果使用。

（10）在调整单独的遮罩时，可从"视图"菜单中选择选项来比较包含调整的遮罩和不含调整的遮罩：①选择"未校正"，可查看不含调整的遮罩。②选择"已校正"，可查看包含所有调整的遮罩。

（11）在关闭"效果控件"面板之前，从"视图"菜单中选择"最终输出"。必须选择"最终输出"，After Effects才渲染透明度。

要从图像中移除反射的主色的痕迹，请通过对"颜色准确度"使用"更好"来应用"溢出抑制"。如果图像仍有很多颜色，则应用简单阻塞工具或遮罩阻塞工具效果。

2. 颜色范围效果

颜色范围效果可创建透明度，具体方法是在Lab、YUV或RGB颜色空间中抠出指定的颜色范围。可以在包含多种颜色的屏幕上，或在亮度不均匀且包含同一颜色的不同阴影的蓝屏或绿屏上，使用此抠像。此效果适用于8-bpc颜色，如图12-52所示。

使用颜色范围效果：

（1）选择要使其部分透明的图层，然后选择"效果 > 抠像 > 颜色范围"。

（2）从"颜色空间"菜单中选择Lab、YUV或RGB。如果使用一种颜色空间难以隔离主体，则尝试使用其他颜色空间。

（3）选择"主色"吸管，然后单击遮罩缩览图，以选择"合成"面板中要使其透明的颜色所对应的区域。通常，第一种颜色即覆盖图像最大区域的颜色。要在"图层"面板中使用吸管，请从"图层"面板的"视图"菜单中选择"颜色范围"。

（4）选择加号吸管，然后单击遮罩缩览图中的其他区域，以将其他颜色或阴影添加到为透明度抠出的颜色的范围中。

（5）选择减号吸管，然后单击遮罩缩览图中的区域，以从抠出的颜色的范围中去除其他颜色或阴影。

（6）拖动"模糊"滑块，以柔化透明和不透明区域之间的边缘。

（7）使用"最小值"和"最大值"控件中的滑块，微调使用加号和减号吸管选择的颜色范围。L、Y、R滑块可控制指定颜色空间的第一个分量；a、U、G滑块可控制第二个分量；b、V、B滑块可控制第三个分量。拖动"最小值"滑块，以微调颜色范围的起始颜色。拖动"最大值"滑块，以微调颜色范围的结束颜色。

3. 差值遮罩效果

差值遮罩效果可创建透明度，具体方法是比较源图层和差值图层，然后抠出源图层中与差值图层中的位置和颜色匹配的像素。通常，此效果用于抠出移动对象后面的静态背景，然后将此对象放在其他背景上。差值图层通常只是背景帧素材（在移动对象进入此场景之前）。因此，差值遮罩效果最适用于使用固定摄像机和静止背景拍摄的场景。此效果适用于 8-bpc 和 16-bpc 颜色，如图 12-53 所示。

图 12-52　颜色范围

图 12-53　差值遮罩效果

使用差值遮罩效果：

（1）选择运动素材图层作为源图层。

（2）在源图层中，找到仅包含背景的帧，并将此背景帧另存为图像文件。

（3）将此图像文件导入 After Effects，并将其添加到合成中。导入的图像将成为差值图层。确保其持续时间至少像源图层的持续时间一样长。如果拍摄的内容不包含完整的背景帧，则可以通过在 After Effects 或 Photoshop 中合并几个帧的部分来组合完整的背景。例如，可以使用仿制图章工具对一个帧中的背景采样，然后在另一个帧的部分背景上绘画样本。

（4）单击"时间轴"面板中的"视频"开关，以关闭差值图层的显示。

（5）确保选择原始源图层，然后选择"效果 > 抠像 > 差值遮罩"。

（6）在"效果控件"面板中，从"视图"菜单中选择"最终输出"或"仅限遮罩"。（使用"仅限遮罩"视图可检查透明度的缺口。要在完成抠像过程后填充不需要的缺口，请参阅使遮罩中的缺口闭合。）

（7）从"差值图层"菜单中选择背景文件。

（8）如果差值图层的大小与源图层不同，请从"如果图层大小不同"菜单中选择以下控件之一：①居中对齐：将差值图层放在源图层的中央。如果差值图层比源图层小，则此图层的其余部分使用黑色填充。②拉伸以适合：将差值图层伸展或收缩到源图层的大小。背景图像可能会变扭曲。

（9）调整"匹配容差"滑块，以根据图层之间的颜色必须匹配的严密程度，指定透明度数量。值越低，透明度越低；值越高，透明度越高。

（10）调整"匹配柔和度"滑块，以柔化透明和不透明区域之间的边缘。值越高，匹配的像素越透明，但匹配像素的数量不会增加。

（11）如果遮罩仍然包含外部像素，则在调整"差值"滑块之前先调整"模糊"滑块。在做出比较之前，此滑块可通过使两个图层略微变模糊来抑制杂色。仅在比较时，这些图层才变模糊，不会使最终输出变模糊。

（12）在关闭"效果控件"面板之前，确保从"视图"菜单中选择"最终输出"，以此确保 After Effects 渲染透明度。

4. 简单阻塞工具效果

简单阻塞工具效果，在"效果 > 遮罩"下，可以小增量缩小或扩展遮罩边缘，以便创建更整洁的遮罩。"最终输出"视图用于显示应用此效果的图像，"遮罩"视图用于为包含黑色区域（表示透明度）和白色区域（表示不透明度）的图像提供黑白视图。"阻塞遮罩"用于设置阻塞的数量。负值用于扩展遮罩；正值用于阻塞遮罩。此效果适用于 8-bpc、16-bpc 和 32-bpc 颜色，如图 12-54 所示。

5. 遮罩阻塞工具效果

遮罩阻塞工具效果，在"效果 > 遮罩"下，可重复一连串阻塞和扩展遮罩操作，以在不透明区域填充不需要的缺口（透明区域）。重复是必需的，因为必须阻塞和扩展整个遮罩；扩展可填充缺口，但必须抑制遮罩边缘才能保持遮罩形状。

阻塞和扩展的过程分为两个阶段，每个阶段都有其自己的一组相同的控件。通常，第二个阶段执行第一个阶段的相反操作。在完成指定次数的来回调整（遮罩阻塞工具效果自动处理此过程）后，缺口填充完毕。此效果适用于 8-bpc 和 16-bpc 颜色。

可以使用遮罩阻塞工具效果仅使 Alpha 通道变模糊。要使用此效果使 Alpha 通道变模糊，请将"灰色阶柔和度"设置为 100%，如图 12-55 所示。

图 12-54　简单阻塞工具　　　　　　　　　　图 12-55　遮罩阻塞工具

使遮罩中的缺口闭合：

（1）选择图层，然后选择"效果 > 遮罩 > 遮罩阻塞工具"。

（2）设置第一个阶段的控件（前三个属性），以在不改变遮罩形状的情况下，尽可能远地扩展遮罩，设置如下。

① 几何柔和度：指定最大扩展或阻塞量（以像素为单位）。

② 阻塞：设置阻塞数量。负值用于扩展遮罩；正值用于阻塞遮罩。

③ 灰色阶柔和度：指定使遮罩边缘柔和的程度。值为 0%，遮罩边缘仅包含完全不透明值和完全透明值。值为 100%，遮罩边缘包含完整的灰色值范围，但可能看似模糊。

（3）设置第二个阶段的控件（后三个属性），以阻塞遮罩，阻塞数量与在第一个阶段扩展遮罩的数量相同。

（4）（可选）使用"迭代"属性指定 After Effects 重复扩展和阻塞顺序的次数。您可能需要尝试一些其他设置，以使此顺序重复所需次数，使所有不需要的缺口闭合。

第 13 章

蒙版抠像

除了键控组效果以及可以辅助其设置的遮罩组效果对画面进行抠像，分离背景产生局部透明图像之外，蒙版也可以遮挡画面产生局部透明图像，面对不同的素材，在键控效果不理想的情况下，可以考虑使用蒙版抠像来解决问题。本章对蒙版抠像进行列举和讲解，包括自动跟踪产生蒙版的功能和使用 Roto 技术进行跟踪和抠像的操作。

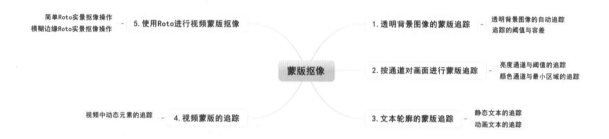

13.1 透明背景图像的蒙版追踪

在 AE 中可以为透明图像使用"自动追踪"操作检测出边缘轮廓，建立蒙版路径，可以在原图层上建立蒙版，也可以生成一个添加了追踪蒙版的纯色层。

操作文件位置：光盘 \AE CC 手册源文件 \CH13 操作文件夹 \CH13 操作 .aep

操作1：透明背景图像的自动追踪

（1）打开对应合成，选中带有透明背景的路牌图层，选择菜单"图层 > 自动追踪"命令，在打开的对话框中勾选"预览"，可以在合成视图中查看设置对应的蒙版效果。设置"时间跨度"为"当前帧"，设置"通道"为 Alpha，设置"容差"为 1 像素，"最小区域"为 10 像素，"阈值"为 100%，"圆角值"为 0%，勾选"应用到新图层"，如图 13-1 所示。

图 13-1　设置自动追踪

（2）单击"确定"按钮，在时间轴中新建添加了蒙版的纯色层，在视图中可以看到图像边缘自动建立蒙版，如图 13-2 所示。

图 13-2　应用自动追踪

操作2：追踪的阈值与容差

（1）打开对应的合成，选中带有通明背景的放射条图层，选择菜单"图层＞自动追踪"，在打开的对话框中勾选"预览"，在合成视图中查看设置对应的蒙版效果。设置"时间跨度"为"当前帧"，设置"通道"为 Alpha，设置"容差"为 1 像素，"最小区域"为 10 像素，"阈值"为 0%，"圆角值"为 0%，勾选"应用到新图层"。此时由于"阈值"为 0%，忽略透明背景的存在，为整个画面建立一个矩形的蒙版，如图13-3 所示。

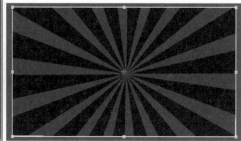

图 13-3　"阈值"为 0% 时

（2）将"阈值"设为 100%，将视整个画面为透明状态，没有产生蒙版，如图 13-4 所示。

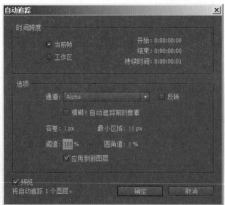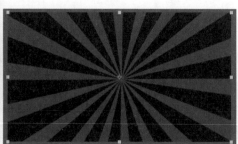

图 13-4　"阈值"为 100% 时

（3）拖动"阈值"的数值，对照预览的蒙版效果，可以在一个区间内找到一个合适的数值，为放射条建立蒙版，如图 13-5 所示。

图 13-5　调整"阈值"为合适的数值

（4）"容差"值设的过小，蒙版路径会产生过多的锚点。因为这里图像边缘对比较大，所以可以增大"容差"数值，减小产生的路径锚点，如图 13-6 所示。

图 13-6　调整容差

13.2　按通道对画面进行蒙版追踪

对于没有 Alpha 通道的图像，可以通过 RGB 颜色或明暗对比度来分析图像中是否有可能分离出局部的内容，使用"自动追踪"操作，设置合理的分析依据，仍然可以追踪建立需要的蒙版。

操作3：亮度通道与阈值的追踪

（1）打开对应的合成，这是一幅没有透明背景的图像，不过通过画面中的亮度仍然可以区分出近处的山岭与远处的山岭。选择菜单"图层 > 自动追踪"命令，在打开的对话框中勾选"预览"，在合成视图中查看设置对应的蒙版效果。设置"时间跨度"为"当前帧"，设置"通道"为"明亮度"，勾选"反转"，设置"容差"为 10 像素，"最小区域"为 10 像素，"圆角值"为 0%，勾选"应用到新图层"。 对照合成预览蒙版效果，拖动"阈值"的数值，为画面近处的山岭建立蒙版，此时的"阈值"为 70%，如图 13-7 所示。

图 13-7　调整"阈值"为近处山岭建立蒙版

（2）调整"阈值"为合适的数值，可以为远处的山岭也建立蒙板，例如"阈值"为40%和22%时蒙版的区域分别如图13-8所示。

图13-8 调整"阈值"为远处山岭建立蒙版

操作4：颜色通道与最小区域的追踪

（1）打开对应的合成，这幅图像通过颜色可以区分出绿色的近景与蓝色的远景。选择菜单"图层 > 自动追踪"命令，在打开的对话框中勾选"预览"，在合成视图中查看设置对应的蒙版效果。设置"时间跨度"为"当前帧"，设置"通道"为"蓝色"，勾选"反转"，设置"容差"为10像素，"最小区域"为50像素，"圆角值"为0%，勾选"应用到新图层"。 对照合成预览蒙版效果，拖动"阈值"的数值，将其调整为50%，为画面近处的山坡与树建立蒙版，如图13-9所示。

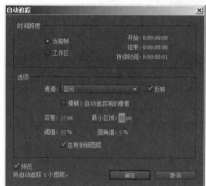

图13-9 设置颜色通道

（2）将"最小区域"调整为3像素，可以看出在树的枝叶中建立多个较小空隙的蒙版，如图13-10所示。

图13-10 调整"最小区域"

（3）单击"确定"按钮在时间轴中建立有追踪蒙版的纯色层，可以设置图像层的轨道遮罩来显示蒙版区域的图像，如图13-11所示。

图 13-11　将追踪蒙版作为轨道遮罩

（4）在时间轴底层放置一个蓝天白云的图像，并设置白云移动的动画，如图 13-12 所示。

图 13-12　添加背景动画

提示： 如果山坡草地边缘显示有部分远景画面，可以调整纯色层上对应的蒙版路径来改善显示范围。

13.3　文本轮廓的蒙版追踪

文本层因为具有透明的背景，比较容易追踪建立相应的蒙版路径，并且可以为动画的文本进行整体的蒙版追踪。由于文字对清楚度要求较高，追踪设置也要相应提高精度。

操作5：静态文本的追踪

（1）在合成中建立 AE CC 文本，如图 13-13 所示。

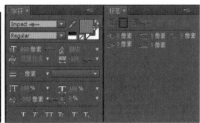

图 13-13　建立文本

（2）选中文本层，选择菜单"图层 > 从文本创建蒙版"命令，自动建立具有文本轮廓蒙版的纯色层，如图 13-14 所示。

图 13-14　从文本创建蒙版

（3）选中文本层，选择菜单"图层 > 从文本创建形状"命令，自动建立具有文本轮廓的形状层，如图 13-15 所示。

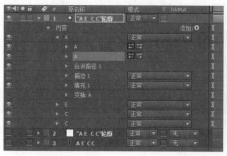

图 13-15　从文本创建形状

操作6：动画文本的追踪

（1）在合成中建立 After Effects CC 文本，如图 13-16 所示。

图 13-16　建立文本

（2）将文本层启用逐字 3D 化，在第 0 帧和第 2 秒处，设置文本的位置动画关键帧，并在第 2 秒处按 N 键设置工作区出点，如图 13-17 所示。

图 13-17　设置文本动画和工作区

（3）选择菜单"图层 > 自动追踪"命令，在打开的对话框中勾选"预览"，在合成视图中查看设置对应的蒙版效果。设置"时间跨度"为"工作区"，设置"通道"为 Alpha，设置"容差"为 1 像素，"最小区域"为 1 像素，"阈值"为 1%，"圆角值"为 0%，如图 13-18 所示。

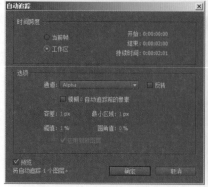

图 13-18　设置工作区范围的逐帧追踪

（4）单击"确定"按钮，进行逐帧追踪运算。运算完毕后在工作区范围内建立逐帧追踪的文字动画蒙版，如图 13-19 所示。

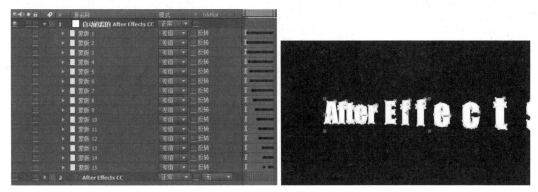

图 13-19　应用逐帧追踪

（5）查看动画蒙版，如图 13-20 所示。

图 13-20　预览动画蒙版

13.4　视频蒙版的追踪

与图像的自动追踪相比，视频的自动追踪将对图层进行逐帧分析，然后在合成工作区的范围内生成逐帧的关键帧。

操作7：视频中动态元素的追踪

（1）同样，对于视频画面，也可以进行逐帧追踪创建蒙版，例如在时间轴中放置具有透明背景的动态元素视频"打板.mov"，选择菜单"图层 > 自动追踪"命令，在打开的对话框中勾选"预览"，在合成视图中查看设置对应的蒙版效果。设置"时间跨度"为"工作区"，设置"通道"为 Alpha，设置"容差"为 10 像素，"最小区域"为 1 像素，"阈值"为 1%，"圆角值"为 0%，单击"确定"按钮，将进行逐帧追踪运算。运算完毕后建立逐帧追踪的动画蒙版，如图 13-21 所示。

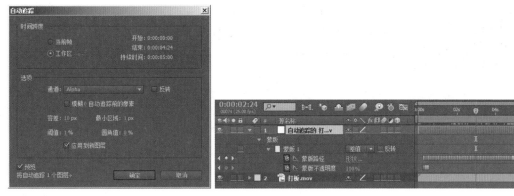

图 13-21　进行视频追踪

（2）查看动画蒙版，如图 13-22 所示。

图 13-22　预览动画蒙版

13.5　使用 Roto 进行视频蒙版抠像

使用蓝幕或绿幕进行拍摄是抠像的一种较好方案，但仍有很多情况不方便使用幕布拍摄，此时抠像往往使用看起来较"笨拙"实则要求较"高级"的 Roto 技术。Rotoscoping 是一种动画制作技术，动画师将实拍影片的运动逐帧地跟踪描绘出来。Roto 抠像就是为动态影像内容使用逐帧绘制蒙版的方法，将其中需要的部分抠出使用。在电影或电视剧的特效制作中，往往有众多的场景镜头需要专人进行 Roto 处理，然后进一步合成和制作。AE 中 Roto 笔刷可以有效地帮助 Roto 人员提高工作效率。

操作8：简单Roto实景抠像操作

（1）将"握手.mov"拖至项目面板的[图]新建合成按钮上释放，按素材的属性新建合成。如果是将素材添加到现有的时间轴中，要确认素材与合成的帧速率保持一致。

这里准备把两只握着的手及衣袖从背景中分离出来，查看前景内容与背景内容的区别，由于前景衣袖的灰白色与背景相似，因此使用颜色、亮度等方式的键控方法都难以奏效。不过这段视频中也有一些明显的特征，那就是作为前景的握手动作的主体及衣服、衣袖、手的边缘都比较清晰，而背景则有个景深虚化效果，比较模糊，前景与背景有比较明确的边缘分界，这些特征可以很容易地使用 Roto 笔刷来区分开前景和背景。

（2）从工具栏中选择[图]工具（Roto 笔刷和调整边缘工具，快捷键为 Alt+W）。

（3）确认使用"完整"的查看方式，即使用最高分辨率，这对于使用 Roto 等精细操作很重要。双击"握手.mov 图层"，打开其图层视图面板。

（4）在画面中胳膊与手的中线上建立一条笔划，这样软件自动检测前后景边缘，建立选区，如图 13-23 所示。

图 13-23　设置和建立选区

（5）在图层视图面板左下方可以看到当前这一帧即为 Roto 抠像的基础帧，也称为基帧，之后默认有 20 帧将按基帧的信息来自动跟踪和计算前景与背景的边缘，这个 20 帧的范围称为帧范围。由于这个 Roto 较为简单，可以将鼠标移动到帧范围的右端，指针变化为左右指向的箭头，按下鼠标向右拖动至素材的结尾处，将帧范围延长至结尾，如图 13-24 所示。

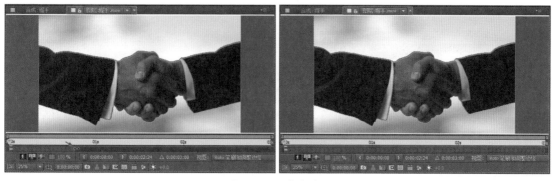

图 13-24　调整帧范围

（6）按 Page Down 键或主键盘上的 2 键向右渲染一帧，查看 Roto 跟踪效果。由于这里跟踪比较顺利，也可以按空格键或小键盘的 0 键，这样连续渲染 Roto 跟踪效果。查看跟踪过程中如果从某一帧开始有不正确的边缘检测结果，可以在这一帧使用 工具建立添加补充的选区，或者按住 Alt 键的同时使用 工具建立排除选区，这样建立新的基帧，并从这一帧开始新的跟踪计算。

（7）渲染完毕后，切换回合成视图面板，查看抠出背景的效果，如图 13-25 所示。

图 13-25　渲染跟踪效果

查看时间轴中的图层，添加了"Roto 笔刷和调整边缘"效果，此时，按 UU 键（快速按两次 U 键），展开效果下有变动的属性，所绘制的一笔为"前景 1"，并显示相应的描边属性和变换属性，如图 13-26 所示。

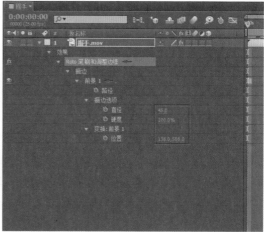

图 13-26　查看时间轴

（8）从项目面板中将"风云.mov"拖至时间轴底层，查看"握手.mov"叠加在新背景上的效果，放大局部可以看到前景边缘有残留的背景，如图 13-27 所示。

图 13-27　检查边缘

（9）确认"微调 Roto 笔刷遮罩"为"开"，展开"Roto 笔刷遮罩"，设置"羽化"为 15，"移动边缘"为 -30%，将"使用运动模糊"设为"开"，"净化边缘颜色"设为"开"，"增加净化半径"设为 1，如图 13-28 所示。

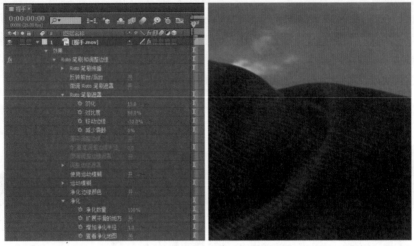

图 13-28　修复边缘残留颜色

（10）最后，可以为背景的动态"风云.mov"添加一点模糊效果，渲染预览结果，完成 Roto 实景抠像操作，如图 13-29 所示。

图 13-29　预览效果

操作9：模糊边缘Roto实景抠像操作

（1）将"看屏幕.mov"拖至项目面板的 新建合成按钮上释放，按素材的属性新建合成。这里准备将人物所面对的屏幕内容抠出来，替换成新的画面。查看需要抠除的屏幕亮度较高，边缘也比较清晰，只不过在与人物之间的边缘有一定的模糊效果，为抠除操作增加了一定的难度，这里将利用 和 两个工具来进行抠除操作。

（2）从工具栏中选择 工具（Roto 笔刷和调整边缘工具，快捷键为 Alt+W）。

（3）确认使用"完整"的查看方式，即使用最高分辨率。双击"看屏幕.mov 图层"，打开其图层视图面板。

先按住 Ctrl 键在屏幕中按下并拖动鼠标，这样改变画笔笔刷的大小，这里调整其直径为 100 像素，可以在"画笔"面板中查看其直径大小及其他相关设置，如果没有显示"画笔"面板，可以选择"窗口 > 画笔"打开其显示，如图 13-30 所示。

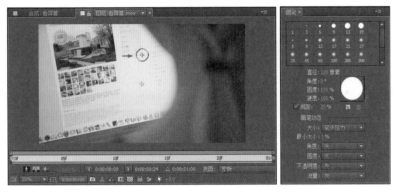

图 13-30　调整画笔

（4）在画面中的屏幕上建立一个圆圈笔划，这样软件自动检测屏幕边缘，建立选区，如图 13-31 所示。

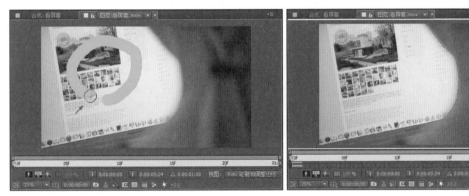

图 13-31　建立选区

（5）在图层视图面板左下方可以看到，有 20 帧按基帧的信息来自动跟踪边缘，按 Page Down 键或主键盘上的 2 键向右渲染一帧，也可以按空格键或小键盘的 0 键，这样连续渲染 Roto 跟踪效果。查看从第 0 帧至第 19 帧的跟踪过程中，边缘检测比较顺利，如图 13-32 所示。

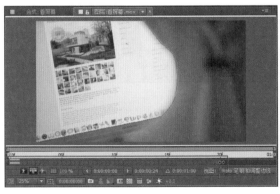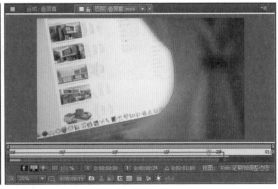

图 13-32　渲染跟踪

（6）这里在第 20 帧处 Roto 则处于未定义状态。将鼠标移动到帧范围的右端，指针变化为左右指向的箭头，按下鼠标向右拖动至素材的结尾处，将帧范围延长至结尾，这样，从 20 帧至结尾沿用第 0 帧处基帧的设置进行跟踪，如图 13-33 所示。

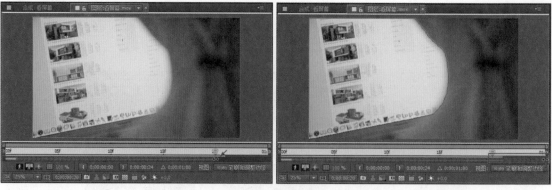

图 13-33　调整帧范围

（7）渲染完毕后，切换回合成视图面板，在时间轴中选中"看屏幕.mov"层，按UU键（快速按两次U键），展开效果下有变动的属性，所绘制的一笔为在第0帧处为基帧的"前景1"，同时显示笔刷直径等相关属性，如图13-34所示。

图 13-34　查看跟踪结果

（8）重新展开"Roto 笔刷和调整边缘"效果，将"反转前台/后台"设为"开"，查看画面中的屏幕被抠出，如图13-35所示。

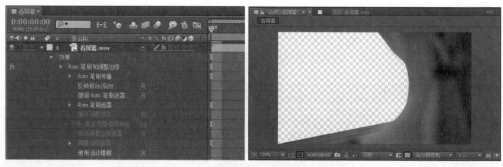

图 13-35　设置反转

（9）此时的边缘有残留的颜色，并且不平滑，如图13-36所示。

图 13-36　检查边缘残留颜色

（10）在"看屏幕.mov"图的"Roto 笔刷和调整边缘"效果下将"羽化"设为 50，将"移动边缘"设为 -30%，将"净化边缘颜色"设为"开"，如图 13-37 所示。

图 13-37　修复边缘

（11）此时再对比人物在 Roto 之前与之后的边缘模糊效果仍有一定的差距，Roto 之后的边缘过于清晰，如图 13-38 所示。

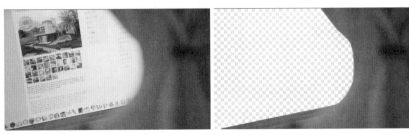

图 13-38　对比边缘模糊效果

（12）在工具栏中选择█工具，在时间轴中双击"看屏幕.mov"层，打开其图层视图面板，可以在层视图面板的底部更改视图通道的查看方式，选择"RGB 直接"便于参照原视频原始边缘来绘制，如图 13-39 所示。

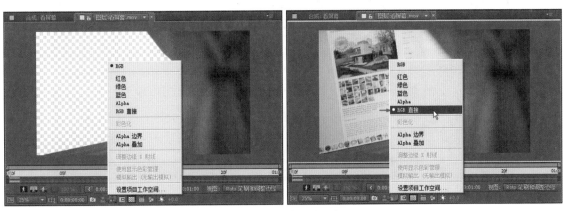

图 13-39　选择查看方式

（13）仍然使用笔刷直径为 100 像素的█工具，沿人物与屏幕之间的边缘绘制路径，这样建立边缘调整笔刷的基帧，如图 13-40 所示。

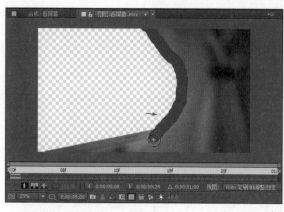

图 13-40　建立边缘调整笔刷

（14）在层视图面板的底部可以更改视图通道的查看方式，例如选择"Alpha"方式或者"Alpha 边界"等方式查看边缘效果，如图 13-41 所示。

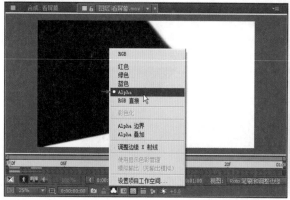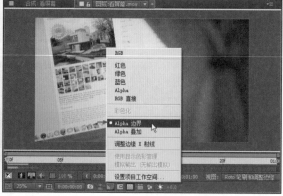

图 13-41　选择查看方式

（15）在时间轴中新增了一个基帧在第 0 帧的"边缘调整 1"。切换回合成视图，当前人物的边缘模糊效果有了很大改善，如图 13-42 所示。

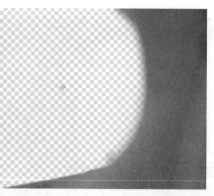

图 13-42　预览边缘模糊效果

（16）重新展开"Roto 笔刷和调整边缘"效果，在"调整边缘遮罩"下将"羽化"设为 10，将"移动边缘"设为 10%，将人物边缘模糊效果增加一些，另外查看人物边缘下部有部分不平滑，如图 13-43 所示。

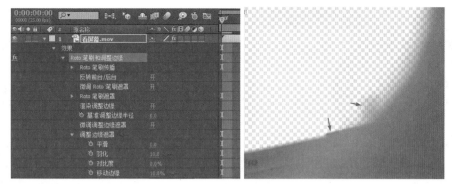

图 13-43 调整边缘模糊效果

（17）在时间轴中选中第 0 帧处的基帧"边缘调整 1"，双击图层切换到图层视图面板，在层视图面板的底部可以更改视图通道的查看方式，选择"Alpha"方式查看边缘效果，如图 13-44 所示。

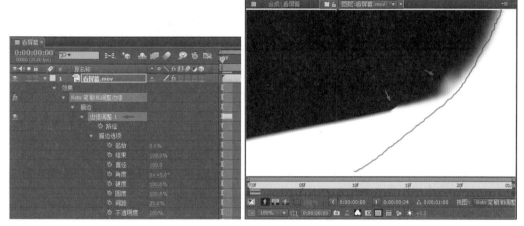

图 13-44 选择查看方式

（18）在"边缘调整 1"的"描边选项"下，用鼠标拖动"结束"的数值，使路径缩短，直到观察 Alpha 通道的边缘平滑，此时的数值为 70，如图 13-45 所示。

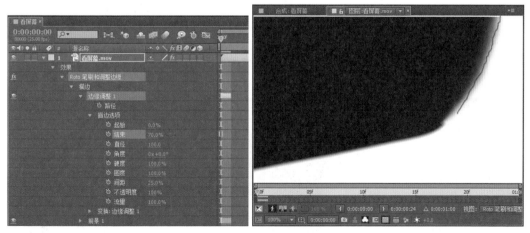

图 13-45 调整路径长度

（19）这样处理好边缘效果，渲染 Roto 结果，然后切换回合成视图，如图 13-46 所示。

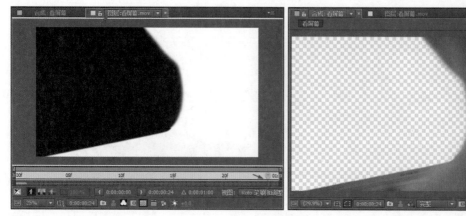

图 13-46　预览边缘效果

（20）以上完成了 Roto 部分的操作，如果要为屏幕添加新的图像，不仅仅是在底层放置一个图像即可，因为动态视频的缘故，还需要使图像与视频中的笔记本一起移动。可以使用跟踪运动或创建 3D 摄像机跟踪器的方法。这里在"看屏幕.mov"层上右击，选择菜单"跟踪摄像机"命令，添加一个"3D 摄像机跟踪器"，并自动进行计算分析，如图 13-47 所示。

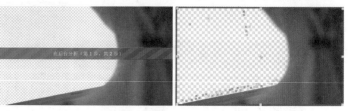

图 13-47　添加跟踪摄像机

（21）计算完成后，单击"3D 摄像机跟踪器"下的"创建摄像机"按钮，创建摄像机层，如图 13-48 所示。

图 13-48　创建摄像机

（22）单击选中"3D 摄像机跟踪器"效果名称，在合成视图面板中按住 Shift 键选中形成笔记本屏幕平面的三个跟踪点，右击，选择弹出菜单中的"创建实底"命令，建立一个新的纯色平面，如图 13-49 所示。

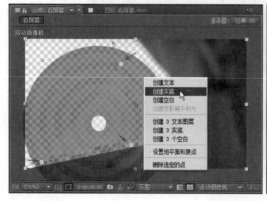

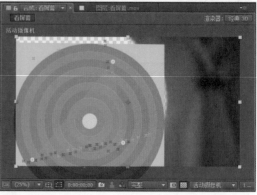

图 13-49　创建平面层

（23）在时间轴中将新建立的纯色层移至底层，如图 13-50 所示。

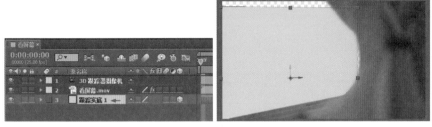

图 13-50　移动图层顺序

（24）选中纯色层，按住 Alt 键从项目面板中将"屏显图 .jpg"拖至其上释放，将其替换，如图 13-51 所示。

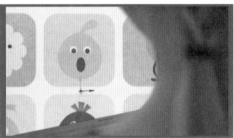

图 13-51　替换图层

（25）展开"屏显图 .jpg"层的"变换"属性进行适当的调整，将新的图像合成到动态的笔记本屏幕中，完成制作，如图 13-52 所示。

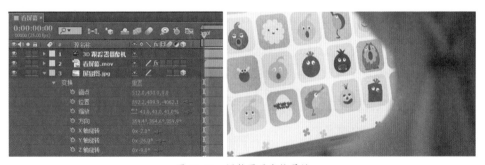

图 13-52　调整图层变换属性

第 14 章

文本动画

AE 中的文本功能强大，可以为整个文本图层的属性或单个字符的属性（如颜色、大小和位置）设置动画。可以使用文本动画器属性和选择器创建文本动画，3D 文本图层还可以包含 3D 子图层，每个字符一个子图层。文本图层也是矢量图层。与形状图层和其他矢量图层一样，文本图层也是始终连续地栅格化，因此在您缩放图层或改变文本大小时，它会保持清晰、不依赖于分辨率的边缘。本章专项列举和讲解 AE CC 中的文本动画功能操作。

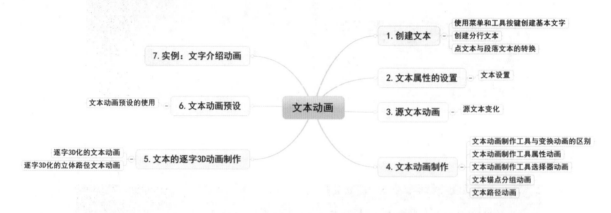

14.1 创建文本

AE 中的文本图层是在合成中创建产生，不存在于项目面板，也没有自身的图层面板，存在于合成的时间轴面板或合成视图面板。

操作文件位置：光盘 \AE CC 手册源文件 \CH14 操作文件夹 \CH14 操作 .aep

操作1：使用菜单和工具按键创建基本文字

（1）打开本章操作对应的合成，在时间轴中有一个"文本背景"层，如图 14-1 所示。

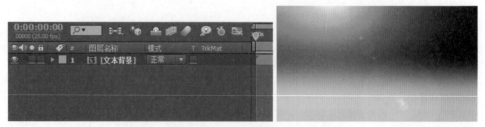

图 14-1　打开合成

（2）选择菜单"图层 > 新建 > 文本"命令，或者在时间轴空白处右击，选择菜单"新建 > 文本"命令，此时视图中心将有一个输入状态的光标，输入文字"NEWS"，然后按小键盘的 Enter 键结束输入状态，这样在时间轴中创建了一个文本层，并在"字符"面板中设置文字的字体、大小和颜色，在"段落"面板中设置为居中方式，如图 14-2 所示。

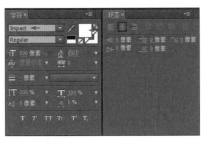

图 14-2　新建文本

（3）在时间轴中将文本层设为"叠加"模式，将"缩放"设为（200，200%），将"不透明度"设为10%，在"对齐"面板中单击水平和垂直居中按钮，如图 14-3 所示。

图 14-3　设置文本层

（4）在时间轴中先打开 NEWS 层的🔒锁定开关，在工具栏中选择🅣工具在合成视图中单击，出现一个输入状态的光标，输入文字"Information"，然后按小键盘的 Enter 键结束输入状态，这样在时间轴中创建了第二个文本层，并在"字符"面板中设置文字的字体、大小、颜色和字间距，在"段落"面板中设置为居中方式，如图 14-4 所示。

图 14-4　新建文本

提示： 因为下层的NEWS文字占据了合成视图，使用文本工具在视图上单击时，会激活NEWS层，使其处于修改状态。如果要新建文本而不想修改NEWS层，可以将其图层锁定。

（5）使用文本工具在 Information 层的文字上单击，或者双击时间轴中的文本层，都可以在视图中激活文本，在其处于修改状态下选中单词，并复制两份成一行文本，如图 14-5 所示。

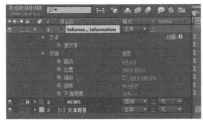

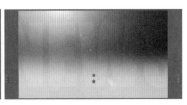

图 14-5　复制文本内容

（6）按 Ctrl+Y 键创建一个白色的名为"条块"的纯色层。在合成视图面板下方单击█按钮,选择"标题／动作安全",在工具栏中选择矩形工具,在视图中参考线框,为纯色层添加一个蒙版,并设置"蒙版羽化"为（0，1000），"蒙版不透明度"为 50%，如图 14-6 所示。

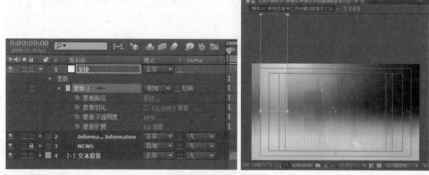

图 14-6　创建渐变色块

（7）在工具栏中的█工具上按住不放，显示并选择█工具，在合成视图中单击，出现一个输入状态的光标，输入文字"新闻资讯"，然后按小键盘的 Enter 键结束输入状态，这样在时间轴中创建了第三个文本层，并在"字符"面板中设置文字的字体、大小和颜色，在"段落"面板中设置为居中方式，如图 14-7 所示。

图 14-7　新建文本

（8）调整文本的位置，并为另外两个文本层设置水平移动的关键帧动画，使其有一些动态效果，如图 14-8 所示。

图 14-8　调整文本

操作2：创建分行文本

（1）打开本章操作对应的合成，时间轴中的层合成屏幕的效果，如图 14-9 所示。

图 14-9　打开合成

（2）在工具栏中选择  工具，在合成视图中按住鼠标从左上角向右下角拖动，这样先建立一个文本框，然后输入文本内容，如图 14-10 所示。

提示： 当所建立文本层的内容较多时，可以先在其他文本编辑程序软件中准备好文本内容，复制下来，在输入文本内容时粘贴即可。这里的文本内容在本章操作文件夹中的"文本内容.txt"文件内。

图 14-10　建立文本框

（3）在文本框内分开调整文字。先双击文本层，或者使用 T 工具在文本框中单击，使文本框中的文字处于可修改状态，然后只选中第一行标题文字，在"字符"面板中设置文字的字体、大小和颜色，单击打开 T 仿粗体按钮，并在"段落"面板中设置为居中方式，如图 14-11 所示。

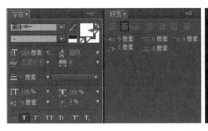

图 14-11　设置标题文本

提示： 当在使用鼠标拖选多个文本不易操作时，可使用键盘上的Shift键配合光标键来进行选中某一部分文本的操作。

（4）在文本框内将光标移至第二行的前面，添加空格，然后全选第二行至最后一行的文字，在"字符"面板中设置文字的字体、大小和颜色，并在"段落"面板中单击 ■ 按钮设置最后一行左对齐、其他行两边对齐的方式，如图 14-12 所示。

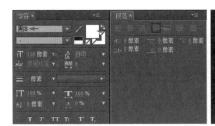

图 14-12　设置正文文本

（5）在时间轴选中文本层，在"对齐"面板中单击水平和垂直居中按钮，如图 14-13 所示。

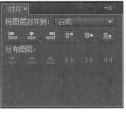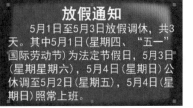

图 14-13　对齐操作

（6）将文本层的顺序移至调节层之下，这样文字随效果屏幕一起变形和闪烁，如图 14-14 所示。

图 14-14　调整图层顺序

操作3：点文本与段落文本的转换

（1）继续上面的操作，在时间轴中单击选中文本层，然后在视图中右击，选择弹出菜单中的"转换为点文本"命令，这样将当前有文本框的段落文本转换为无文本框的点文本状态，即相当于输入一行按一下 Enter 键转换为下一行的状态。因为无文本框的点文本在对齐方式中▇按钮处于不可用状态，所以对齐方式也发生了变化，如图 14-15 所示。

图 14-15　转换为点文本

（2）单击"段落"面板的▇按钮将全部文本左对齐，如图 14-16 所示。

（3）再单击"对齐"面板中的▇按钮将全部文本在视图中居中。然后双击文本层，并将光标移至标题行最左侧，使用插入空格的方式将标题行居中，如图 14-17 所示。

图 14-16　左对齐文本

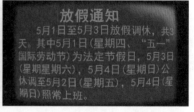

图 14-17　居中文本

提示：选中点文本层，在视图中右击后，可以选择"转换为段落文本"命令，段落文本更适合多行文本的排版和对齐。

14.2　文本属性的设置

操作4：文本设置

（1）按 Ctrl+N 键打开"合成设置"对话框,将预设选择为 HDTV 1080 25,将持续时间设为 5 秒,单击"确定"按钮建立合成。

（2）从项目面板中将"足球场 .jpg"拖至时间轴中。

（3）在时间轴空白处右击，选择菜单"新建 > 文本"命令，此时视图中心将有一个输入状态的光标，输入文字"2014"，然后按小键盘的 Enter 键结束输入状态。在"字符"面板中设置文字的字体、大小、填充颜色、描边颜色、描边宽度、描边与填充顺序、基线的上下偏移量，单击打开 T 仿粗体按钮，其中填充颜色为黄色，RGB 为（255，168，0），描边颜色为白色，在"段落"面板中设置为居中方式，如图 14-18 所示。

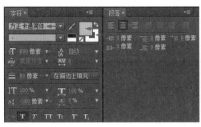

图 14-18　建立数字文本并设置

（4）使用 T 工具选择第二个数字，将其填充颜色设为蓝色，RGB 为（0，138，255）。同样选择第三个数字，将其填充颜色设为绿色，RGB 为（10，141，0）。选择第四个数字，将其填充颜色设为红色，RGB 为（246，0，0），如图 14-19 所示。

（5）在时间轴空白处右击，选择菜单"新建 > 文本"命令，输入文字"FIFA World Cup"，然后按小键盘的 Enter 键结束输入状态。在"字符"面板中设置文字的字体、大小、填充颜色、描边颜色、描边宽度、描边与填充顺序、水平缩放，其中填充颜色与上面文字中的蓝色一致，在"段落"面板中设置为居中方式。将文字移至上一文字之下，如图 14-20 所示。

图 14-19　设置数字为不同颜色

图 14-20　建立字母文本并设置

（6）在时间轴空白处右击，选择菜单"新建 > 文本"命令，输入文字"6 月 12 日至 7 月 13 日"，然后按小键盘的 Enter 键结束输入状态。在"字符"面板中设置文字的字体、大小、填充颜色、字符间距，单击打开 T 仿粗体按钮，其中填充颜色为白色，取消描边颜色，在"段落"面板中设置为居中方式。将文字移至右下部，如图 14-21 所示。

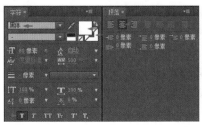

图 14-21　建立中文文本并设置

14.3 源文本动画

操作5：源文本变化

（1）按 Ctrl+N 键打开"合成设置"对话框，将预设选择为 HDTV 1080 25，将持续时间设为 5 秒，单击"确定"按钮建立合成。

（2）从项目面板中将"福贴.jpg"拖至时间轴中，设置"缩放"的大小，在工具栏中选择椭圆工具为其添加一个圆形的蒙版，并设为"相减"的方式，如图 14-22 所示。

图 14-22 放置素材并设置蒙版

（3）选择菜单"效果 > 颜色校正 > 色相 / 饱和度"命令，为图像调整颜色，将"主饱和度"和"主亮度"降低一些。然后按 Ctrl+K 键打开"合成设置"对话框，将"背景颜色"设为与图像中淡灰色一致的颜色，如图 14-23 所示。

图 14-23 调整颜色

（4）在时间轴空白处右击，选择菜单"新建 > 文本"命令，输入"福"字，然后按小键盘的 Enter 键结束输入状态。在"字符"面板中设置文字的字体、大小、填充颜色、基线的上下偏移量，其中填充颜色设为与图像中的红色一致，在"段落"面板中设置为居中方式，如图 14-24 所示。

图 14-24 建立"福"字

（5）将时间移至第 0 帧处，单击打开文本层"源文本"前面的秒表，记录下当前文本关键帧。将时间移至第 10 帧处，在"字符"面板中更改文本的字体，这样添加了一个关键帧，如图 14-25 所示。

图 14-25　设置字体变化关键帧

提示：对"源文本"添加关键帧时，因为不同源文本之间的变化为定格关键帧类型的切换，而没有逐渐变形的效果，文字的字体、大小、颜色、对齐方式等在"字符"面板和"段落"面板中的设置将一同发生改变。

（6）用同样的方式，在时间轴的其他时间添加多个关键帧，设置文字为不同的字体，这样播放时便得到一个不断变化的文字效果，如图 14-26 所示。

图 14-26　设置字体变化关键帧

14.4　文本动画制作

操作6：文本动画制作工具与变换动画的区别

（1）打开本章操作对应的合成，时间轴中有一个"背景"层。在时间轴空白处右击，选择菜单"新建 > 文本"命令，此时视图中心将有一个输入状态的光标，输入文字"AE CC"，然后按小键盘的 Enter 键结束输入状态，这样在时间轴中创建了一个以输入内容为名称的文本层，并在"字符"面板中设置文字的字体、大小和颜色，在"段落"面板中设置为居中方式。在合成视图中将文字上移一些，如图 14-27 所示。

图 14-27　建立上部文本

（2）同样，在时间轴空白处右击，选择菜单"新建 > 文本"命令，输入文字"Adobe After Effects CC"，然后按小键盘的 Enter 键结束输入状态，并在"字符"面板中设置文字的字体、大小和颜色，在"段落"面板中设置为居中方式。在合成视图中将文字移至下部，如图 14-28 所示。

图 14-28　建立下部文本

（3）在时间轴中选中"AE CC"文本层，按 R 键展开其"旋转"属性，将时间移至第 0 帧处，单击打开"旋转"前面的秒表记录关键帧，当前为 0x+0°。将时间移至第 1 秒处，设置"旋转"为 -1x+0°，即逆时针旋转一周，如图 14-29 所示。

图 14-29　设置旋转关键帧

（4）选中下部文本，在"动画"后单击 ▶ 按钮，选择弹出菜单中的"旋转"命令，在文本层下会增加"动画制作工具 1"，如图 14-30 所示。

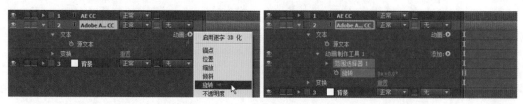

图 14-30　增加"动画制作工具 1"

（5）将"动画制作工具 1"下的"旋转"设为 1x+0°。展开"范围选择器 1"，在第 0 帧时打开"偏移"前面的秒表，设置"偏移"为 -100%；将时间移至第 1 秒，设置"偏移"为 -100%。再展开"高级"下的"形状"，将其设为"上斜坡"，如图 14-31 所示。

图 14-31　设置文本动画

（6）查看此时的动画效果，可以看到对上面文字设置的图层"变换"动画视当前层文本为一个整体进行旋转，下面文本通过"动画制作工具"设置的动画可以将文本中的每个字符进行独立的旋转，如图 14-32 所示。

图 14-32　预览效果

操作7：文本动画制作工具属性动画

（1）打开本章操作对应的合成，时间轴中有背景图像和前面建立好的三个文本层，如图 14-33 所示。

图 14-33　打开合成

（2）展开"2014"文本层，在"动画"后单击 按钮，选择弹出菜单中的"不透明度"命令，在文本层下会增加"动画制作工具 1"。将"动画制作工具 1"下的"不透明度"设为 0。展开"范围选择器 1"，在第 0 帧时打开"偏移"前面的秒表，此时"偏移"为 0%；将时间移至第 1 秒，设置"偏移"为 100%，如图 14-34 所示。

图 14-34　设置数字的文本动画

（3）查看此时的动画，数字逐一显示出来，如图 14-35 所示。

图 14-35　预览效果

（4）展开"FIFA World Cup"文本层，在"动画"后单击 按钮，选择弹出菜单中的"缩放"命令，在文本层下会增加"动画制作工具 1"。在"动画制作工具 1"右侧单击"添加"后的 按钮，选择弹出菜单中的"属性 > 位置"命令，如图 14-36 所示。

图 14-36　为英文行增加"动画制作工具 1"

（5）这样在"动画制作工具1"下添加一个与"缩放"同级别的"位置"。设置"缩放"为（500，500%），设置"位置"为（0，1070），即将文本移到画面之外的底部。展开"范围选择器1"，在第1秒时打开"偏移"前面的秒表，此时"偏移"为0%；将时间移至第2秒，设置"偏移"为100%，如图14-37所示。

图 14-37　设置英文行文本动画

（6）查看此时的动画，英文文本逐一显示出来，如图14-38所示。

图 14-38　预览英文行动画效果

（7）展开底部文本层，在"动画"后单击 ▶ 按钮，选择弹出菜单中的"字符间距"命令，在文本层下会增加"动画制作工具1"，如图14-39所示。

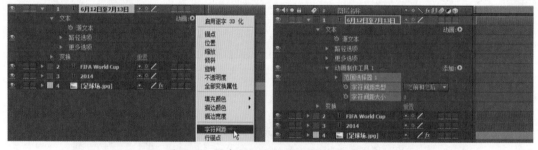

图 14-39　为中文行增加"动画制作工具1"

（8）将时间移至第2秒处，单击打开"动画制作工具1"下"字符间距大小"前面的秒表，设为50，将时间移到第3秒处，设为0。同时为文本设置一个淡入的效果，因为是整体的动画效果，所以这里在图层变换下设置关键帧。将时间移至第2秒处，单击打开"变换"下"不透明度"前面的秒表，设为0%，在第3秒处设为100%，如图14-40所示。

图 14-40　设置中文行文本动画

（9）查看动画效果，如图 14-41 所示。

图 14-41　预览动画效果

操作8：文本动画制作工具选择器动画

（1）继续上面的操作，准备为日期的文字在原来的动画之后制作一个抖动的效果。展开底部文本层，在"动画"后单击 按钮，选择弹出菜单中的"位置"命令，在文本层下会增加"动画制作工具 2"。在"动画制作工具 2"右侧单击"添加"后的 按钮，选择弹出菜单中的"选择器 > 摆动"命令，如图 14-42 所示。

图 14-42　增加"动画制作工具 2"

（2）这样在"动画制作工具 2"下添加一个"摆动选择器 1"。将时间移至第 3 秒处，单击打开"动画制作工具 2"下"位置"前面的秒表，当前为（0,0），将时间移至第 3 秒 01 帧，设为（0,20）。展开"摆动选择器 1"，将"摇摆 / 秒"设为 10，如图 14-43 所示。

图 14-43　设置文本抖动的动画

（3）这样在 3 秒之后，底部文本将一直具有抖动的动画，查看文本的上下抖动效果，如图 14-44 所示。

图 14-44　预览抖动效果

操作9：文本锚点分组动画

（1）打开本章操作对应的合成，时间轴中有背景图像和前面建立好的未设置动画的三个文本层，将文本层的入点分别设为第0帧、第1秒和第2秒，如图14-45所示。

图14-45　设置图层入点

（2）展开"2014"文本层的"变换"属性，将时间移至第0帧处，打开"位置"、"缩放"和"不透明度"前面的秒表，设置"位置"为（728，25），"缩放"为（800，800%），"不透明度"为0%，如图14-46所示。将时间移至第10帧处，设置"位置"为（960，444），"缩放"为（100，100%），"不透明度"为100%。设置"旋转"为30°。

图14-46　设置数字层变换属性动画

（3）查看前10帧的文本动画，如图14-47所示。

图14-47　预览前10帧数字层的动画效果

（4）将时间移至第15帧，单击打开"旋转"前面的秒表，此处"旋转"为30°。将时间移至第1秒处，将"旋转"设为0°，如图14-48所示。

图14-48　设置数字层的旋转动画

（5）查看文本的旋转动画，如图14-49所示。

图14-49　前15帧数字的旋转动画

（6）展开"FIFA World Cup"文本层，在"动画"后单击 ▶ 按钮，选择弹出菜单中的"锚点"命令，在文本层下会增加"动画制作工具 1"，如图 14-50 所示。

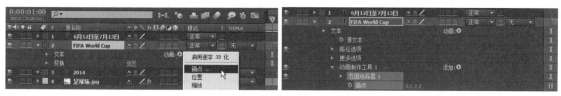

图 14-50　为英文行增加"动画制作工具 1"

（7）展开"更多选项"，设置"锚点分组"为"词"，对照视图中三个单词中锚点的位置，将"动画制作工具 1"下的"锚点"设为（0，-50），即将"锚点"从原来单词的底部移至单词的中部，如图 14-51 所示。

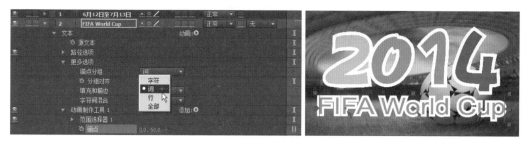

图 14-51　设置单词锚点

（8）选中"FIFA World Cup"文本层，在其下的"动画"后单击 ▶ 按钮，选择弹出菜单中的"旋转"命令，在文本层下会增加"动画制作工具 2"，如图 14-52 所示。

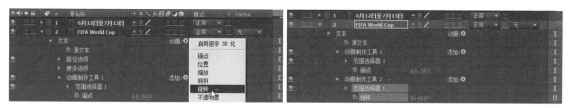

图 14-52　为英文行增加"动画制作工具 2"

（9）将"动画制作工具 2"下的"旋转"设为 30°，查看视图，三个单词均按各自的锚点旋转，如图 14-53 所示。

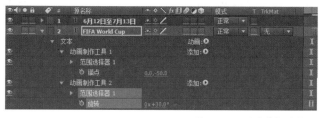

图 14-53　设置单词旋转

（10）展开"FIFA World Cup"文本层的"变换"属性，将时间移至第 1 秒，单击打开"位置"、"缩放"和"不透明度"前面的秒表，设置"位置"为（954.5，600），"缩放"为（1000，1000%），"不透明度"为 0%。将时间移至第 1 秒 10 帧，设置"位置"为（954.5，800），"缩放"为（100，100%），"不透明度"为 100%。将时间移至第 1 秒 15 帧，单击打开"动画制作工具 2"下"旋转"前面的秒表，设为 30°，将时间移至第 2 秒，设为 0°，如图 14-54 所示。

图 14-54　设置英文行动画

（11）查看文本的缩放和旋转动画，如图 14-55 所示。

图 14-55　预览动画效果

（12）展开画面底部文本层，在"动画"后单击 ▶ 按钮，选择弹出菜单中的"锚点"命令，在文本层下会增加"动画制作工具 1"，如图 14-56 所示。

图 14-56　为中文行增加"动画制作工具 1"

（13）展开文本层的"更多选项"，在其下查看"锚点分组"为"字符"。对照视图中文本锚点的位置，设置"动画制作工具 1"下"锚点"为（0，-30），这样将锚点从原来文本的底部移至文本的中部，如图 14-57 所示。

图 14-57　设置中文的锚点

（14）重新选中画面底部的文本层，在"动画"后单击 ▶ 按钮，选择弹出菜单中的"旋转"命令，在文本层下会增加"动画制作工具 2"，如图 14-58 所示。

图 14-58　为中文行增加"动画制作工具 2"

（15）设置"动画制作工具 2"下旋转为 30°，查看视图，每个字符均按自己的锚点旋转，如图 14-59 所示。

图 14-59　设置中文旋转

（16）展开画面底部的文本层，将时间移至第 2 秒处，单击打开"位置"、"缩放"和"不透明度"前面的秒表，设置"位置"为（1148，500），"缩放"为（1000，1000%），"不透明度"为 0%。将时间移至第 2 秒 15 帧，设置"位置"为（1148，968），"缩放"为（100，100%），"不透明度"为 100%，如图 14-60 所示。将时间移至第 1 秒 15 帧，单击打开"动画制作工具 2"下"旋转"前面的秒表，设为 30°，将时间移至第 2 秒，设为 0°。

图 14-60　设置中文文本动画

（17）查看文本的缩放和旋转动画，如图 14-61 所示。

图 14-61　预览动画效果

操作10：文本路径动画

（1）打开本章操作对应的合成，时间轴中有"星空"和"地球"，如图 14-62 所示。

图 14-62　打开合成

（2）在时间轴空白处右击，选择菜单"新建 > 文本"命令，此时视图中心将有一个输入状态的光标，输入文字"After Effects CC"，然后按小键盘的 Enter 键结束输入状态。在"字符"面板中设置文字的字体、大小、颜色，其中填充颜色为黄色，RGB 为（255，96，0），在"段落"面板中设置为居中方式，如图 14-63 所示。

图 14-63　建立文本

（3）选中文本层，在工具栏中选择椭圆工具，参照地球图像，在文本层上绘制一个比地球图像大一些的正圆形"蒙版 1"，将"蒙版 1"的运算方式设为"无"，如图 14-64 所示。

图 14-64　建立蒙版

（4）展开文本层的"路径选项"，将"路径"选择为"蒙版 1"，如图 14-65 所示。

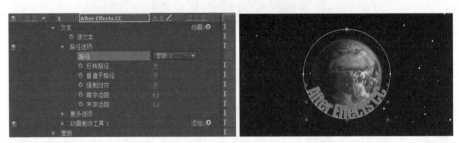

图 14-65　设置文本路径

（5）在文本层的"动画"后单击 按钮，选择弹出菜单中的"字符间距"命令，在文本层下会增加"动画制作工具 1"，设置其下的"字符间距大小"为 80。将"路径选项"下的"反转路径"设为"开"。将时间移至第 0 帧，单击打开"首字边距"前面的秒表，设为 2243，将时间移至第 4 秒 24 帧时，设为 1235，如图 14-66 所示。

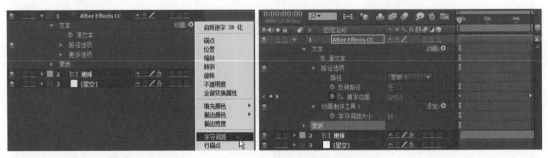

图 14-66　设置路径文本动画

（6）查看文字产生沿蒙版路径绕行地球的动画，效果如图 14-67 所示。

图 14-67　预览路径动画效果

14.5　文本的逐字 3D 动画制作

操作11：逐字3D化的文本动画

（1）按 Ctrl+N 键打开"合成设置"对话框，将预设选择为 HDTV 1080 25，将持续时间设为 5 秒，单击"确定"按钮建立合成。

（2）按 Ctrl+Y 键建立一个名为"平面"的白色纯色层。

（3）在时间轴空白处右击，选择弹出菜单"新建 > 文本"命令，输入"AE CC"，然后按小键盘的 Enter 键结束输入状态。在"字符"面板中设置文字的字体、大小、颜色，其中填充颜色为蓝色，RGB 为（67，186，255），在"段落"面板中选择居中方式，如图 14-68 所示。

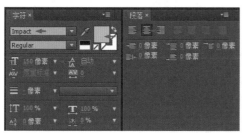

图 14-68　建立文本

（4）打开两个图层的三维开关，将"平面"层"方向"的 X 轴向数值设为 270°。

（5）在时间轴空白处右击，选择弹出菜单"新建 > 摄像机"命令，在打开的"摄像机设置"对话框中将"预设"选择为"35 毫米"，单击"确定"按钮。

（6）使用"4 个视图"方式，依次将左上角设为"顶部"视图，右上角为"活动摄像机"视图，左下角为"左侧"视图，右下角为"自定义视图 2"。调整摄像机的"位置"为（480，200，-400），如图 14-69 所示。

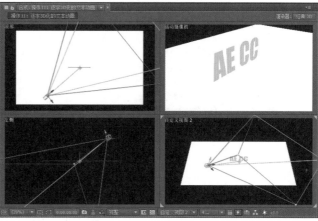

图 14-69　使用"4 个视图"方式

（7）选中文本层，按 Ctrl+D 键创建一个副本，将副本层的内容修改为"Adobe"，设置"Adobe"层"位置"的 Z 轴数值为 200，设置"AE CC"层的 Z 轴数值为 -100，设置"平面"层的"缩放"为（300，300，300%），如图 14-70 所示。

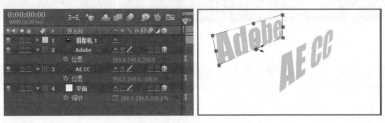

图 14-70　创建和修改副本

（8）在时间轴空白处右击，选择弹出菜单"新建 > 灯光"命令，在打开的"灯光设置"对话框中将"灯光类型"选择为"聚光"，单击"确定"按钮建立"灯光 1"，设置"位置"为（520，160，-600）。

（9）选中"灯光 1"层，按 Ctrl+D 键创建副本"灯光 2"层，设置"强度"为 30%，设置"位置"为（1760，-200，-666），如图 14-71 所示。

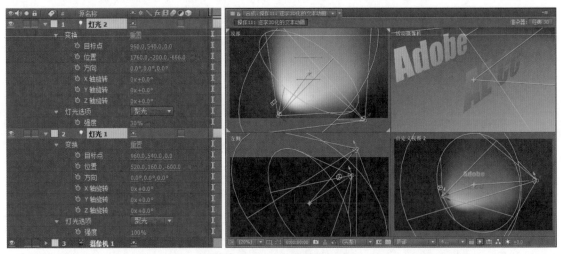

图 14-71　建立灯光并创建副本

（10）展开两个文本层的"材质选项"，调整"漫射"为 95%，如图 14-72 所示。

图 14-72　调整文本层的漫射属性

（11）展开"Adobe"层，在"动画"后单击 按钮，选择弹出菜单中的"启用逐字 3D 化"命令，原来的三维图层开关 转变为 ，如图 14-73 所示。

（12）在"Adobe"层的"动画"后单击 按钮，选择弹出菜单中的"旋转"命令，添加了一个"动画制作工具 1"，其下的"旋转"属性分为 X、Y 和 Z 三维轴向，如图 14-74 所示。

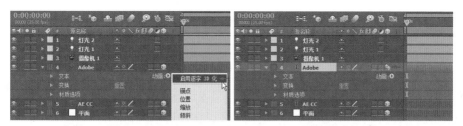

图 14-73　启用 "Adobe" 层逐字 3D 化

图 14-74　为 "Adobe" 层添加 "动画制作工具 1"

（13）将其中的 "Y 轴旋转" 设为 90°，文本逐字在空间中产生旋转效果，如图 14-75 所示。

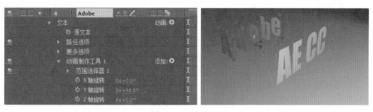

图 14-75　旋转文本

（14）在 Adobe 层的 "动画制作工具 1" 右侧单击 "添加" 后的 ▶ 按钮，选择弹出菜单中的 "属性 > 位置" 命令，这样在 "动画制作工具 1" 下再添加一个 "位置" 属性，如图 14-76 所示。

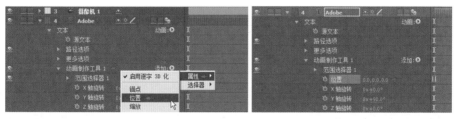

图 14-76　添加 "位置" 属性

（15）将 "位置" 属性的 Z 轴设为 -100，展开 "高级"，将 "形状" 选择为 "上斜坡"，如图 14-77 所示。

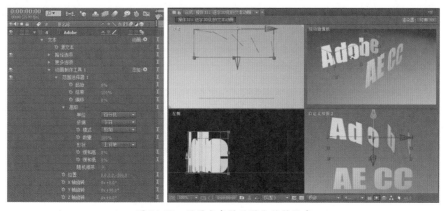

图 14-77　设置文本的位置和旋转状态

（16）展开"AE CC"层，在"动画"后单击 ▶ 按钮，选择弹出菜单中的"启用逐字 3D 化"命令，原来的三维图层开关 🔷 转变为 🔶。在"AE CC"层的"动画"后单击 ▶ 按钮，选择弹出菜单中的"旋转"命令，如图 14-78 所示。

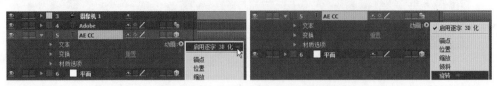

图 14-78　启用"AE CC"层逐字 3D 化

（17）此时增加了一个"动画制作工具 1"，其下将"X 轴旋转"设为 -90°。展开"范围选择器 1"及其下面的"高级"，将"形状"设为"上斜坡"。将时间移至第 0 帧，单击打开"偏移"前面的秒表，设为 -100%，将时间移至第 1 秒处，设为 100%，如图 14-79 所示。

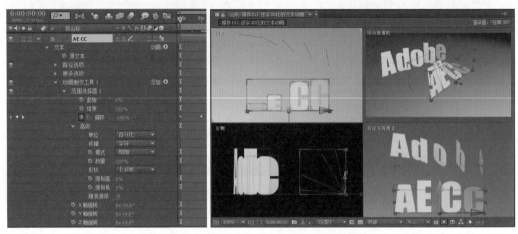

图 14-79　为"AE CC"层增加"动画制作工具 1"

（18）在"AE CC"层的"动画"后单击 ▶ 按钮，选择弹出菜单中的"旋转"命令，添加了一个"动画制作工具 2"，其下将"Y 轴旋转"设为 90°，如图 14-80 所示。将时间移至第 1 秒，单击打开"偏移"前面的秒表，设为 -100%，将时间移至第 2 秒处，设为 0%。

图 14-80　为"AE CC"层增加"动画制作工具 2"

（19）查看此时的动画效果，如图 14-81 所示。

图 14-81　预览文本动画效果

（20）最后打开灯光和文本层的投影开关，查看立体空间的投影效果，如图 14-82 所示。

图 14-82　设置投影

操作12：逐字3D化的立体路径文本动画

（1）打开本章操作对应的合成，时间轴中有"星空"、"地球"和文本层，其中"地球"为三维图层，如图 14-83 所示。

图 14-83　打开合成

（2）选中文本层，在工具栏中选择椭圆工具，参照地球图像，在文本层上绘制一个比地球图像大一些的正圆形"蒙版 1"，将"蒙版 1"的运算方式设为"无"，如图 14-84 所示。

图 14-84　绘制蒙版

（3）展开文本层的"路径选项"，将"路径"选择为"蒙版 1"，并调整"首字边距"，将文字从底部移到画面中，如图 14-85 所示。

图 14-85　指定文本路径

（4）在文本层的"动画"后单击 按钮，选择弹出菜单中的"启用逐字 3D 化"命令，在图层上打开 开关。在"动画"后单击 按钮，选择弹出菜单中的"旋转"命令，如图 14-86 所示。

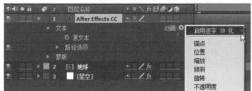

图 14-86　启用逐字 3D 化

（5）这样添加"动画制作工具1"，将"X轴旋转"设为90°，打开"地球"层的三维开关，使用"2个视图-水平"的方式查看，左侧为"自定义视图1"，右侧为"活动摄像机"视图，如图14-87所示。

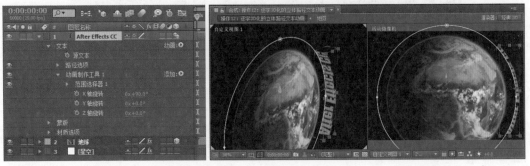

图14-87　使用双视图查看

（6）展开文本层的"变换"属性，调整"方向"为（280°，10°，0°），然后调整"路径选项"下的"首字边距"，查看文字沿路径弯曲移动的效果，如图14-88所示。

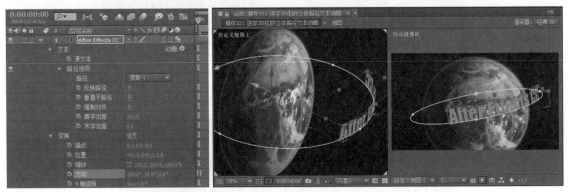

图14-88　调整路径文本

（7）在时间轴空白处右击，选择弹出菜单"新建＞灯光"命令，在打开的"灯光设置"对话框中将"灯光类型"选择为"平行"，单击"确定"按钮建立"灯光1"，设置"强度"为200%，设置"位置"的X轴数值为2000，即向左侧移动一些。选中"灯光1"层，按Ctrl+D键创建副本"灯光2"层，设置灯光类型为"环境"，设置"强度"为30%。将"地球"层"材质选项"下的"接受灯光"设为"关"。使用四个视图查看"灯光1"的空间位置，如图14-89所示。

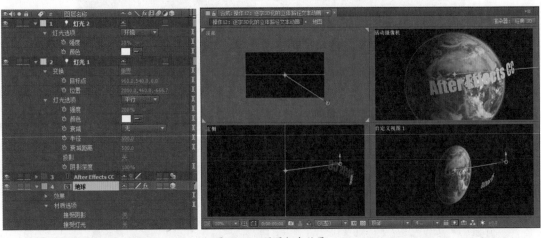

图14-89　设置灯光效果

（8）最后为文本设置沿路径绕行地球的动画，将时间移至第0帧处，打开"路径选项"下"首字边距"

前面的秒表，设为 2000，将时间移至第 4 秒 24 帧时，设为 150，如图 14-90 所示。

图 14-90　设置文本绕行动画

（9）查看动画效果，如图 14-91 所示。

图 14-91　预览动画效果

14.6　文本动画预设

操作13：文本动画预设的使用

（1）按 Ctrl+N 键打开"合成设置"对话框，将预设选择为 HDTV 1080 25，将持续时间设为 5 秒，单击"确定"按钮建立合成。

（2）从项目面板中将"文本背景"拖至时间轴中。

（3）在时间轴空白处右击，选择菜单"新建 > 文本"命令，输入文字"After Effects CC"，然后按小键盘的 Enter 键结束输入状态，并在"字符"面板中设置文字的字体、大小、颜色和基线偏移，在"段落"面板中设置为居中方式，如图 14-92 所示。

（4）将时间移至第 0 帧处，选中文本层，选择菜单"动画 > 将动画预设应用于"命令，弹出选择文件对话框，在 Adobe 文件夹的

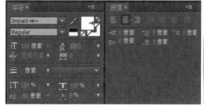

图 14-92　建立文本

Preset 文件夹下选择 Text 文件夹，文件夹中存放着多种文本动画预设。这里选择第一个文件夹下的第一个动画预设，单击"打开"按钮，将在文本层中添加预设动画，如图 14-93 所示。

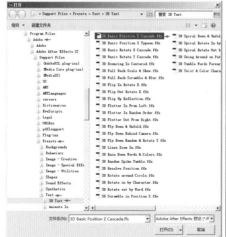

图 14-93　添加预设动画

（5）播放动画效果，如图 14-94 所示。

图 14-94　预览文本动画效果

（6）对于添加的预设，通常会按需要进一步修改，例如在预设的基础上为文本动画再添加缩放的效果，在 Animator 1 右侧单击"添加"后的 ▶ 按钮，选择弹出菜单中的"属性 > 缩放"命令，添加"缩放"属性，并设为（500，500，500%），如图 14-95 所示。

图 14-95　修改文本动画

（7）播放动画，查看效果如图 14-96 所示。

图 14-96　预览文本动画效果

14.7　实例：文字介绍动画

文本动画在制作中有广泛的应用，本实例使用文本动画功能结合基本的变换操作，制作文字介绍动画，实例效果如图 14-97 所示。

图 14-97　实例效果

实例的合成流程图示如图 14-98 所示。

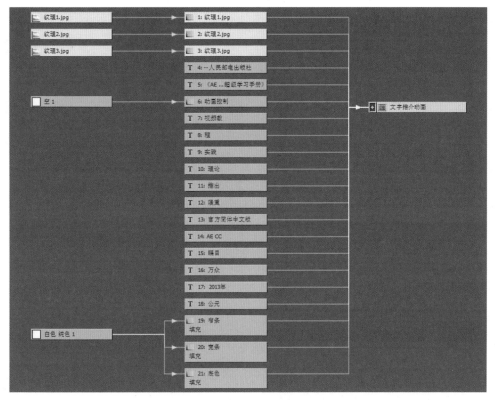

图 14-98　实例的合成流程图示

实例文件位置：光盘 \AE CC 手册源文件 \CH14 实例文件夹 \ 文字介绍动画 .aep

步骤 1：导入素材。

在项目面板中双击打开"导入文件"对话框，将本实例准备的 3 个纹理图片文件全部选中，单击"导入"，将其导入到项目面板中，如图 14-99 所示。

图 14-99　纹理素材

步骤 2：建立"文字介绍动画"合成。

按 Ctrl+N 键打开"合成设置"对话框，将合成名称设为"文字介绍动画"，将预设选择为 HDTV 1080 25，将持续时间设为 18 秒，单击"确定"按钮建立合成。

步骤 3：设置纹理效果。

（1）按 Ctrl+Y 键建立一个纯色层，尺寸为当前合成尺寸的大小。

（2）从项目面板中将"纹理 1.jpg"、"纹理 2.jpg"和"纹理 3.jpg"拖至时间轴中，从上至下顺序放置，设置"纹理 1.jpg"的缩放为（115，115%）、"不透明度"为 36%，"纹理 2.jpg"的缩放为（500，500%）、"不透明度"为 43%，"纹理 3.jpg"的"不透明度"为 63%，如图 14-100 所示。

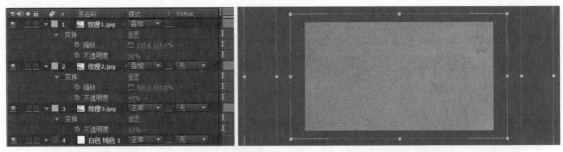

图 14-100　设置纹理

（3）选中纯色层，按 Ctrl+D 键两次，创建两个副本层，然后按 Enter 键将这三个纯色层从上至下分别命名为"窄条"、"宽条"和"底色"。设置"窄条"层"缩放"为（120，7%）、"位置"为（960，473），设置"宽条"层"缩放"为（120，21%）、"位置"为（960，623）。

（4）选中"窄条"层，选择菜单"效果 > 生成 > 填充"添加效果，并设置"填充"下颜色为深红色，RGB 为（100，0，0）；同样为"宽条"层填充浅白色，RGB 为（240，240，240）；为"底色"层填充深品蓝色，RGB 为（14，58，96），如图 14-101 所示。

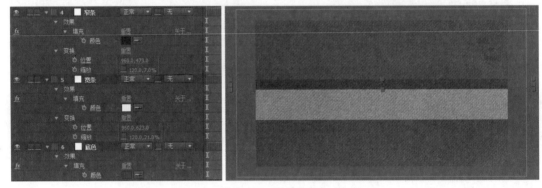

图 14-101　设置颜色条

步骤 4：设置第一组文字动画。

（1）在时间轴空白处右击，选择弹出菜单"新建 > 文本"命令，输入"公元"，然后在"字符"和"段落"面板中对其进行设置，其中填充颜色为 RGB（240，240，240），调整其位置为（750，510），放置在纹理层下层，如图 14-102 所示。

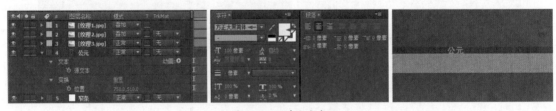

图 14-102　建立文本

（2）在时间轴空白处右击，选择弹出菜单"新建 > 文本"命令，输入"2013 年"，然后在"字符"和"段落"面板中对其进行设置，其中填充颜色为 RGB（100，0，0），调整其位置为（1200，716），放置在纹理层下层，如图 14-103 所示。

（3）在时间轴空白处右击，选择弹出菜单"新建 > 空对象"命令，命名为"动画控制"，移至纹理层下面。

（4）将两个文字层、"窄条"和"宽条"的的父级层设为"动画控制"，如图 14-104 所示。

图 14-103　建立文本　　　　　　　　　图 14-104　设置父级关系

提示： 如果时间轴中没有显示出"父级"栏，可以在其他栏名称上右击，选择弹出菜单"列数>父级"，或者单击时间表轴右上角的 ▼☰ 按钮，选择弹出菜单"列数>父级"命令，这样都可以切换"父级"栏的显示与隐藏。

（5）将时间移至第 0 帧时，单击打开"动画控制"下"位置"前面的秒表记录关键帧，第 0 帧时为（960，1200），第 10 帧时为（960，490），第 20 帧时为（960，540）。

（6）将时间移至第 2 秒时，单击打开"动画控制"下"旋转"前面的秒表记录关键帧，并设为 0°，在第 3 秒设为 -62°，如图 14-105 所示。

图 14-105　设置位置和旋转动画

（7）预览此时的动画效果，如图 14-106 所示。

图 14-106　预览动画效果

（8）设置"公元"文字层动画。将时间移至第 20 帧处，单击打开"位置"前面的秒表记录关键帧，第 20 帧处的当前位置为（-212，50），文字叠加在白条区域内不显示；第 1 秒 05 帧处设为（-212，-32），文字上调到红条区域处显示出来；在第 2 秒 05 帧处单击关键帧航器处的 ◆ 添加关键帧按钮，添加一个关键帧，数值为（-212，-32）不变，第 3 秒 10 帧处设为（-1262，-32），文字随"窄条"的旋转向左下方滑出画面，如图 14-107 所示。

图 14-107　设置位置动画

（9）查看"公元"文字的动画，如图 14-108 所示。

图 14-108　预览文本动画

（10）设置"2013年"文字层动画。展开文字层，在右侧"动画"后单击 ▶ 按钮，选择弹出菜单"位置"命令，添加"动画制作工具1"，在其下将"位置"的Y轴设为-270，将文字向上偏移离开"宽条"处在的白色区域；展开"范围选择器1"，在第1秒05帧时单击打开"偏移"前面的秒表记录关键帧，第1秒05帧时为0%，第1秒20帧时为100%，如图14-109所示。

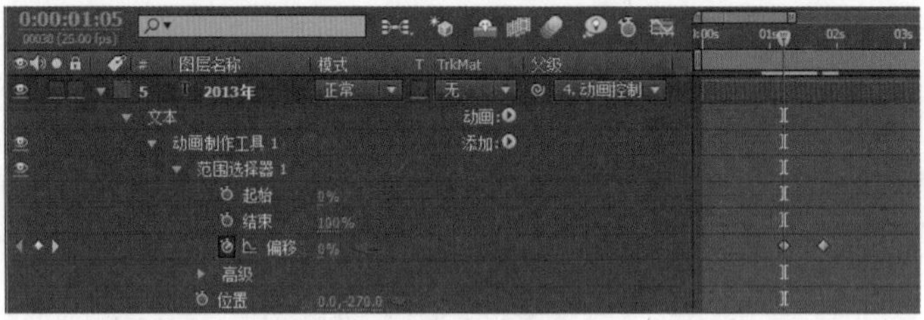

图 14-109　添加"动画制作工具1"

（11）查看"2013年"文字的文本动画，如图14-110所示。

图 14-110　预览动画效果

（12）选中"2013年"文字层，在工具栏中选择 ▣ 矩形工具，在其上建立一个矩形的蒙版，只显示其在"宽条"的白色区域内的范围，如图14-111所示。

图 14-111　绘制蒙版

（13）将时间移至第2秒05帧处，单击打开文字层"变换"下"位置"前面的秒表记录关键帧，第2秒05帧处的当前位置为（240，176）不变，第3秒10处设为（-1200，176），文字随"宽条"的旋转向左下方滑出画面。

（14）在第3秒10帧处选中两个文字层，按Alt+]键剪切出点，如图14-112所示。

图 14-112　设置关键帧与剪切出点

（15）查看"2013 年"文字层的位移动画，如图 14-113 所示。

图 14-113　预览动画效果

步骤 5：设置第二组文字动画。

（1）在工具栏中选择 直排文字工具，在合成视图中单击并输入文字"万众"，按小键盘的 Enter 键结束输入状态，在"字符"和"段落"面板中对其进行设置，其中填充颜色为 RGB（240，240，240），放置在"动画控制"层下层，如图 14-114 所示。

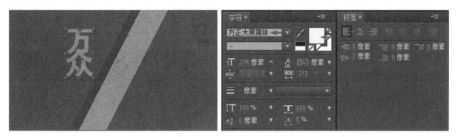

图 14-114　建立文本

（2）选中"万众"文字层，按 Ctrl+D 键创建一个副本，双击副本层激活文本的修改输入状态，将文字修改为"瞩目"，同时调整字符间距，并摆放两个文字层的位置，其中"万众"文字层的"位置"为（644，140），"瞩目"文字层的"位置"为（428，296）；将两个文字层的入点移至第 3 秒 10 帧处，如图 14-115 所示。

图 14-115　创建副本并设置文本

（3）在时间轴空白处右击，选择弹出菜单"新建 > 文本"命令，输入"AE CC"，然后在"字符"和"段落"面板中对其进行设置，其中填充颜色为 RGB（14，58，96），将其移至"动画控制"层下层，调整其"旋转"为 -62°，与"动画控制"的旋转一致，位置为（1190，530），放置在"宽条"的白色区域内，如图 14-116 所示。

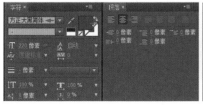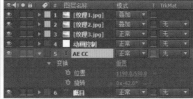

图 14-116　建立文本

（4）在时间轴中选中"AE CC"层，按 Ctrl+D 键创建一个副本层，双击副本层激活文本的修改输入状态，将文字修改为"官方简体中文版"，同时调整文字大小，将文字颜色设为RGB（240，240，240），并摆放文字，"位置"为（1267，583），将"AE CC"和"官方简体中文版"两个文字层的入点移至第3秒10帧处，如图14-117所示。

图14-117　创建副本并设置文本

（5）设置"万众"和"瞩目"淡入的关键帧，选中两个层，按T键展开"不透明度"，将时间移至第4秒处单击打开"不透明度"前面的秒表记录关键帧，当前为100%，将时间移至第3秒10帧处，将"不透明度"均设为0%，然后将"瞩目"层的两个关键帧后移5帧，如图14-118所示。

图14-118　设置不透明度关键帧

（6）展开"AE CC"文字层，在右侧"动画"后单击 ◉ 按钮，选择弹出菜单"旋转"命令，添加"动画制作工具1"，在其下将"旋转"设为90°；暂时关闭"官方简体中文版"层的显示查看效果，如图14-119所示。

图14-119　添加"动画制作工具1"

（7）在"动画制作工具1"右侧的"添加"后单击 ◉ 按钮，选择弹出菜单"属性＞位置"命令，添加"位置"并设置为（0，80），将文字叠加在蓝色区域内隐藏，如图14-120所示。

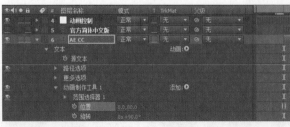

图14-120　在"动画制作工具1"下添加"位置"

（8）展开"范围选择器1"，将时间移至第4秒05帧，单击打开"偏移"前面的秒表记录关键帧，当前为0%，将时间移至第4秒20帧，设为100%，这样文字逐个字符旋转、移动到"宽条"的白色区域，如图14-121所示。

图 14-121　设置文本动画

（9）展开"高级"，将"依据"设为"行"，这样文字行中全部字符同时旋转和移动到"宽条"的白色区域，如图 14-122 所示。

图 14-122　设置文本动画

（10）将"官方简体中文版"层恢复显示，展开文字层，在右侧"动画"后单击 ▶ 按钮，选择弹出菜单"位置"命令，添加"动画制作工具 1"，在其下将"位置"的 Y 轴设为 -110，将文字向上偏移离开"宽条"处在的白色区域；展开"范围选择器 1"，在第 4 秒 20 帧时单击打开"偏移"前面的秒表记录关键帧，当前为 0%，第 5 秒 10 帧时为 100%。

（11）选中"官方简体中文版"层，在工具栏中选择 ▢ 矩形工具，在其上建立一个矩形的蒙版，只显示其在"宽条"下方的蓝色区域内的范围，如图 14-123 所示。

图 14-123　设置文本动画和添加蒙版

（12）查看动画效果，如图 14-124 所示。

图 14-124　预览动画效果

（13）将这四个文字层的父级栏设为"动画控制"层，展开"动画控制"层的"变换"属性，将时间移至第 5 秒 20 帧处，单击打开"缩放"前面的秒表记录关键帧，当前为（100，100%），并单击"位置"和"旋转"前面的 ◇ 按钮添加关键帧,数值以当前值不变;将时间移至第6秒15帧处,设置"缩放"为(1000,1000%),"位置"为(960,273),"旋转"为-195°,同时在6秒15帧处将"官方简体中文版"、"AE CC"、"瞩目"和"万众"四个层剪切出点,如图14-125所示。

图 14-125　设置父级关系和变换动画

步骤6:设置第三组文字动画。

(1)在时间轴空白处右击,选择弹出菜单"新建 > 文本"命令,输入"隆重",然后在"字符"和"段落"面板中对其进行设置,其中填充颜色为RGB(100,0,0),调整其"位置"为(810,585),"旋转"为-15°,放置在纹理层下层,如图14-126所示。

图 14-126　建立文本

(2)选中"隆重"文字层,按Ctrl+D键创建副本,双击副本层激活文本的修改输入状态,将文字修改为"推出",设置文字的颜色为RGB(240,240,240),如图14-127所示。

图 14-127　创建副本并设置文本

(3)将这两个文字层的入点移至第6秒15帧处。将时间移至第7秒处,单击打开两个文字层"位置"前面的秒表记录关键帧,将时间移至第6秒15帧处,设置"隆重"层的"位置"为(930,940),设置"推出"层的"位置"为(1080,480),如图14-128所示。

图 14-128　设置文本入点和位置动画

（4）查看动画效果，如图 14-129 所示。

图 14-129　预览文本动画

（5）将这两个文字层的父级栏设为"动画控制"层，然后选中"动画控制"层和这两个文字层，按 U 键展开其关键帧属性，将时间移至第 8 秒处，单击关键帧属性前面的■添加关键帧，当前数值不变，将时间移至第 9 秒处，设置"动画控制"层的"缩放"为（395，395%），"位置"为（1736，540），"旋转"为 -246°；"推出"和"隆重"层"位置"的 X 轴在第 8 秒处均添加一个关键帧，数值不变，第 9 秒时均修改为 -160；选中两个文字层，按 Alt+] 键剪切出点，如图 14-130 所示。

图 14-130　设置父级关系和变换动画

（6）查看动画效果，如图 14-131 所示。

图 14-131　预览动画

步骤 7：设置第四组文字动画。

（1）在时间轴空白处右击，选择弹出菜单"新建 > 文本"命令，输入"理论"，然后在"字符"和"段落"面板中对其进行设置，其中填充颜色为 RGB（240，240，240），调整其位置为（785，320），放置在"动画控制"层下层，如图 14-132 所示。

图 14-132　建立文本

（2）选中"理论"文字层，按 Ctrl+D 键 3 次，创建 3 个副本，分别修改文字为"实践"、"视频教"和"程"，其中"实践"和"程"字更改颜色为 RGB（14，58，96）。

（3）将时间移至第 9 秒之后，将新建立的这 4 个文字层的"父级"栏设为"动画控制"层。

（4）摆放 4 个文字层的文本到合适的位置，如图 14-133 所示。

图 14-133　设置文本与父级关系

（5）将时间移至第 9 秒 15 帧处，单击打开"理论"层"位置"前的秒表记录关键帧，此时数值不变，将时间移至第 9 秒处，将"位置"的 Y 轴设为 145，这样制作文字从右侧相同颜色的区域向左移动显示出来的动画。

（6）同样，设置另外 3 个文字的"位置"关键帧动画，制作文字从另一侧移出的动画效果。其中"实践"的"位置"Y 轴在第 9 秒 05 帧时为 250，第 9 秒 20 帧时为 153；"视频教"的"位置"Y 轴时第 9 秒 15 帧为 120，第 10 秒 05 帧时为 270；"程"的"位置"Y 轴在第 10 秒时为 220，第 10 秒 10 帧时为 175；并将"程"字层移至"视频教"层下面，如图 14-134 所示。

图 14-134　设置文本位置动画

（7）查看动画，如图 14-135 所示。

图 14-135　预览动画

（8）选择"动画控制"层，按 U 键展开关键帧属性，将时间移至第 11 秒 05 帧处，单击关键帧属性前面的■添加关键帧，当前数值不变，将时间移至第 12 秒处，设置"动画控制"层的"缩放"为（1000，1000%），"位置"为（960，1212），"旋转"为 -1x+0°，如图 14-136 所示。

图 14-136　设置变换动画

（9）查看变换动画效果，如图 14-137 所示。

图 14-137　预览动画效果

步骤 8：设置第五组文字动画。

（1）在时间轴空白处右击，选择弹出菜单"新建 > 文本"命令，输入"《AE CC 中文超级学习手册》"，然后在"字符"和"段落"面板中对其进行设置，其中填充颜色为 RGB（240，240，240），调整其"缩放"为（25，25%），放置在纹理层下层，如图 14-138 所示。

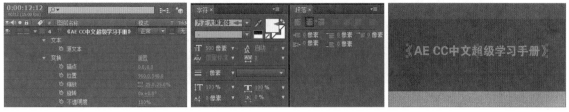

图 14-138　建立文本

（2）在时间轴空白处右击，选择弹出菜单"新建 > 文本"命令，输入"——人民邮电出版社"，然后在"字符"和"段落"面板中对其进行设置，其中填充颜色为 RGB（240，240，240），调整其"位置"为（1400，640），放置在纹理层下层，如图 14-139 所示。

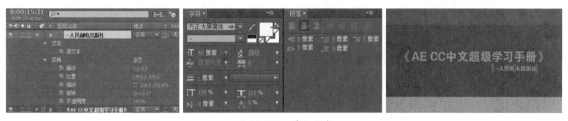

图 14-139　建立文本

（3）选中"《AE CC 中文超级学习手册》"层，将时间移至第 12 秒处，按 [键将其入点移到此处。展开文字层"锚点"、"位置"和"缩放"属性，先将"缩放"设为 500，放大局部，然后将"锚点"设为（90，-129），即锚点位于"超"字的"口"局部中心，如图 14-140 所示。

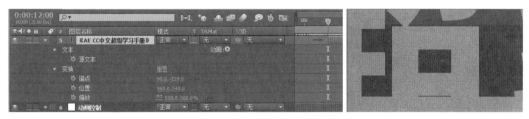

图 14-140　设置文本变换属性

（4）将时间移至第 12 秒处，打开当前文字层"缩放"前面的秒表记录关键帧，设为（2800，2800%），将时间移至第 13 秒处，设为（25，25%）；将时间移至第 12 秒 22 帧处，打开"锚点"前面的秒表记录关键帧，此时为（90，-129），将时间移至第 13 秒处，设为（0，0），如图 14-141 所示。

图 14-141　设置变换动画

（5）单击打开时间轴上部的 开关切换到图表编辑器，双击"缩放"属性，选中两个关键帧，单击下部的▆▆按钮设置缓动关键帧，改善原来一晃而过的缩放动画效果，如图 14-142 所示。

图 14-142　设置关键帧曲线

（6）将时间移至第 13 秒处，选中"——人民邮电出版社"层，按 [键移动入点到此处，按 T 键展开其"不透明度"属性，单击其前面的秒表记录关键帧，第 13 秒时设为 0%，第 14 秒时设为 100%，这样文字逐渐显示出来，如图 14-143 所示。

图 14-143　设置不透明度动画

（7）查看这两个文字的动画效果，如图 14-144 所示。

图 14-144　预览动画效果

步骤 9：设置纹理层的旋转动画。

（1）选中 3 个纹理层和"动画控制"层，按 R 键展开其"旋转"属性，单击"动画控制"层的"旋转"属性名称，这样全选其关键帧，按 Ctrl+C 键复制。

（2）将时间移至第 1 个关键帧处，即第 2 秒处，选中 3 个纹理层，按 Ctrl+V 键粘贴，这样纹理层与"动画控制"层保持相同的旋转动画，如图 14-145 所示。

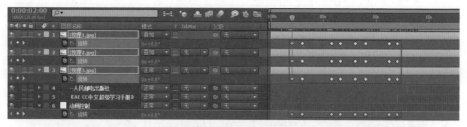

图 14-145　设置旋转关键帧

提示： 在后面学过表达式之后，可以用表达式来更方便地进行链接"旋转"属性的操作，达到同样的效果。另外纹理层并没有像文字层一样设置父级层为"动画控制"，这是因为放大会导致纹理图像的失真，所以这里只跟随旋转而没有跟随缩放。

（3）最后放置音频素材配乐，完成实例的制作，按小键盘的 0 键预览视音频动画效果。

第 15 章

形状图形动画

形状图层像文本图层一样为矢量图层，由矢量图形对象组成，适用于文本图层的许多规则也适用于形状图层。不同于位图类型的图像和视频，矢量图形维持清晰的边缘并在调整大小时不丢失细节。

形状依赖于路径的概念，通过形状工具和钢笔工具，可以创建和编辑各种路径。路径包括段和锚点，段是连接锚点的直线或曲线，锚点定义路径的各段开始和结束的位置。通过拖动路径锚点、锚点的方向线（或切线）末端的方向手柄，或路径段自身，可以更改路径的形状。

形状路径有两种：参数形状路径和贝塞尔曲线形状路径。通过绘制后可以在"时间轴"面板中修改和进行动画制作的属性，用数值定义参数形状路径。由可以在"合成"面板中修改的锚点和段的集合定义贝塞尔曲线形状路径。可以按与使用蒙版路径相同的方式使用贝塞尔曲线形状路径，所有蒙版路径也都是贝塞尔曲线路径。本章对形状图形的建立和动画进行专项讲解。

15.1 使用形状工具建立图形

默认情况下，形状由路径、描边和填充组成。通过使用形状工具或钢笔工具，在"合成"视图面板中绘制来创建形状图层。这里将先使用形状工具来建立图形。

操作文件位置：光盘 \AE CC 手册源文件 \CH15 操作文件夹 \CH15 操作 .aep

操作1：建立正圆形

（1）在打开的合成中没有选中任何图层时，双击工具栏中的椭圆工具，会按合成的尺寸建立一个最大化的椭圆形状，例如在高清合成中建立的椭圆形状，展开图层，可以看到"大小"为（1920，1080），如图 15-1 所示。

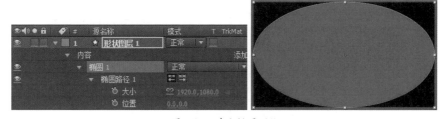

图 15-1　建立椭圆形状

（2）取消约束比例，将"大小"更改为相同的数值，得到正圆的形状，如图 15-2 所示。

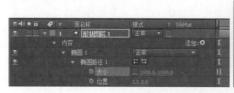
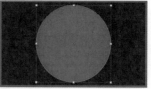

图 15-2　设置正圆形状

操作2：建立圆角方框

（1）在打开的高清合成中没有选中任何图层时，双击工具栏中的矩形工具，会按合成的尺寸建立一个最大化的矩形形状，展开图层，可以看到"大小"为（1920，1080）。取消约束比例，将"大小"更改为（600，600），得到一个正方形，如图15-3所示。

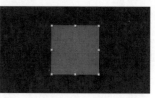

图 15-3　建立正方形

（2）设置"圆度"为100、"描边宽度"为50，取消填充得到一个圆角方框，如图15-4所示。

图 15-4　设置圆角方框

操作3：建立和修改图形

（1）在打开的高清合成中没有选中任何图层时，双击工具栏中的星形工具建立星形，展开图层，关闭描边的显示状态，如图15-5所示。

图 15-5　建立星形

（2）修改"内径"为20、"外径"为200、"外围度"为200%，并更改"颜色"，如图15-6所示。

图 15-6　更改形状

（3）在"内容"右侧的"添加"后单击 ◉ 按钮，选择弹出菜单中的"中继器"命令，设置"副本"为3、"偏移"为-1、"位置"为（412，0），得到复制排列的图形，如图15-7所示。

图 15-7　设置"中继器"复制图形

15.2　合并路径

像蒙版路径的布尔运算一样,多个形状路径也可以进行合并操作,通过添加"合并路径",可以为多个形状路径设置"合并"、"相加"、"相减"、"相交"和"排除交集"的方式显示图形。

操作4:合并形状路径

(1)新建一个高清尺寸的合成,选择菜单"图层 > 新建 > 形状图层"命令,在时间轴中建立一个"形状图层 1"。

(2)展开图层,在"内容"右侧的"添加"后单击 按钮,选择弹出菜单中的"椭圆",添加一个"椭圆路径 1",将"大小"设为(800,800)。

(3)在"内容"右侧的"添加"后单击 按钮,选择弹出菜单中的"矩形",再添加一个"矩形路径 1",将"大小"设为(400,400)。此时选中图层后显示有形状的路径,如图 15-8 所示。

图 15-8　建立形状路径

(4)在"内容"右侧的"添加"后单击 按钮,选择弹出菜单中的"合并路径",同时添加了"描边 1"和"填充 1"。此时合并路径的"模式"为"相加",如图 15-9 所示。

图 15-9　合并路径

(5)修改模式为"相减"和"相交"时的效果如图 15-10 所示。

图 15-10　设置合并路径的模式

15.3　使用钢笔工具绘制图形

使用图形工具创建预设的几何图形,使用钢笔工具则可以创建不规则的图形,可以是封闭的形状用来填充颜色显示为图形，或者是开放的路径用来进行描边显示为线条。

操作5：绘制图形

（1）按Ctrl+N键新建一个预设为HDTV 1080 25、持续时间为3秒的合成，将"路.jpg"拖至时间轴中，并打开锁定开关。

（2）在工具栏中选择钢笔工具，在视图中绘制一个小汽车的车身轮廓，将形状图层命名为"小汽车"，将"内容"下的形状命名为"车身"，将描边的"颜色"设为黑色，如图15-11所示。

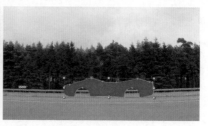

图15-11　绘制车身轮廓

（3）在"内容"右侧的"添加"后单击 ⓘ 按钮，选择弹出菜单中的"渐变填充"，添加"渐变填充1"，单击"编辑渐变"，设置左侧的色标为RGB（0，103，92），右侧的色标为RGB（0，174，255），单击"确定"按钮，如图15-12所示。

图15-12　添加和设置渐变填充颜色

（4）对照视图中渐变颜色起始与结束的两个标记点，设置"起始点"为（0，150）、"结束点"为（0，260），如图15-13所示。

图15-13　设置渐变颜色的起始和结束点

提示： 也可以直接在视图中用鼠标移动起始点和结束点，调整渐变颜色的效果。

（5）选中"小汽车"层，使用钢笔工具绘制一个挡风玻璃的形状，将形状命名为"玻璃"，如图15-14所示。

图15-14　绘制挡风玻璃形状

（6）在"内容"右侧的"添加"后单击 ▶ 按钮，选择弹出菜单中的"渐变填充"，添加"渐变填充 1"，单击"编辑渐变"，设置左侧的色标为 RGB（0，17，186）、右侧的色标为白色，单击"确定"按钮，如图 15-15 所示。

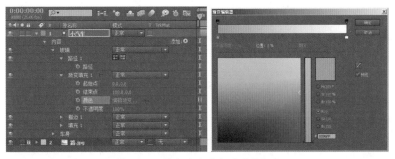

图 15-15　添加渐变填充并设置颜色

（7）将"玻璃"移至"车身"的下面，并设置"渐变填充 1"的"起始点"为（-70，175）、"结束点"为（0，40），设置"不透明度"为 50%，关闭"描边 1"和"填充 1"的显示，如图 15-16 所示。

图 15-16　设置渐变效果

（8）选中"小汽车"层，在工具栏中选择椭圆工具，绘制一个正圆形状，命名为"车轮 1"，调整大小和位置，设置描边颜色和宽度，以及填充颜色，如图 15-17 所示。

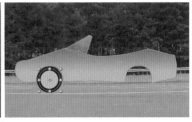

图 15-17　建立车轮的圆形

（9）选中"小汽车"层，在工具栏中选择星形工具，绘制一个五星的形状，名称为"多边星形 1"，调整形状与颜色，"位置"设置与"车轮 1"相同，如图 15-18 所示。

图 15-18　建立车轮上的图形

（10）选中"多边星形 1"和"车轮 1"，按 Ctrl+D 键创建副本，并按住 Shift 键，水平移至右侧合适的位置，如图 15-19 所示。

图 15-19　创建副本并水平移动

（11）选中"小汽车"层,在工具栏中选择圆角矩形工具,在车头处绘制一个圆角矩形的形状,名称为"矩形 1",调整圆度与颜色。然后选中"矩形路径 1",按 Ctrl+D 键创建一个副本"矩形路径 2",调整"位置"与"大小",将其放置到车尾处,如图 15-20 所示。

图 15-20　建立圆角矩形并创建路径副本

（12）在"内容"右侧的"添加"后单击▶按钮,选择弹出菜单中的"组",添加"组 1",并将其移至"内容"的最上层,将其重命名为"线条组"。

（13）选中"线条组",在"内容"右侧的"添加"后单击▶按钮,选择弹出菜单中的"路径",添加"路径 1"。确认"路径 1"处于选中的状态,使用钢笔工具绘制车身线条,如图 15-21 所示。

图 15-21　建立组并绘制线条路径

（14）再选中"线条组",在"内容"右侧的"添加"后单击▶按钮,选择弹出菜单中的"路径",添加"路径 2"。确认"路径 2"处于选中的状态,使用钢笔工具绘制车身线条。同样,添加路径并绘制线条,如图 15-22 所示。

图 15-22　在组内绘制多个线条路径

（15）选中"线条组,"在"内容"右侧的"添加"后单击▶按钮,选择弹出菜单中的"描边",添加"描边 1",将"线条组"下的"路径 1"至"路径 4"统一进行描边,设置"不透明度"为 50%,如图 15-23 所示。

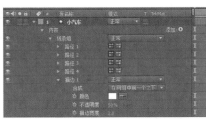

图 15-23　对组进行描边

（16）用相似的方法再绘制一个卡通人物的形状图层，放置在"小汽车"层之下，设置父级层为"小汽车"，如图 15-24 所示。

图 15-24　绘制人物图形并设置父级层关系

（17）绘制一个圆角矩形，命名为阴影，设置填充颜色为黑色，添加"快速模糊"效果，并降低"不透明度"，设置父级层为"小汽车"，制作一个小汽车在地面上的投影，如图 15-25 所示。

图 15-25　建立阴影效果

（18）设置"小汽车"行驶的动画，在变换属性下设置"位置"第 0 帧为（1400，540），第 2 秒 24 帧为（700，540）；在"内容"下设置"变换：多边星形 1"第 0 帧为 0°，第 2 秒 24 帧为 -1x-100°；"变换：多边星形 2"第 0 帧为 30°，第 2 秒 24 帧为 -1x-70°。设置"人物"晃动的动画，在变换属性下设置"旋转"第 0 帧为 -13°，第 1 秒为 5°，第 2 秒 24 帧为 -13°，如图 15-26 所示。

（19）预览动画效果，如图 15-27 所示。

图 15-26　设置小汽车行驶动画关键帧

图 15-27　预览动画效果

15.4　实例：形状元素动画

形状元素的创建和动画设置给包装制作带来很多便利，本实例使用形状元素制作包装动画，这个实例没有使用素材，如图 15-28 所示。

图 15-28　实例效果

实例的合成流程图示如图 15-29 所示。

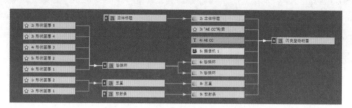

图 15-29　实例的合成流程图示

实例文件位置：光盘 \AE CC 手册源文件 \CH15 实例文件夹 \ 形状元素动画 .aep

步骤 1：建立"放射条单个"合成。

（1）按 Ctrl+N 键打开"合成设置"对话框，将合成名称设为"放射条单个"，先将预设选择为 HDTV 1080 25，确定方形像素和帧速率，然后将"宽度"和"高度"均设为 2000，将持续时间设为 10 秒，单击"确定"按钮建立合成。

（2）单击合成视图面板左下方的"选择网格和参考线选项"按钮，弹出选项菜单，选中"标题 / 动作安全"后会显示中心十字参考线。操作过程中可以缩放视图，参照十字线位置使用钢笔工具在中心单击，建立一个居中的点，如图 15-30 所示。

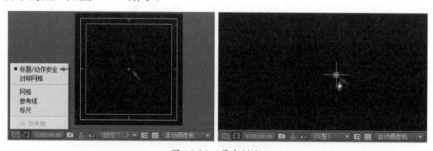

图 15-30　居中锚点

（3）接着使用钢笔工具在视图的一角建立两个点，然后单击中心点封闭路径，这样在时间轴中建立一个形状图层，如图 15-31 所示。

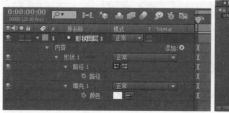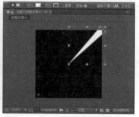

图 15-31　建立形状

步骤 2：建立"放射条"合成。

（1）从项目面板中将"放射条单个"拖至  新建合成按钮上释放新建合成，在项目面板中按主键盘的 Enter 键将新合成命名为"放射条"。

（2）在"放射条"合成时间轴中，选择"放射条单个"图层，按 Ctrl+D 键创建一个副本，并按住 Shift 键不放按两次小键盘的 + 键，即旋转 20°，如图 15-32 所示。

图 15-32　创建副本并旋转

（3）用同样的方法多次创建副本和旋转，完成放射状图形的制作，如图 15-33 所示。

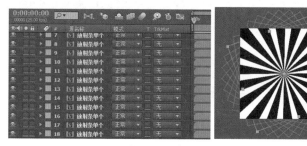

图 15-33　建立放射图形

步骤 3：建立"珍珠环"合成。

（1）按 Ctrl+N 键打开"合成设置"对话框，将合成名称设为"珍珠环"，将预设选择为 HDTV 1080 25，将持续时间设为 10 秒，单击"确定"按钮建立合成。

（2）在工具栏中双击  椭圆工具，在合成中建立一个椭圆形的形状，如图 15-34 所示。

图 15-34　建立椭圆形状

（3）展开图层，修改"大小"为（800，800），得到一个正圆形，同时关闭"填充 1"的显示，如图 15-35 所示。

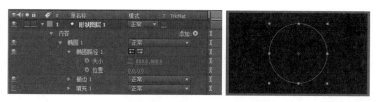

图 15-35　设置正圆形状

（4）展开"描边 1"，将"描边宽度"设为 16，"线段端点"设为"圆头端点"，单击一下"虚线"后的 按钮，添加一个"虚线"属性和一个"偏移"属性，再单击一下"虚线"后的 按钮添加一个"间隙"属性。将"虚线"设为 0，将"间隙"设为 18，放大局部查看图形，如图 15-36 所示。

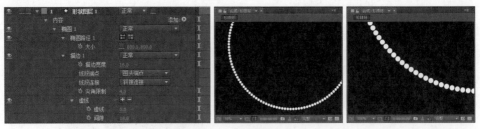

图 15-36　设置圆点描边

（5）接下来创建多个副本，仅环形的大小和小圆珠的大小不同。这里先将时间移至第 0 帧处，单击打开"描边宽度"前的秒表添加关键帧，然后按 S 键展开图层的"缩放"属性，单击打开其前面的秒表添加关键帧，这样在后面的制作中，只要选中图层后按一下 U 键即可仅展开这两个属性。

（6）选中"形状图层 1"，按 Ctrl+D 键 4 次，全选图层，按 U 键展开各层的"描边宽度"和"缩放"属性，并分别进行修改，得到一组 5 个珍珠环图形，如图 15-37 所示。

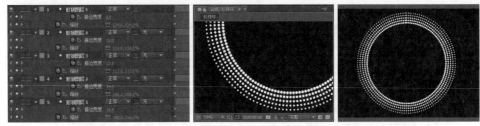

图 15-37　创建副本并修改设置

（7）在时间轴空白处右击，选择菜单"新建 > 调整图层"命令，建立一个"调整图层"，放置在顶层。

（8）选中"调整图层"，选择菜单"效果 > 生成 > 四色渐变"命令，添加效果并设置"颜色 1"为 RGB（252，252，141），"颜色 2"为 RGB（142，153，142），"颜色 3"为 RGB（251，169，251），"颜色 4"为 RGB（149，149，251），如图 15-38 所示。

图 15-38　设置渐变颜色

步骤 4：建立"五星"合成。

（1）按 Ctrl+N 键打开"合成设置"对话框，将合成名称设为"五星"，将预设选择为 HDTV 1080 25，将持续时间设为 10 秒，单击"确定"按钮建立合成。

（2）在工具栏中双击■星形工具，在合成中建立一个星形，如图 15-39 所示。

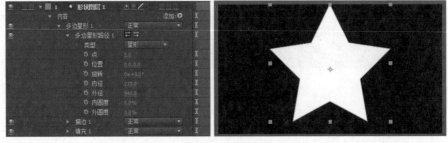

图 15-39　建立星形

（3）在图层下将"内径"修改为 206，得到一个五角星，如图 15-40 所示。

图 15-40　设置星形的形状

（4）在"内容"右侧的"添加"后单击■按钮，选择菜单"渐变填充"，添加一个"渐变填充 1"，在其下将"合成"设为"在同组中前一个之上"，将"起始点"设为（0，-500），"结束点"设为（0，500），单击"编辑渐变"，打开"渐变编辑器"，在其中单击选中左侧色标，设置颜色为 RGB（163，0，120）；单击选中右侧色标，设置颜色为 RGB（125，0，50），如图 15-41 所示。

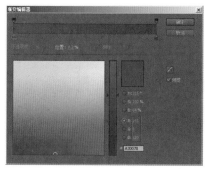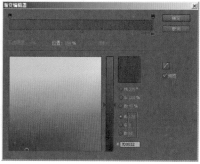

图 15-41　设置渐变颜色

（5）时间轴中的设置和合成视图的效果如图 15-42 所示。

图 15-42　渐变色的五角星

（6）选中"形状图层 1"，按 Ctrl+D 键创建一个副本"形状图层 2"，单击副本层下的"编辑渐变"进行颜色修改，单击选中左侧色标，设置颜色为 RGB（180，120，160）；单击选中右侧色标，设置颜色为 RGB（200，100，120），如图 15-43 所示。

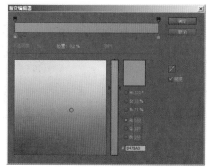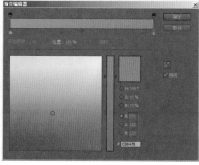

图 15-43　创建副本并修改颜色

（7）将副本层的"缩放"设为（70，70%），如图 15-44 所示。

图 15-44　缩放副本

步骤 5：建立"立体标题"合成。

（1）按 Ctrl+N 键打开"合成设置"对话框，将合成名称设为"立体标题"，将预设选择为 HDTV 1080 25，将持续时间设为 10 秒，单击"确定"按钮建立合成。

（2）在时间轴空白处右击，选择弹出菜单"新建 > 文本"命令，输入"闪亮登场"，在"字符"和"段落"面板中进行设置，如图 15-45 所示。

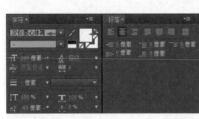

图 15-45　建立文本

（3）选中文本层，选择菜单"效果 > 生成 > 梯度渐变"命令，添加渐变颜色效果，设置"渐变起点"为（560，420），"起始颜色"为 RGB（224，114，253），"渐变终点"为（1370，660），"结束颜色"为 RGB（255，218，255），如图 15-46 所示。

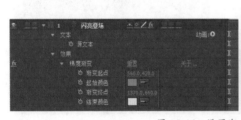

图 15-46　设置渐变颜色

（4）选中文本层，按 Ctrl+D 键复制一份，选中上面层，按主键盘的 Enter 键将其重命名为"表面"；选中下面层，按主键盘的 Enter 键将其重命名为"侧面"。

（5）暂时关闭"表面"层，选中"侧面"层，修改"梯度渐变"下的"起始颜色"为 RGB（215，90，255），"结束颜色"为 RGB（115，0，130），如图 15-47 所示。

图 15-47　创建副本并设置颜色

（6）打开两个图层的三维开关，选中"侧面"层，按 Ctrl+D 键多次连续创建副本层"侧面 1"、"侧面 2"直至"侧面 18"，然后按 P 键展开全部图层的"位置"，以"侧面 10"为中心，以上图层逐个向上修改"位置"的 Z 轴数值为 -1、-2 直至 -9，以下图层修改"位置"的 Z 轴数值为 1、2 直至 9，如图 15-48 所示。

图 15-48　设置"位置"的 Z 轴数值

提示： 按 Ctrl+A 键全选时间轴中的图层，然后按 P 键展开所有图层的"位置"属性，或者在不选中任何图层的情况下按 P 键也可以展开所有图层的"位置"属性。

（7）可以使用自定义视图来查看文字的立体效果，如图 15-49 所示。

（8）选中"表面"层，按 Ctrl+D 键创建一个副本层，按主键盘的 Enter 键重命名为"表面蒙版"，放在顶层，设为"屏幕"模式。在工具栏中选择▇矩形工具，在其上绘制一个矩形蒙版，将时间移至第 0 帧处，单击"蒙版路径"前面的秒表，记录关键帧，如图 15-50 所示。

图 15-49　使用自定义视图查看

图 15-50　建立蒙版并设置关键帧

（9）将时间移至第 9 秒 24 帧处，调整蒙版的位置和旋转角度，如图 15-51 所示。

图 15-51　设置蒙版关键帧

步骤 6：建立"闪亮登场动画"合成。

（1）按 Ctrl+N 键打开"合成设置"对话框，将合成名称设为"闪亮登场动画"，将预设选择为 HDTV 1080 25，将持续时间设为 10 秒，单击"确定"按钮建立合成。

（2）按 Ctrl+Y 键新建一个纯色层，命名为"四色背景"。

（3）选中"四色背景"层，选择菜单"效果 > 生成 > 四色渐变"命令，设置颜色 1 为 RGB（0，75，

125），颜色 2 为 RGB（125，50，0），颜色 3 为 RGB（125，100，0），颜色 4 为 RGB（0，30，40），如图 15-52 所示。

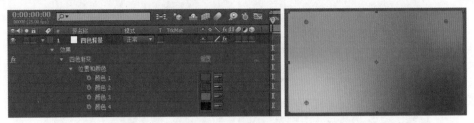

图 15-52　设置四色渐变

（4）从项目面板中将"五星"和"放射条"拖至时间轴中，打开两个图层的三维图层开关。

（5）在时间轴空白处右击，选择弹出菜单"新建＞摄像机"命令，打开"摄像机设置"对话框，从中将类型设为"双节点摄像机"，将"预设"选择为 24 毫米，单击"确定"按钮创建摄像机。

（6）在时间轴中设置摄像机的位置为向右下部偏移一些，"位置"设为（1200，800，-1280），并设置"Z 轴旋转"为 -5°，如图 15-53 所示。

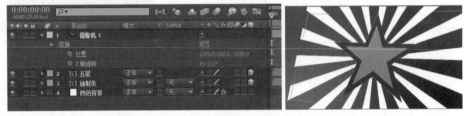

图 15-53　设置位置和旋转

（7）设置"五星"层的"缩放"为（140，140，140%），"位置"的 Z 轴为 50；设置"放射条"层为"叠加"模式，"缩放"为（150，150，150%），"不透明度"为 20%，"位置"的 Z 轴为 100，如图 15-54 所示。

图 15-54　设置变换属性

（8）从项目面板中将"珍珠环"拖至时间轴，设置"珍珠环"层为"相加"模式，"缩放"为（160，160%）。选择菜单"效果＞模糊和锐化＞CC Radial Fast Blur"命令，设置效果下的 Zoom 为 Brightest。

（9）选中"珍珠环"层按 Ctrl+D 键创建一个副本，设置副本层的"缩放"为（60，60%）如图 15-55 所示。

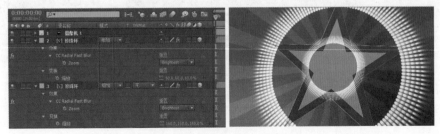

图 15-55　设置图层效果和创建副本

（10）在时间轴空白处右击，选择弹出菜单"新建＞文本"命令，输入"AE CC"，并在"字符"和"段落"面板中进行设置，如图 15-56 所示。

图 15-56 建立文本

（11）选中"AE CC"文字层，选择菜单"图层 > 从文本创建形状"命令，按照文字的轮廓自己建立一个"AE CC"轮廓层。暂时单独显示"AE CC"轮廓层，展开其"内容"下的 A，打开"描边 1"的显示，关闭"填充 1"的显示，设置"描边宽度"为 10、"线段端点"为"矩形端点"，单击"虚线"后的 ![加号] 按钮添加一个"虚线"属性和一个"偏移"属性，将"虚线"设为 20，在第 0 帧时单击打开"偏移"前面的秒表记录关键帧，如图 15-57 所示。

图 15-57 设置轮廓效果

（12）为另外 3 个字母轮廓图形进行同样的设置，均在第 0 帧处打开"偏移"前面的秒表，当前值均为 0，将时间移至第 9 秒 24 帧处，均设为 200，如图 15-58 所示。

图 15-58 设置偏移关键帧

（13）恢复全部图层的显示，选中"AE CC"文字层，选择菜单"效果 > 生成 > 梯度渐变"命令，添加渐变效果，设置"渐变起点"为（700，220），"起始颜色"为 RGB（225，136，225），"渐变终点"为（1200，880），"渐变颜色"为白色。然后在"字符"面板中为文字添加 10 像素的描边，并将图层的"不透明度"设为 50%。

（14）打开文字层与轮廓层的三维图层开关，设置两个层"位置"的 Z 轴为 -50，如图 15-59 所示。

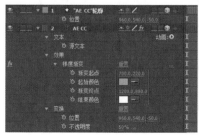

图 15-59 设置渐变和位置

（15）从项目面板中将"立体标题"拖至时间轴中,打开三维开关,将"缩放"的 Z 轴放大为 200%,将"位置"的 Z 轴设为 -100。选择菜单"效果 > 风格化 > 发光"命令,添加发光效果,设置"发光阈值"为 90%、"发光半径"为 30,如图 15-60 所示。

图 15-60　设置标题效果

步骤 7：设置"闪亮登场动画"的关键帧动画。

（1）将时间移至第 9 秒处,展开摄像机层下的"位置"和"Z 轴旋转",单击打开两个属性前面的秒表记录关键帧,此时分别为（1200,800,-1280）和 -5°；按 Home 键将时间移至开始的第 0 帧处,设置摄像机的"位置"的 X 轴为 1600,"Z 轴旋转"为 -20°；按 End 键将时间移至结尾的第 9 秒 24 帧处,设置摄像机的"位置"为（960,540,-30）,"Z 轴旋转"为 10°。同时将"放射条"的"缩放"增大至（300,300,300%）,使其不露出边缘,如图 15-61 所示。

图 15-61　设置摄像机关键帧

（2）以下分别设置各层的入点时间、"缩放"或"位置"关键帧,如图 15-62 所示。

"五星"层的入点为第 0 帧,"缩放"第 0 帧时为（0,0,0%）,第 15 帧时为（160,160,160%）,第 20 帧时为（140,140,140%）。

下层"珍珠环"的入点为第 15 帧,"缩放"第 15 帧时为（0,0,0%）,第 1 秒 05 帧时为（180,180,180%）,第 1 秒 10 帧时为（160,160,160%）。

上层"珍珠环"的入点为第 20 帧,"缩放"第 20 帧时为（0,0,0%）,第 1 秒 10 帧时为（70,70,70%）,第 1 秒 15 帧时为（60,60,60%）。

将"AE CC"轮廓层的父级层选择为"AE CC"文字层,两层的入点均为第 1 秒 10 帧；设置"AE CC"文字层的"位置"第 1 秒 10 帧时为（960,540,-1280）,第 2 秒时为（96,540,-30）,第 2 秒 05 帧时为（960,540,-50）。

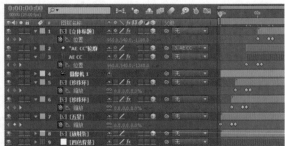

图 15-62　设置图层关键帧

"立体标题"层的入点为第 2 秒；设置"位置"第 2 秒时为（960,540,-1100）,第 2 秒 15 帧时为（96,540,-80）,第 2 秒 20 帧时为（960,540,-100）。

（3）查看此时的动画效果,如图 15-63 所示。

图 15-63　预览动画效果

（4）为各个图形元素设置缩放抖动的动画。

设置"五星"层"缩放"的第 3 秒时为（140，140，140%），第 3 秒 05 帧时为（160，160，160%），第 3 秒 10 帧时为（140，140，140%），第 3 秒 15 帧时为（160，160，160%），第 3 秒 20 帧时为（140，140，140%）；同样为其他几个图形元素每隔 5 帧设置缩放抖动的动画效果，如图 15-64 所示。

图 15-64　设置抖动关键帧

（5）同样，复制和粘贴各层的缩放抖动关键帧，在后面的动画中重复两次，如图 15-65 所示。

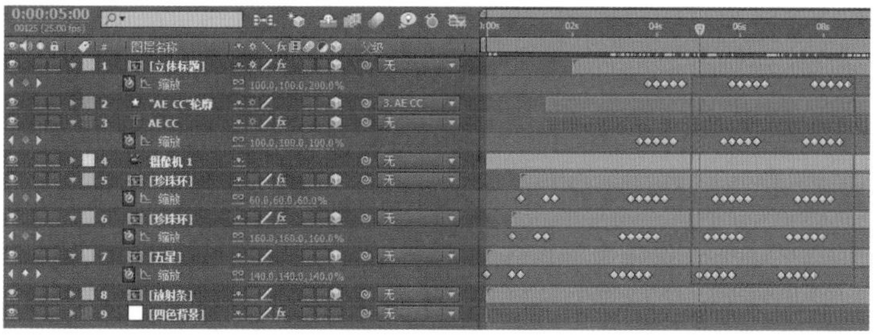

图 15-65　复制关键帧

（6）在时间轴空白处右击，选择弹出菜单"新建＞调整图层"命令，放置在顶层，入点移至第 9 秒处。选择菜单"效果＞模糊和锐化＞径向模糊"命令，设置"类型"为"缩放"，在第 9 秒处单击打开"数量"前面的秒表记录关键帧，第 9 秒时为 0，第 9 秒 24 帧时为 30，如图 15-66 所示。

图 15-66　设置调整图层

（7）查看此时的动画，如图 15-67 所示。

图 15-67　预览动画效果

（8）添加音乐素材为动画配乐，完成实例的制作，按小键盘的 0 键预览最终的视音频动画效果。

第 16 章

操控点动画

使用操控点工具可将比较自然的运动便捷地添加到位图图像和矢量图形中，包括静止图像、形状和文本字符。虽然应用操控工具之后显示为"操控"效果，但是"效果"菜单或"效果和预设"面板中没有该效果，需要选中工具栏中的操控工具，直接在合成视图面板中添加使用。应用操控效果时，将根据添加和移动的操控点位置来使图像的某些部分变形。本章讲解操作点动画制作中三种工具的使用，并制作图形和图像的操控点动画。

16.1　操控点工具的使用

进行控制动画制作时，首先需要使用操控点工具为图像添加操控点，然后通过移动操控点来影响图像制作动画。

操作文件位置：光盘 \AE CC 手册源文件 \CH16 操作文件夹 \CH16 操作 .aep

操作1：操控点工具

（1）打开本章操作对应的合成，从工具栏中选择 操控点工具，在第 0 帧处，在人物之上建立 4 个操控点，同时在时间轴的图层上会增加"操控"效果，如图 16-1 所示。

图 16-1　建立操控点

（2）移动上面的"操控点 4"的"位置"，可以用鼠标直接在合成视图中移动操控点，在第 0 帧处将其向左侧移动，如图 16-2 所示。

图 16-2　移动操控点

（3）将时间移至第 13 帧处，将"操控点 4"向右侧移动，然后复制第 0 帧处的关键帧粘贴到第 1 秒的位置。这样预览动画时，人物将左右扭动，如图 16-3 所示。

图 16-3　设置操控点动画关键帧

16.2　操控叠加工具的使用

在添加了操控点制作动画的过程中，在图像的两部分重叠时，存在一部分在另一部分之下，如果需要其位于上面，就需要使用操控叠加工具来调整。使用操控叠加工具可放置叠加控点，它指示在扭曲导致图像各个部分互相重叠时，图像的哪些部分应当位于其他部分的前面。

操作2：操控叠加工具

（1）打开本章操作对应的合成，从工具栏中选择 操控点工具，在第 0 帧处，在人物之上建立 7 个操控点，如图 16-4 所示。

图 16-4　建立操控点

（2）将上面的两个操控点向左侧移动，如图 16-5 所示。

图 16-5　移动操控点

（3）将时间移至第 13 帧，将上面的两个操控点向右侧移动，并复制这两个操控点第 0 帧处的关键帧，粘贴到第 1 秒处，如图 16-6 所示。

图 16-6 移动和复制操控点

（4）可以看到第 13 帧处人物左上角操控点在右移时，将手移至头部的后面。在工具栏中选择■操控叠加工具，在原手掌位置单击增加一个"重叠"点，并在图层中增加"重叠"属性，在其下将"程度"增大为 200，可以看到手掌被调整到头部之前，如图 16-7 所示。

图 16-7 使用操控叠加工具修正前后顺序

16.3 操控扑粉工具的使用

在制作操控动画的过程中，操控点移动时，其周边的图像会或多或少地受到影响发生变形，有些图像内容（例如头部）如果不希望其发生变形，可以使用操控扑粉工具来指定范围。使用操控扑粉工具可放置扑粉控点，以僵化图像的某些部分使其较少发生扭曲。

操作3：操控扑粉工具

（1）打开本章操作对应的合成，从工具栏中选择■操控点工具，在第 0 帧处，在人物之上建立 8 个操控点，如图 16-8 所示。

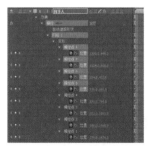

图 16-8 建立操控点

（2）将时间移至第 13 帧，将手臂上的 4 个操控点向下移动，然后复制这 4 个操控点第 0 帧处的关键帧，粘贴到第 1 秒处，如图 16-9 所示。

图 16-9 调整操控点

（3）可以看到在第 13 帧处,移动操控点引起人物脸部下巴的变化。在工具栏中选择操控扑粉工具,在人物的嘴部单击增加一个"补粉"点,并在图层中增加"硬度"属性,在其下将"补粉 1"的"程度"增大为 100,可以看到下巴部分由变宽的状态恢复为原来的形状,如图 16-10 所示。

图 16-10　使用操控扑粉工具修正图像的变形

16.4　绘制图形制作操控动画

AE 中具有一定的图形创建能力,可以给合形状工具和钢笔工具绘制形状,然后在形状上添加操控点制作图形动画。

操作4：绘制图形制作动画

（1）打开本章操作对应的合成,其中有一个渐变的"背景"层、一个"足球"层和一个形状绘制的"球员"层,如图 16-11 所示。

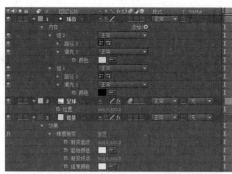

图 16-11　打开绘制图形的合成

（2）在第 0 帧处,从工具栏中选择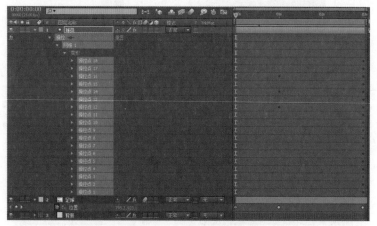操控点工具,在人物之上建立操控点,并调整运动姿势;在第 1 秒处,调整腿和脚部踢球动作的操控点;在第 2 秒 24 帧处调整操控点设置踢球的姿势。同时在这 3 个时间点设置"足球"的位置动画,如图 16-12 所示。

图 16-12　为人物添加操控点

（3）这 3 个关键帧相应的动画效果如图 16-13 所示。

图 16-13　操控点关键帧

16.5　实例：头像卡通动画

在 AE 中制作卡通风格的动画，操控点工具是最佳的使用工具，本实例使用操控点工具对卡通图像进行动画制作，实例效果如图 16-14 所示。

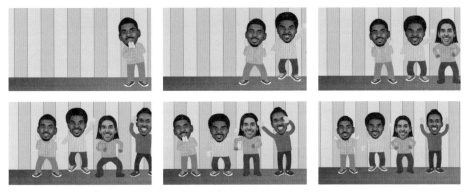

图 16-14　实例效果

实例的合成流程图示如图 16-15 所示。

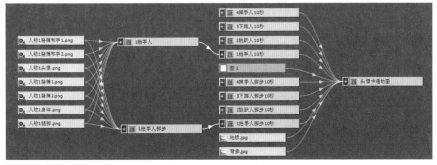

图 16-15　实例的合成流程图示

实例文件位置：光盘 \AE CC 手册源文件 \CH16 实例文件夹 \.aep

步骤 1：导入素材。

在项目面板中双击打开"导入文件"对话框，将本实例准备的图片文件全部选中，单击"导入"，将其导入到项目面板中。

步骤 2：建立"1 拍手人"合成。

（1）在项目面板中选择"人物 1"字样的 7 个图像文件，拖至面板下部的 ▣ 新建合成按钮上释放，在弹出对话框中选择"单个合成"，静止持续时间为 1 秒，单击"确定"按钮建立合成。按 Ctrl+K 键打开"合成设置"对话框，将合成重命名为"1 拍手人"，为合成指定一个背景色，方便透明图像的查看。

（2）在时间轴中调整图层的顺序，将除与胳膊和头像有关图像层的父级层设为身体层，调整头像到合适的位置，这里设置完父级层之后的"位置"为（800，560），如图 16-16 所示。

图 16-16　调整图层顺序和位置并设置父级层

（3）将时间移至第 6 帧，在工具栏中选择█操控点工具，在"人物 1 胳膊和手 1.png"层图像上建立 3 个操控点，如图 16-17 所示。

图 16-17　建立操控点

（4）将时间移至第 0 帧处，配合 Shift 键选中手上的两个操控点，将其拖动到中间处，准备做拍手的动作，向中间拖动，如图 16-18 所示。

图 16-18　移动操控点

（5）单独选中手指上面的一个操控点，准备做与另一只手合掌的动作，向中间拖动，如图 16-19 所示。

图 16-19　移动操控点

（6）同样，为另一只胳膊与手制作对应的动作。将时间移至第 6 帧，使用█操控点工具在"人物 1 胳膊和手 2.png"层图像上建立 3 个操控点，如图 16-20 所示。

图 16-20　建立操控点

（7）将时间移至第 0 帧处，配合 Shift 键选中手上的两个操控点，将其拖动到中间处，准备做拍手的动作，向中间拖动，如图 16-21 所示。

图 16-21　移动操控点

（8）单独选中手指上面的一个操控点，做与另一只手合掌的动作，向中间拖动，如图 16-22 所示。

图 16-22　移动操控点

（9）选中"人物 1 胳膊和手 1.png"层，按 U 盘显示关键帧，将时间移至第 12 帧，用鼠标框选中设置动作的 4 个关键帧，按 Ctrl+C 键复制，再按 Ctrl+V 键粘贴，如图 16-23 所示。

图 16-23　复制和粘贴关键帧

（10）将时间移至第 1 秒，框选中第 0 帧处的两个关键，按 Ctrl+C 键复制，再按 Ctrl+V 键粘贴，完成一个循环动画，如图 16-24 所示。

图 16-24　复制和粘贴关键帧

提示：如果仅将关键帧粘贴到第 24 帧，在循环这一段动画时将产生第 0 帧和第 24 帧数值相同的停顿现象。

（11）同样，选中"人物 1 胳膊和手 2.png"层，按 U 盘显示关键帧，将时间移至第 12 帧，用鼠标框选中设置动作的 4 个关键帧，按 Ctrl+C 键复制，再按 Ctrl+V 键粘贴；然后再将时间移至第 1 秒，框选中第 0 帧处的两个关键帧，按 Ctrl+C 键复制，再按 Ctrl+V 键粘贴，完成一个循环动画，如图 16-25 所示。

图 16-25　制作循环动画的关键帧

（12）单击时间轴上部的▧打开图表编辑器，单击打开"人物 1 胳膊和手 1.png"层设置动作操控点的▧开关，显示属性关键帧，然后单击面板下部的▧选择图表类型和选项按钮，在弹出菜单中选择"编辑速度图表"，如图 16-26 所示。

图 16-26　使用图表编辑器

（13）用鼠标框选中第 0 帧处的两个关键帧，单击面板右下部的▧按钮设置缓出关键帧，即合上的双手分开时有一个迟缓的动作，如图 16-27 所示。

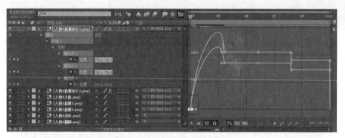

图 16-27　设置缓出关键帧

（14）用鼠标框选中第 6 帧处的两个关键帧，单击面板右下部的▧按钮设置缓动关键帧，即分开到两侧的双手准备向中间合拢时有一个迟缓的动作，如图 16-28 所示。

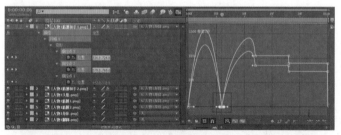

图 16-28　设置缓动关键帧

（15）同样，框选中第 12 帧处的两个关键帧，单击▧按钮设置缓出关键帧；框选中第 18 帧处的两个关键帧，单击面板右下部的▧按钮设置缓动关键帧，如图 16-29 所示。

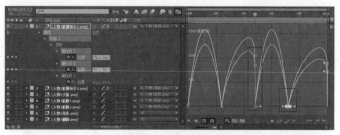

图 16-29　设置缓出和缓动关键帧

（16）完成"人物 1 胳膊和手 1.png"层关键帧速率的调整后，关闭打开的▧开关，用同样的方法设置"人物 1 胳膊和手 2.png"层关键帧速率，完成设置后单击▧关闭图表编辑器，查看设置完的关键帧类型，如图 16-30 所示。

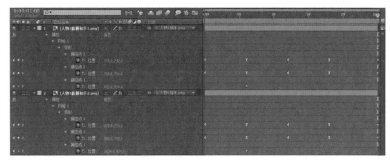

图 16-30　设置关键帧速率

（17）选中"人物 1 身体 .png"层，展开"变换"属性，准备制作人物扭动腰部的动画，即调整"旋转"的角度变化，默认旋转中心依据的锚点在视图的中心点，如图 16-31 所示。

图 16-31　查看锚点

（18）在工具栏中选择 锚点工具，在合成视图中将锚点向下移至身体下部纽扣附近，然后在第 0 帧单击打开"旋转"前面的秒表记录关键帧，设置第 0 帧时为 -10°，第 12 帧时为 10°，第 1 秒时为 -10°，如图 16-32 所示。

图 16-32　调整锚点并设置旋转动画

（19）单击时间轴上部的 打开图表编辑器，双击"人物 1 身体 .png"层的"旋转"，选中全部关键帧，单击面板右下部的 按钮设置缓动关键帧，如图 16-33 所示。

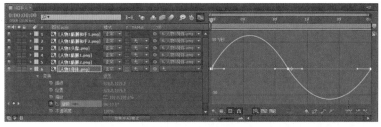

图 16-33　设置缓动关键帧

（20）按小键盘的 0 键可以循环预览动画效果。

步骤 3：建立"1 拍手人 10 秒"合成。

（1）在项目面板中选中"1 拍手人"，将其拖至面板下部的 新建合成按钮上释放建立合成。按 Ctrl+K 键打开"合成设置"对话框，将合成重命名为"1 拍手人 10 秒"，将"持续时间"设为 10 秒。

（2）在时间轴中选中图层，按 Ctrl+D 键 9 次，创建 9 个副本，如图 16-34 所示。

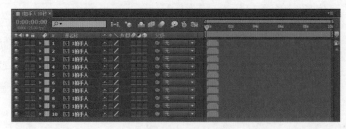

图 16-34　创建副本

（3）按 Ctrl+A 键选中所有图层，选择菜单"动画 > 关键帧辅助 > 序列图层"命令，在打开的对话框中确认不要勾选"重叠"选项，单击"确定"按钮，将时间轴中的图层前后连接放置，这样得到一个循环 10 秒长度的动画，如图 16-35 所示。

图 16-35　连接图层

步骤 4：建立"1 拍手人脚步"合成。

（1）在项目面板中选中"1 拍手人"，按 Ctrl+D 键创建一个副本，并重新命名为"1 拍手人脚步"，打开时间轴面板。

（2）选中"人物 1 腿脚 .png"层，将时间移至第 0 帧处，在工具栏中选择█操控点工具，在其上建立操控点，准备制作两腿分开的动画，如图 16-36 所示。

图 16-36　建立操控点

（3）将时间移至第 12 帧处，移动锚点分开双腿，并将顶上的一个操控点下移，如图 16-37 所示。

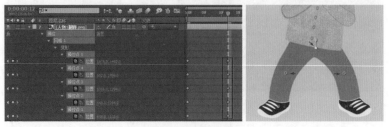

图 16-37　移动操控点

（4）将时间移至第 1 秒处，用鼠标框选中第 0 帧处的控制点关键帧，按 Ctrl+C 键复制，再按 Ctrl+V 键粘贴，如图 16-38 所示。

图 16-38　复制和粘贴关键帧

（5）选中"人物 1 身体 .png"层，将时间移至第 0 帧处，按 P 键展开"位置"属性，单击打开其前面的秒表记录关键帧，第 0 帧时位置不变，第 12 帧时参照双腿分开时身体高度降低，将"位置"下移，这里为（828，1100），将时间移到第 1 秒处，选择第 0 帧处的关键帧，按 Ctrl+C 键复制，再按 Ctrl+V 键粘贴，如图 16-39 所示。

图 16-39　设置"位置"关键帧

步骤 5：建立"1 拍手人脚步 10 秒"合成。

（1）在项目面板中选中"1 拍手人脚步"，将其拖至面板下部的 新建合成按钮上释放建立合成。按 Ctrl+K 键打开"合成设置"对话框，将合成重命名为"1 拍手人脚步 10 秒"，将"持续时间"设为 10 秒。

（2）在时间轴中选中图层，按 Ctrl+D 键 9 次，创建 9 个副本。

（3）按 Ctrl+A 键选中所有图层，选择菜单"动画 > 关键帧辅助 > 序列图层"命令，在打开的对话框中确认不要勾选"重叠"选项，单击"确定"按钮，将时间轴中的图层前后连接放置，这样得到一个循环 10 秒长度的动画，如图 16-40 所示。

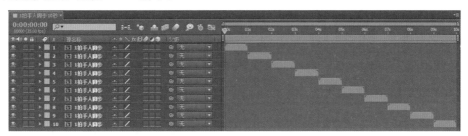

图 16-40　创建副本并连接图层

步骤 6：建立另外 3 个人物的动画合成。

（1）在项目面板中使用"人物 2"字样的图像文件，建立"2 跳跃人"、"2 跳跃人 10 秒"、"2 跳跃人脚步"、"2 跳跃人脚步 10 秒"的合成画，如图 16-41 所示。

图 16-41　建立"人物 2"操控点动画

（2）在项目面板中使用"人物3"字样的图像文件，建立"3下蹲人"、"3下蹲人10秒"、"3下蹲人脚步"、"3下蹲人脚步10秒"的合成画，如图16-42所示。

图16-42　建立"人物3"操控点动画

（3）在项目面板中使用"人物4"字样的图像文件，建立"4挥手人"、"4挥手人10秒"、"4挥手人脚步"、"4挥手人脚步10秒"的合成画，如图16-43所示。

图16-43　建立"人物4"操控点动画

步骤7：建立"头像卡通动画"合成。

（1）按Ctrl+N键打开"合成设置"对话框，将合成名称设为"头像卡通动画"，将预设选择为HDTV 1080 25，将持续时间设为20秒，单击"确定"按钮建立合成。

（2）从项目面板中将"地板.jpg"和"背景.jpg"拖至时间轴中，均打开三维图层的开关。

（3）在时间轴空白处右击，选择弹出菜单"新建 > 摄像机"命令，在打开的"摄像机设置"对话框中，将预设选择为50毫米，单击"确定"按钮建立摄像机。

（4）设置"地板.jpg"层的"方向"为（90°，0°，90°），"位置"为（960，1300，1000），"缩放"为（200，200，200%）；设置"背景.jpg"的"位置"为（960，540，3000），"缩放"为（250，250，250%），如图16-44所示。

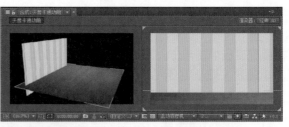

图16-44　设置场景

（5）从项目面板中将"1拍手人10秒"、"2跳跃人10秒"、"3下蹲人10秒"和"4挥手人10秒"拖至时间轴中，以由下向上的图层顺序放置。设置"1拍手人10秒"的"位置"为（-100，480，1300），"2跳跃人10秒"的"位置"为（600，480，1300），"3下蹲人10秒"的"位置"为（1300，480，1300），"4挥手人10秒"的"位置"为（2000，480，1300），如图16-45所示。

图 16-45　放置人物图层

（6）选择这 4 个人物层，按 Ctrl+C 键复制，再按 Ctrl+V 键粘贴，并将复制图层的入点移至第 10 秒处，如图 16-46 所示。

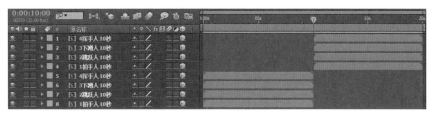

图 16-46　复制和粘贴图层

（7）在前四段人物图层上面建立一个"空 1"层，打开三维开关，将前四段人物图层的父级层设为"空 1"层，并配合 Alt 键从项目面板中拖放，替换成"脚步 10 秒"字样的对应图层。

（8）选中"空 1"层，按 P 键展开"位置"属性，将时间移至第 10 秒处，单击打开其前面的秒表记录关键帧，再将时间移至第 0 帧处，将位置设置为（3100，540，0），如图 16-47 所示。

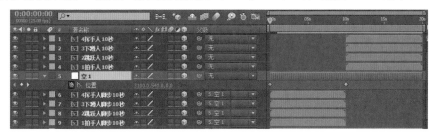

图 16-47　设置父级层动画

（9）查看此时的动画效果，如图 16-48 所示。

图 16-48　预览动画效果

（10）选中摄像机层，将时间移至第 0 帧处，按 P 键展开"位置"属性，单击打开其前面的秒表记录关键帧，再将时间移至第 19 秒 24 帧处，设置为（960，540，-3500），将摄像机镜头逐渐拉开，如图 16-49 所示。

图 16-49　设置摄像机动画

（11）将音频素材拖至时间轴中为动画配乐，完成制作，按小键盘的 0 键预览最终的视音频动画效果。

第17章

光线追踪 3D 制作

After Effects 较新的版本中可以使用光线追踪渲染器作为合成渲染器。不同于在以前的版本中已用作默认渲染器的现有高级 3D（现在称为经典 3D）合成渲染器，光线追踪 3D 渲染器与当前的扫描线渲染器截然不同，除了现有的材质选项外，它还可以处理反射、透明度、折射率和环境映射。现有的功能（例如，柔和阴影、运动模糊、景深模糊、字符内阴影、以任何光照类型将图像投影到表面上，以及插入图层）仍受支持。位于堆叠顺序底部的 2D 图层背景可见，并且可以穿过半透明的对象看到它们。本章专项介绍使用光线追踪 3D 渲染器在 AE CC 中制作 3D 的文字和图形。

17.1 建立立体文字

在之前的内容中有将多个三维图层在其 Z 轴方向每隔一层移动一个像素的方法制作叠加起来的三维文字，在新版 AE 中，在合成中使用"光线跟踪 3D"渲染器时，可以直接将三维文字层设置为具有厚度的立体效果。

操作文件位置：光盘 \AE CC 手册源文件 \CH17 操作文件夹 \CH17 操作 .aep

操作1：使用光线追踪3D渲染器功能建立立体字

（1）在合成中新建一个文本，打开三维开关，使用"自定义视图 3"查看，如图 17-1 所示。

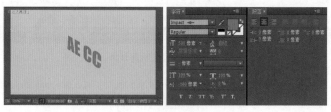

图 17-1　新建文本

（2）按 Ctrl+K 键打开"合成设置"对话框，将"渲染器"由默认的"经典 3D"选项改变"光线追踪 3D"选项，首次使用时会提示"警报"对话框信息，提示这个选项允许制作的效果和不能制作的效果，如图 17-2 所示。

（3）切换为"光线追踪 3D"选项后，合成时间轴中三维文本层的属性发生变化，如图 17-3 所示。

（4）将"几何选项"下的"凸出深度"设为 50，原来在空间中只具有平面效果的文字出现了具有立体厚度的效果，如图 17-4 所示。

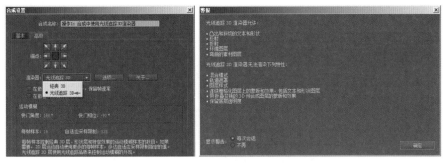

图 17-2　使用"光线追踪 3D"选项及其提示

图 17-3　三维文本层属性的变化

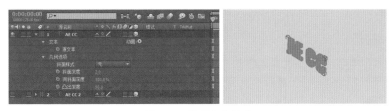

图 17-4　设置立体厚度

（5）可以简单地创建一个副本，改变文本颜色，并将"凸出深度"设为 0，这样区分出表面与侧面的颜色，如图 17-5 所示。

图 17-5　创建一个文字表面

操作2：创建斜切和凸出的三维文本

（1）在制作中通常配合使用灯光来表现三维表面的光线效果，使用上一操作中的三维文字，删除白色表面文字层，并创建类型为"聚光"的"灯光 1"和类型为"环境"的"灯光 2"，如图 17-6 所示。

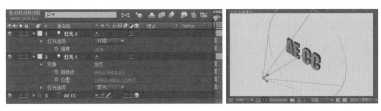

图 17-6　建立灯光

（2）将文本层"几何选项"下的"斜面样式"设为"尖角"，将"斜面深度"设为10，如图17-7所示。

图 17-7　将"斜面样式"设为"尖角"

（3）将文本层"几何选项"下的"斜面样式"设为"凹面"和"凸面"时的效果如图17-8所示。

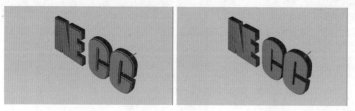

图 17-8　将"斜面样式"设为"凹面"和"凸面"

17.2　建立立体图形

除了文字具有设置立体厚度的效果之外，同为矢量类型的形状图层也可以设置 Z 轴向的厚度，制作立体的图形效果，前提是同样需要将合成设为"光线追踪3D"渲染器。

操作3：创建三维图形

（1）在合成中使用星形工具、椭圆工具和钢笔工具创建图形，如图17-9所示。

图 17-9　绘制图形

（2）在"合成设置"中将"渲染器"设置为"光线追踪3D"选项，打开图形层三维开关，将"几何选项"下的"凸出深度"设为50，使用自定义视图，调整视角查看效果，如图17-10所示。

图 17-10　设置厚度

（3）创建类型为"聚光"的"灯光1"和类型为"平行"的"灯光2"，如图17-11所示。

（4）将"斜面样式"设为"凸面"，"斜面深度"设为3，可以看到图形轮廓向外扩展，如图17-12所示。

（5）在"内容"右侧的"添加"后单击 ▶ 按钮，选择弹出菜单中的"位移路径"，添加"位移路径1"，在其下设置数量为-3，即用收缩图形轮廓来抵消因设置"凸面"引起的扩展，如图17-13所示。

图 17-11　建立灯光

图 17-12　设置"凸面"

图 17-13　修正轮廓的扩展

操作4：从图像中转换形状创建三维Logo

（1）按 Ctrl+N 键新建一个合成，预设选择为 HDTV 1080 25，设置浅绿色背景，在合成中放置"Adobe Logo.jpg"图像。

（2）选中"Adobe Logo.jpg"图像，选择菜单"图层 > 自动追踪"命令，在打开的对话框中勾选"预览"，将"通道"选择为"明亮度"，对照合成视图中的效果进行设置，如图 17-14 所示。

图 17-14　设置自动追踪蒙版

（3）单击"确定"按钮，自动建立"自动追踪的 Adobe Logo.jpg"层，其下为追踪产生的多个蒙版。全选蒙版，将运算方式设为"差值"，并精减上部直线蒙版路径的锚点，如图 17-15 所示。

图 17-15　设置运算方式并精减锚点

（4）选择菜单"图层＞新建＞形状图层"命令，新建形状图层，命名为"Logo"，在其"内容"右侧的"添加"后单击 ▶ 按钮，选择弹出菜单中的"组"，添加一个"组1"，将其重命名为"图形路径"。选中"图形路径"，单击 ▶ 按钮，选择弹出菜单中的"路径"，添加"路径1"。选中"路径1"，按 Ctrl+D 键创建两个副本。这样在"图形路径"下建立 3 个路径，用来在下一步复制蒙版中的路径，如图 17-16 所示。

图 17-16　建立组和路径

（5）在"自动追踪的 Adobe Logo.jpg"图层中用不同颜色的蒙版标明上部图形的 3 个蒙版，展开蒙版的"蒙版路径"，按住 Ctrl 键或者 Shift 键的同时，单击选中这 3 个蒙版的"蒙版路径"，按 Ctrl+C 键复制。再展开"Logo"层中"路径1"至"路径3"下的"路径"，按住 Ctrl 键或者 Shift 键的同时，单击选中这 3 个"路径"，按 Ctrl+V 键粘贴，将蒙版中的路径粘贴到图形层，如图 17-17 所示。

图 17-17　复制和粘贴图形部分的路径

提示： 复制时要选中最底级别的"蒙版路径"，粘贴时要选中最底级别的"路径"，选中上级复制粘贴时，会误将蒙版应用到图形层上。

（6）选中"Logo"层"图形路径"，单击 ▶ 按钮，选择弹出菜单中的"填充"，将当前的路径填充红色，如图 17-18 所示。

图 17-18　添加填充颜色

（7）用同样的方法，在"Logo"层中单击 ▶ 按钮，选择弹出菜单中的"组"，添加一个组，将其重命名为"文字路径"。选中"文字路径"，单击 ▶ 按钮，选择弹出菜单中的"路径"，添加"路径1"。查看"自动追踪的 Adobe Logo.jpg"图层中文字部分的蒙版数量为 10 个，选中"文字路径"下的"路径1"，连续按 Ctrl+D 键创建路径至"路径10"。这样在"图形路径"下建立 10 个路径。

（8）在"自动追踪的 Adobe Logo.jpg"图层中展开文字部分蒙版的"蒙版路径"，按住 Ctrl 键或者 Shift 键的同时，单击选中这 10 个蒙版的"蒙版路径"，按 Ctrl+C 键复制。再展开"Logo"层中"路径1"至"路径10"下的"路径"，按住 Ctrl 键或者 Shift 键的同时，单击选中这 10 个"路径"，按 Ctrl+V 键粘贴，将蒙版中的路径粘贴到图形层，如图 17-19 所示。

（9）选中"Logo"层"文字路径"，单击 ▶ 按钮，选择弹出菜单中的"填充"，添加"填充1"，将"颜色"设为白色，如图 17-20 所示。

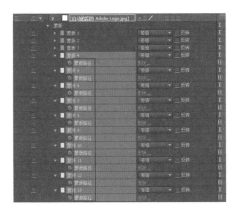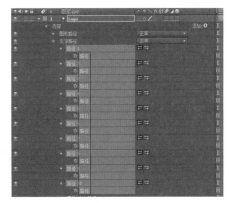

图 17-19　复制文字部分的路径

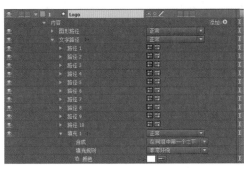

图 17-20　添加填充颜色

（10）此时文字填充覆盖了其中的空隙，修改"填充规则"为"奇偶"可以修正这一现象，不过考虑到后面还要进一步制作立体效果，需要采用合并路径的方法。选中"文字路径"，单击 ▶ 按钮选择弹出菜单中的"合并路径"，添加"合并路径 1"，将"模式"设为"排除交集"，如图 17-21 所示。

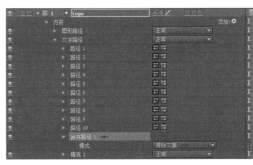

图 17-21　添加"合并路径"

（11）将"Logo"层的三维开关打开，创建类型为"聚光"的"灯光 1"和类型为"环境"的"灯光2"，如图 17-22 所示。

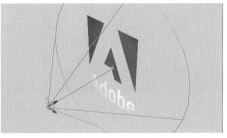

图 17-22　打开三维开关并创建灯光

（12）确认在"合成设置"中将"渲染器"设置为"光线追踪 3D"选项，将"Logo"层的"几何选项"下的"斜面样式"设为"凹面"，将"凸出深度"设为 50，使用自定义视图，调整视角查看效果，如图 17-23 所示。

图 17-23　设置"凸面"效果

17.3 光线追踪 3D 渲染器中的材质设置

在合成中将渲染器选项选择为"光线追踪 3D"之后，除了原来三维图层材质选项外，还增加处理反射、透明度、折射率和环境映射，原有的功能，例如柔和阴影、运动模糊、景深模糊、字符内阴影、投影等仍受支持。

操作5：三维场景材质效果

（1）在合成中使用上一操作中的"Logo"图形层设置立体效果，将其中"文字路径"下的填充颜色设为深灰色，RGB 为（50，50，50），建立一个 28 毫米的"摄像机 1"，将视图选择为"活动摄像机"。创建类型为"聚光"的"灯光 1"和类型为"平行"的"灯光 2"，如图 17-24 所示。

图 17-24　设置立体 Logo、摄像机和灯光

（2）选中"Logo"层的"文字路径"，单击 ▶ 按钮，选择弹出菜单中的"斜面 > 颜色"，添加"斜面颜色"，设置为白色。再次单击 ▶ 按钮，选择弹出菜单中的"边线 > 颜色"，添加"侧面颜色"，设置为红色，如图 17-25 所示。

图 17-25　添加斜面和侧面颜色

（3）再按 Ctrl+Y 键建立一个纯色层，命名为"环境杂色"，选择菜单"效果 > 杂色和颗粒 > 分形杂色"，设置一个纹理图像，如图 17-26 所示。

图 17-26　建立纹理图像

（4）选中纯色层，选择菜单"图层＞环境图层"，将"环境杂色"层转换为环境层，将其移至底层，如图 17-27 所示。

图 17-27　转换环境层

（5）新建一个纯色层，设置与合成背景相同的浅绿色，将其放置在环境层上面遮挡环境层的图像。将"Logo"层"材质选项"下的"反射强度"设为 100%，如图 17-28 所示。

图 17-28　设置"反射强度"并建立纯色层遮挡环境层

17.4　实例：立体文字片头

AE 中自从增加了光线追踪 3D 功能之后，制作实用的立体元素变得容易实现，本例在光线追踪 3D 的合成中制作立体文字的片头动画，实例效果如图 17-29 所示。

图 17-29　实例效果

实例的合成流程图示如图 17-30 所示。

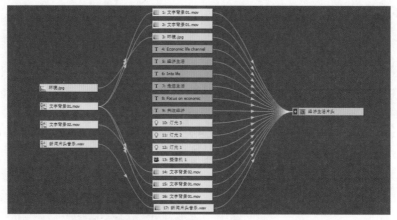

图 17-30　实例的合成流程图示

实例文件位置：光盘 \AE CC 手册源文件 \CH17 实例文件夹 \ 立体文字片头 .aep

步骤 1：导入素材。

在项目面板中双击打开"导入文件"对话框，将本实例准备的视频文件"文字背景 01.mov"、"文字背景 02.mov"、图片文件"环境 .jpg"和音频文件"新闻片头音乐 .wav"全部选中，单击"导入"，将其导入到项目面板中。

步骤 2：建立"经济生活片头"合成并放置素材。

（1）按 Ctrl+N 键打开"合成设置"对话框，将合成名称设为"经济生活片头"，将预设选择为 HDV/HDTV 720 25，将持续时间设为 15 秒，单击"确定"按钮建立合成。

（2）从项目面板中将"文字背景 01.mov"、"文字背景 02.mov"、"新闻片头音乐 .wav"拖至时间轴中，选中"文字背景 01.mov"层，按 Ctrl+D 键创建一个副本，将其中一个"文字背景 01.mov"图层的"缩放"的 X 轴设为负值，即左右反向区别视频的动态效果。可以按小键盘的 0 键在预览视频的同时监听其中音频的声音。将 3 个背景层前后连接，如图 17-31 所示。

图 17-31　放置素材

步骤 3：建立初步的文字动画。

（1）在时间轴空白处右击，在弹出菜单中选择"新建 > 文本"命令，输入"关注经济"，按小键盘上的 Enter 键结束输入状态，在"字符"面板中设置字体为"汉仪菱心体简"，大小为 100 像素，在"段落"面板中设置为居中对齐文本，如图 17-32 所示。

图 17-32　建立文本

（2）在时间轴空白处右击，在弹出菜单中选择"新建 > 摄像机"命令，在打开的"摄像机设置"对话框中将"预设"选择为"15 毫米"，单击"确定"按钮建立摄像机。

（3）展开文字层，单击"动画"后面的 ▶ 按钮，选择弹出菜单中的"启用逐字 3D 化"，文字层的三维开关处将显示为 开关。

（4）单击"动画"后面的 ▶ 按钮，选择弹出菜单中的"字符间距"，将添加一个"动画制作工具 1"，在第 0 帧处单击打开其下"字符间距大小"前面的秒表，设为 100，将时间移至第 4 秒处，设为 10。

（5）单击"添加"后面的 ▶ 按钮，选择弹出菜单中的"属性 > 旋转"，将在"动画制作工具 1"下添加旋转属性，将时间移至第 0 帧处，单击打开"Y 轴旋转"前面的秒表，设为 -60°，将时间移至第 4 秒处，设为 0°。暂时只显示文字层，如图 17-33 所示。

图 17-33　设置文本旋转动画

（6）查看文字动画，文字向中心合拢的同时，由倾斜的侧面转正，如图 17-34 所示。

图 17-34　预览文本动画

（7）单击"添加"后面的 ▶ 按钮，选择弹出菜单中的"属性 > 位置"，将在"动画制作工具 1"下添加"位置"属性，将时间移至第 4 秒处，单击打开"位置"前面的秒表，设置第 4 秒时为（0，0，0），第 4 秒 24 帧时为（0，0，-540）。

（8）将"Y 轴旋转"的第 4 秒 24 帧设为 90°，然后按 Alt+] 键剪切图层出点，如图 17-35 所示。

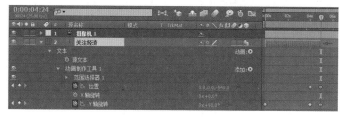

图 17-35　设置文本位置动画

（9）查看文字动画，文字旋转的同时向近处飞出画面，如图 17-36 所示。

图 17-36　预览文本动画

（10）选中文字层，按 Ctrl+D 键创建一个副本，双击副本层修改文字为"Focus on economic"，按小键盘的 Enter 键结束输入状态。在"字符"面板中修改英文字体为 Arial Bold，大小为 50 像素，设置基线偏移为 -100；在时间轴中将时间移至第 0 帧处，将"字符间距大小"修改为 50，如图 17-37 所示。

图 17-37　创建副本并修改设置

（11）查看文字动画，如图 17-38 所示。

图 17-38　预览动画效果

（12）选中这两个文字层，按 Ctrl+C 键复制，再按 Ctrl+V 键粘贴，然后将复制产生的两个新层入点移至第 5 秒处，将文字分别修改为"走进生活"和"Into life"，然后修改"Into life"层的"字符间距大小"第 5 秒处为 20，第 9 秒处为 100，如图 17-39 所示。

图 17-39　复制文字并修改

（13）查看文字动画，如图 17-40 所示。

图 17-40　预览文字动画

（14）再选中"走进生活"和"Into life"两个层，按 Ctrl+C 键复制，再按 Ctrl+V 键粘贴，然后将复制产生的两个新层入点移至第 10 秒处，将文字分别修改为"经济生活"和"Economic life channel"，并在"字符"面板中修改"经济生活"大小为 140 像素。

（15）选中"经济生活"，按 U 键展开关键帧属性，将时间移至第 10 秒处，重新设置"位置"为（0，0，-540），"Y 轴旋转"为 60°，"字符间距大小"为 100；第 12 秒 12 帧处设置"位置"为（0，0，0），"Y 轴旋转"为 0°，"字符间距大小"为 10，删除其他关键帧。

（16）选中"Economic life channel"，按 U 键展开关键帧属性，将时间移至第 10 秒处，重新设置"位置"为（0，0，-540），"Y 轴旋转"为 60°，"字符间距大小"为 50；第 12 秒 12 帧处设置"位置"为（0，0，0），"Y 轴旋转"为 0°，"字符间距大小"为 3，删除其他关键帧，如图 17-41 所示。

图 17-41 复制和修改文字

（17）查看动画，如图 17-42 所示。

图 17-42 预览文字动画

步骤 4：设置立体文字效果。

（1）按 Ctrl+K 键，打开文字"合成设置"对话框，将"渲染器"选择为"光线追踪 3D"，单击"确定"按钮，如图 17-43 所示。

提示：在"光线追踪3D"渲染器的合成中，预览运算量比较大，可以适当地降低预览质量来换取较快的预览时间，例如将视图面板下的分辨率设为"自动"或者"四分之一"，将图层的"质量和采样"开关切换为◪状态。

图17-43 设置合成的"渲染器"为"光线追踪3D"

（2）先来设置"经济生活"的立体文字效果，展开层下的"几何选项"，将"斜面样式"设为"凸面"，"斜面深度"设为 5，"凸出深度"设为 50，如图 17-44 所示。

图 17-44 设置文字厚度

（3）在时间轴的空白处右击，选择弹出菜单"新建 > 灯光"命令，在打开的"灯光设置"对话框中设置"灯光类型"为"聚光"，"强度"为 50%，单击"确定"按钮建立"灯光 1"，在时间轴中将其"位置"的 Z 轴设为 -1000。在自定义视图中查看，如图 17-45 所示。

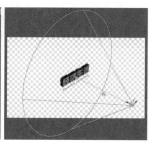

图 17-45 建立"灯光 1"

（4）在时间轴的空白处右击，选择弹出菜单"新建＞灯光"命令，在打开的"灯光设置"对话框中设置"灯光类型"为"平行"，"强度"为50%，单击"确定"按钮建立"灯光2"，在时间轴中将其"位置"的X轴设为1500，如图17-46所示。

图17-46　建立"灯光2"

（5）在时间轴的空白处右击，选择弹出菜单"新建＞灯光"命令，在打开的"灯光设置"对话框中设置"灯光类型"为"平行"，"强度"为35%，单击"确定"按钮建立"灯光3"，在时间轴中将其"位置"的X轴设为0，如图17-47所示。

图17-47　建立"灯光3"

（6）将不再操作的灯光层和摄像机层移至文字层之下，查看此时的立体字效果，如图17-48所示。

图17-48　预览立体字效果

（7）在"经济生活"层单击"动画"后面的 ◉ 按钮，选择弹出菜单"前面＞颜色＞RGB"，这样添加了一个"动画制作工具2"，在其下将"正面颜色"设为RGB（255,255,0）的黄色，如图17-49所示。

图17-49　添加正面颜色

（8）查看文字表面被指定的颜色，如图17-50所示。

（9）在"动画制作工具2"下单击"添加"后面的 ◉ 按钮，选择弹出菜单"属性＞斜面＞颜色＞RGB"，添加一个"斜面颜色"，设为RGB（255，150，0）的橙黄色，如图17-51所示。

图 17-50　预览文字颜色

图 17-51　添加斜面颜色

（10）在"动画制作工具 2"下单击"添加"后面的 ▶ 按钮，选择弹出菜单"属性 > 边线 > 颜色 >RGB"，添加一个"侧面颜色"，设为 RGB（255，100，0）的橙色，如图 17-52 所示。

图 17-52　添加侧面颜色

（11）从项目面板中将"环境 .jpg"拖至时间轴中，选择菜单"图层 > 环境图层"命令转变图层类型。

（12）展开"经济生活"层的"材质选项"，设置"漫射"为 70%，"镜面反光度"为 0%，"反射强度"为 30%，如图 17-53 所示。

图 17-53　转变环境图层并设置材质选项

（13）选中"Economic life channel"层，展开"几何选项"，将"斜面样式"设为"凸面"，"凸出深度"设为 5；展开"材质选项"，设置"漫射"为 70%、"镜面反光度"为 0%、"反射强度"为 30%，如图 17-54 所示。

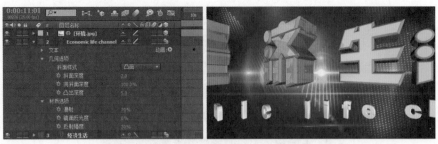

图 17-54　设置立体文本和材质选项

（14）同样为其他文字设置立体效果，可以使用复制和粘贴的方法来制作。在"经济生活"层下，按住 Ctrl 键依次单击选中"动画制作工具 2"、"几何选项"和"材质选项"，按 Ctrl+C 键复制；选中"关注经济"和"走进生活"两个图层，按 Ctrl+V 键粘贴，这样将设置立体文字的属性进行了复制操作，如图 17-55 所示。

图 17-55　复制图层的属性设置

（15）在"Economic life channel"层下，按住 Ctrl 键依次单击选中"几何选项"和"材质选项"，按 Ctrl+C 键复制；选中"Focus on economic"和"Into life"两个图层，按 Ctrl+V 键粘贴，这样将设置立体文字的属性进行了复制操作，如图 17-56 所示。

图 17-56　复制图层的属性设置

（16）将"关注经济"和"走进生活"两个图层"几何选项"下的"斜面深度"均修改为 3，"凸出深度"均修改为 10，如图 17-57 所示。

图 17-57　设置凸出效果

（17）查看文字立体效果，如图 17-58 所示。

图 17-58　预览立体效果

（18）为第 0 帧及第 5 秒处开始的光效制作遮挡文字的效果。选中第 0 帧处的"文字背景 01.mov"，按 Ctrl+D 键创建副本，然后将其移至顶层，按 T 键展开其"不透明度"，在第 0 帧时单击打开其前面的秒表，设为 100%，将时间移至第 10 帧处，设为 0%，并按 Alt+] 键剪切出点。选中第 5 秒处的"文字背景 01.mov"，按 Ctrl+D 键创建副本，然后将其移至顶层，按 T 键展开其"不透明度"，在第 5 秒时单击打开其前面的秒表，设为 100%，将时间移至第 5 秒 10 帧处，设为 0%，并按 Alt+] 键剪切出点，如图 17-59 所示。

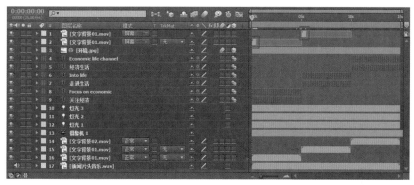

图 17-59　设置光效

（19）查看光效处的效果，如图 17-60 所示。

图 17-60　预览光效

（20）这样完成实例的制作，按小键盘的 0 键预览最终的视音频动画效果。

第18章

镜头跟踪与稳定

对视频素材中镜头画面的跟踪处理，可以往真实的环境中合成制作元素，对视频的稳定处理则可以挽回因拍摄晃动而使用起来不理想的拍摄素材。在 After Effects 较新的版本中，对跟踪和稳定处理的功能都有很大的增强。本章对跟踪和稳定的操作方法进行列举和讲解。

18.1　跟踪摄像机

"3D 摄像机跟踪器"效果对动态视频进行分析以提取摄像机运动和 3D 场景数据，通过分析得到的数据，在合成中创建匹配视频画面的动态摄像机和三维图层，为向动态视频中合成三维图层的元素提供可能性。

操作文件位置：光盘 \AE CC 手册源文件 \CH18 操作文件夹 \CH18 操作 .aep

操作1：跟踪摄像机

（1）打开本章操作对应合成，其中有一个"摇镜头.mov"视频图层。选择菜单"窗口 > 跟踪器"命令，显示"跟踪器"面板。选中"摇镜头.mov"图层，单击"跟踪器"面板中的"跟踪摄像机"按钮，会在合成视图中显示"在后台分析"的提示，在"效果控件"面板中为图层添加"3D 摄像机跟踪器"效果，并同时显示分析进度的提示。分析运算完成之后，在视图画面中创建有多个跟踪点，如图 18-1 所示。

图 18-1　为视频添加"3D 摄像机跟踪器"

（2）单击"3D 摄像机跟踪器"效果中的"创建摄像机"按钮，将创建一个匹配当前视频视角的"3D 跟踪器摄像机"层，如图 18-2 所示。

图 18-2　创建摄像机

（3）在"3D 摄像机跟踪器"效果处于选中的状态下，在视图中选择三个跟踪点，这样会显示一个圆形的平面，在其中一个跟踪点上右击，选择弹出菜单中的"创建实底"命令，在合成中创建一个打开三维开关的"跟踪实底 1"纯色层，如图 18-3 所示。

图 18-3　创建实底

（4）对"跟踪实底 1"纯色层进行适当的调整，进一步匹配图像，如图 18-4 所示。

图 18-4　进一步调整纯色层匹配视频内容

（5）选中"跟踪实底 1"纯色层，按住 Alt 键，从项目面板中将"窗花 .jpg"拖至"跟踪实底 1"纯色层上释放将其替换，设置图层为"变暗"模式，减小"缩放"数值，如图 18-5 所示。

图 18-5　替换纯色层为图像

（6）预览动画效果，如图 18-6 所示。

图 18-6　预览动画效果

操作2：跟踪摄像机详细分析

（1）在上一操作中，选中"3D 摄像机跟踪器"效果，查看跟踪点，可以看出在地面和右侧的墙面中没有跟踪点，如果在这些区域合成元素，需要摄像机进行更详细的分析。新建一个合成并放置"摇镜头 .mov"素材，单击"跟踪器"面板中的"跟踪摄像机"按钮，或者在图层上右击，选择"跟踪摄像机"命令，会在"效果控件"面板中为图层添加"3D 摄像机跟踪器"效果，展开"高级"，勾选"详细分析"，进行"在后台分析"，并同时显示分析进度的提示。分析运算完成之后，在视图画面中将创建更多的跟踪点，如图 18-7 所示。

（2）将鼠标移至右侧墙面区域，会自动检测鼠标指针是否处于三点确定平面的位置，在显示圆形平面提示时单击鼠标，会选中三点确定的平面，如图 18-8 所示。

图 18-7　使用详细分析

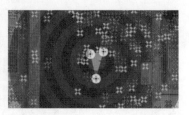

图 18-8　自动检测和确定平面

（3）在其中的一个跟踪点上右击，选择弹出菜单中的"创建文本和摄像机"命令，会在合成中创建匹配视频的摄像机和打开三维开关的文本层，如图 18-9 所示。

图 18-9　创建文本和摄像机

（4）在时间轴中调整"文本"层的"缩放"和"方向"中的 Y 轴数值，将文本进一步匹配画面内容，如图 18-10 所示。

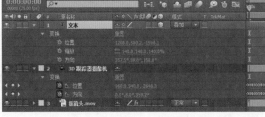

图 18-10　进一步匹配文本与画面内容

（5）按住 Ctrl 键或 Shift 键，在地面选择多个跟踪点，会根据所选择的点显示圆形平面，当圆形平面与地面的角度相符时，在其中一个跟踪点上右击，选择弹出菜单中的"创建实底"命令，会在合成中创建打开三维开关的纯色层，如图 18-11 所示。

图 18-11　选择地面上的跟踪点建立匹配的平面

（6）预览动态跟踪效果，此时可以修改文本层，替换纯色层来合成需要的元素，如图 18-12 所示。

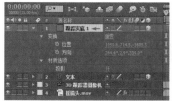

图 18-12　预览创建的元素与视频画面的匹配效果

18.2　变形稳定器

在处理拍摄的视频素材时，常会遇到因种种原因导致的抖动的视频片段，利用"变形稳定器"可以自动对抖动的视频片段进行稳定处理。不过，在拍摄无法避免抖动的视频时，需要注意做两个准备：第一是要尽可能地提高摄像机快门的速度，保证每一帧的视频都为清晰的画面，正常或较慢的快门速度会导致抖动时有若干帧画面模糊，"变形稳定器 VFX"无法将模糊的画面修正为清晰；第二是要尽可能避免快速的透视变形，例如拍摄满桌面的物品，快速上下晃动若干次摄像机，会使桌面上前后物品中的后面物品若干次"露头"，这种多余的内容将无法修正。

操作3：变形稳定器

（1）在合成中放置"航拍 1.mov"素材，这是一段在拍摄时存在抖动问题的视频，选中"航拍 1.mov"层，单击"跟踪器"面板中的"变形稳定器"按钮，或者在图层上右击，选择"变形稳定器 VFX"命令，会在"效果控件"面板中为图层添加"变形稳定器 VFX"效果，进行"在后台分析"，并同时显示分析进度的提示，如图 18-13 所示。

图 18-13　为抖动的视频添加"变形稳定器 VFX"

（2）分析结束后，自动对画面进行稳定处理。因为修正抖动时边缘出现空隙，"变形稳定器 VFX"效果对画面进行适当的放大，同时显示了缩放的比例，如图 18-14 所示。

图 18-14　自动修正抖动视频

18.3　跟踪运动

视频跟踪过程是在画面中搜索跟踪某一特征像素区域的过程，这一特征像素的"RGB"、"明亮度"或"饱和度"与周围其他像素相比，区别越明显跟踪越准确。特征像素区域由内部特征框的范围来定义，搜索区域由外部搜索框的范围来定义。

操作4：位置跟踪运动

（1）在合成中放置"汽车.mov"素材，选中"汽车.mov"层，单击"跟踪器"面板中的"跟踪运动"按钮，如图18-15所示。

图18-15 使用"跟踪运动"

（2）此时会在时间轴中的图层下添加"跟踪器1"，并自动切换到图层视图中，在视图中心显示有一个跟踪线框，同时在"跟踪器"面板中，"当前跟踪"为"跟踪器1"，设置"跟踪类型"为"变换"，勾选"位置"，如图18-16所示。

（3）在第0帧处，将鼠标移至跟踪框内，等鼠标指针变为移动的形状，将跟踪线框拖至汽车图像右上部的白色圆点上，并将鼠标指向内部小的特征框的一角，拖动改变大小，将圆点全部包括在内。再拖动外部大的搜索框的一角，调整为较大的宽度，并按一下Page Down键测试下一帧白色的圆点是在搜索框内，然后按Page Up键返回第0帧，如图18-17所示。

图18-16 设置跟踪类型

图18-17 调整跟踪线框

提示： 当搜索框较小，特征像素移动到搜索框之外时将不能正确跟踪；搜索框过大则分析过程变慢。

（4）单击"跟踪器"面板的"选项"按钮，将"通道"选择为RGB，单击"确定"按钮。单击"跟踪器"面板中的▶按钮，进行跟踪分析，如图18-18所示。

图18-18 进行分析

（5）分析结束后在图层中产生逐帧跟踪的关键帧，如图 18-19 所示。

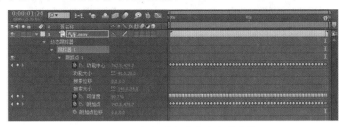

图 18-19　分析结束产生跟踪关键帧

（6）切换回合成视图，在时间轴中取消图层的选中状态，双击工具栏中的星形工具建立一个"形状图层 1"，取消"描边 1"的显示，在"填充 1"下设置颜色为 RGB（200，50，50），如图 18-20 所示。

图 18-20　建立一个图形

（7）双击"汽车.mov"层切换到图层视图，单击"跟踪器"面板中的"编辑目标"按钮，打开"运动目标"面板，将运动应用于的图层选择为"形状图层 1"，单击"确定"按钮，如图 18-21 所示。

（8）再单击"跟踪器"面板中的"应用"按钮，弹出对话框选择"应用维度"为"X 和 Y"，单击"确定"按钮，这样在时间轴中为"形状图层 1"添加关键帧，使其与跟踪点一同运动。对照视图将"形状图层 1"的"缩放"设为（8.0，7.0%），如图 18-22 所示。

图 18-21　设置目标图层　　　　　　图 18-22　应用目标层自动添加跟踪关键帧并手动调整大小

（9）预览动画效果，如图 18-23 所示。

图 18-23　预览跟踪动画

操作5：透视边角定位跟踪运动

（1）在合成中放置"相册.mov"素材，选中"相册.mov"层，单击"跟踪器"面板中的"跟踪运动"按钮，此时会在时间轴中的图层下添加"跟踪器 1"，并自动切换到图层视图中。设置"跟踪类型"为"透视边角定位"，如图 18-24 所示。

（2）将 4 个跟踪线框移至画面中黑色区域 4 个角的位置，并调整特征框与搜索框的大小，如图 18-25 所示。

图 18-24　设置跟踪类型

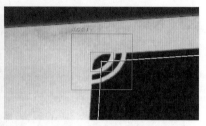

图 18-25　调整跟踪线框

（3）单击"跟踪器"面板中的▶按钮，进行跟踪分析，在时间轴中产生 4 组跟踪点的关键帧，如图 18-26 所示。

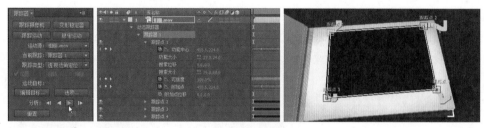

图 18-26　进行跟踪分析

（4）向时间轴添加一个"小动物图 01.jpg"，在"跟踪器"面板中单击"编辑目标"按钮，将目标设为"小动物图 01.jpg"图层。单击"应用"按钮，为"小动物图 01.jpg"图层添加"边角定位"效果和"位置"关键帧，如图 18-27 所示。

图 18-27　添加图层并编辑目标

（5）准备将"小动物图 01.jpg"图像向左侧偏移一点并调整大一点，因为图层的"位置"已添加有关键帧，所以通过"锚点"来调整位置，然后调整图层的"缩放"为合适的大小，如图 18-28 所示。

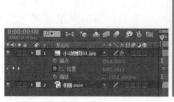

图 18-28　进一步调整跟踪图层图像的缩放和位置

（6）预览跟踪的动画效果，如图 18-29 所示。

图 18-29　预览跟踪动画效果

操作6：跟踪运动的附加点设置

（1）在合成中放置"小动物图 01.jpg"和"相册.mov"素材，选中"相册.mov"层，单击"跟踪器"面板中的"跟踪运动"按钮，添加"跟踪器 1"，并自动切换到图层视图中。设置"跟踪类型"为"透视边角定位"，因为合成中只有一个可应用跟踪的目标图层，所以"运动目标"自动设为"小动物图01.jpg"，如图 18-30 所示。

图 18-30　设置跟踪类型

（2）设置跟踪线框，其中"搜索框"中的"附加点"可以移至需要的位置，这个位置点信息将是应用目标层的位置依据。将 4 个附加点移至准备放置照片的 4 个角的位置。单击"跟踪器"面板中的▶按钮，进行跟踪分析，如图 18-31 所示。

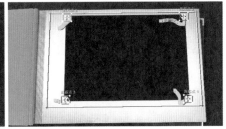

图 18-31　设置跟踪线框并进一步确定好 4 个附加点的位置

（3）分析结束之后单击"应用"按钮，将目标层"小动物图 01.jpg"直接添加跟踪关键帧，并将其合成到相册动画中，如图 18-32 所示。

图 18-32　应用目标图层后图像的 4 个角自动匹配到 4 个附加点处

18.4　稳定运动

稳定运动与跟踪运动的原始相同，只不过稳定运动应用目标是自身，通过跟踪画面中移动的像素，分析抖动的位置偏移变化校正抖动幅度，分析两个跟踪点之间的角度变化校正旋转，计算两个跟踪点之间的距离化校正缩放。

操作7：稳定运动

（1）通过前面操作中使用的"变形稳定器"可以了解到，处理抖动的视频素材，这是一种方便实用的方法。这里将"落日.mov"拖至时间轴中，单击"跟踪器"面板中的"变形稳定器"按钮，因为画面风格不同，对于模糊或对比度不高的视频素材，自动化的"变形稳定器"有时会出现无法使用的现象，如图18-33所示。

（2）此时可以使用"稳定运动"来手动设置跟踪和稳定的操作。选中"落日.mov"层，单击"稳定运动"按钮，自动切换到图层视图中，并在画面中出现一个跟踪线框，如图18-34所示。

图18-33　模糊效果的画面中"变形稳定器"失效　　　图18-34　使用"稳定运动"

（3）勾选"位置"、"旋转"和"缩放"。当视频中需要对"旋转"或"缩放"进行跟踪时，将出现有两个跟踪线框，用来对比角度确定旋转，或者对比距离确定缩放。单击"选项"按钮，在打开的对话框将"通道"选择为"明亮度"，单击"确定"按钮关闭对话框。在图层视图中挑选在视频中应该为稳定状态并且对比度相对明显的区域，调整跟踪线框的位置和大小，如图18-35所示。

图18-35　设置稳定选项

（4）单击▶按钮进行跟踪分析，分析结束后在"跟踪点1"和"跟踪点2"产生系列关键帧，如图18-36所示。

图18-36　进行跟踪分析

（5）在"跟踪器"面板单击"应用"按钮，在弹出的对话框中，将"应用维度"设为"X和Y"，单击"确定"按钮，在图层的"变换"属性下应用跟踪的关键帧，如图18-37所示。

图18-37　应用跟踪关键帧抵消抖动

（6）预览此时的效果，抖动被通过变换关键帧进行校正，同时边缘也出现空隙，如图 18-38 所示。

图 18-38 稳定后出现的边缘空隙

（7）选择菜单"效果 > 扭曲 > 变换"命令，为图层添加一个"变换"效果，将"缩放"增大，并调整合适的"位置"，预览动画，检查边缘不再出现空隙，如图 18-39 所示。

图 18-39 添加"变换"效果并调整"缩放"和"位置"来消除边缘空隙

18.5 实例：相框跟踪动画

拍摄一组带有相框的视频，并且视频中的相框有可跟踪的特征，这样就可以使用跟踪运动来合成需要的照片的动画。本实例在相框视频中合成照片，并制作合成光斑效果，实例效果如图 18-40 所示。

图 18-40 实例效果

实例的合成流程图示如图 18-41 所示。

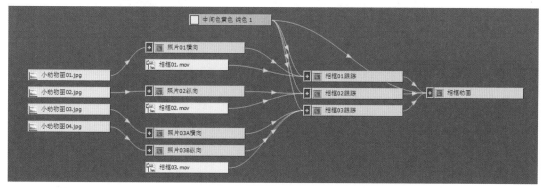

图 18-41 实例的合成流程图示

实例文件位置：光盘 \AE CC 手册源文件 \CH18 实例文件夹 \ 相框跟踪动画 .aep

步骤 1：导入素材。

在项目面板中双击打开"导入文件"对话框，将本实例准备的视频、图片和音频文件全部选中，将其导入到项目面板中。

步骤 2：建立照片组合成。

（1）按 Ctrl+N 键打开"合成设置"对话框，将合成名称设为"照片 01 横向"，先将预设选择为 HDTV 1080 25，确定方形的像素比和 25 帧 / 秒的帧速率，然后将"宽度"设为 1500，将"高度"设为 1000，将"持续时间"设为 10 秒，单击"确定"按钮建立合成。从项目面板中将"小动物 01.jpg"拖至时间轴中。

（2）按 Ctrl+N 键打开"合成设置"对话框，将合成名称设为"照片 02 纵向"，将"宽度"设为 1000，将"高度"设为 1500，将"持续时间"设为 10 秒，单击"确定"按钮建立合成。从项目面板中将"小动物 02.jpg"拖至时间轴中。

（3）在项目面板中选中"照片 01 横向"，按 Ctrl+D 键创建副本，重命名为"照片 03A 横向"，打开时间轴面板，从项目面板中将"小动物 03.jpg"拖至时间轴中。

（4）在项目面板中选中"照片 02 纵向"，按 Ctrl+D 键创建副本，重命名为"照片 03B 纵向"，打开时间轴面板，从项目面板中将"小动物 04.jpg"拖至时间轴中。

步骤 3：建立"相框 01 跟踪"合成。

（1）从项目面板中将"相框 01.mov"拖至面板的 按钮上释放新建合成，将其重命名为"相框 01 跟踪"，然后将"照片 01 横向"也拖至时间轴中放在上层，如图 18-42 所示。

图 18-42　建立合成并旋转图层

（2）双击"相框 01.mov"层打开其图层视图面板，选择菜单"窗口 > 跟踪器"命令，打开"跟踪器"面板，单击"跟踪运动"按钮，这样产生"跟踪器 1"，将"跟踪类型"选择为"透视边角定位"，如图 18-43 所示。

图 18-43　设置跟踪类型

（3）将时间移至第 0 帧处，放大视图，将"跟踪点 1"的线框移至相框中部白色照片区的左上角，同样将其他 3 个跟踪点线框分别移至对应位置点，如图 18-44 所示。

提示： 放大视图的操作有多种，可以使用 ` 键（Esc键下面的~键）来切换最大化状态，按>或<放大或缩小视图，滚动鼠标中键放大或缩小视图，按/键以100%的原始比例显示。在放大的状态下按住空格键可临时将鼠标切换为 手形工具移动视图。

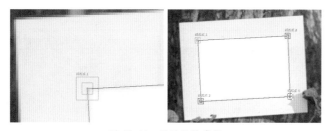

图 18-44　设置跟踪线框

（4）单击"跟踪器"面板下的 ▶ 向前分析按钮，进行跟踪运算，结束后在"相框 01.mov"的"跟踪器 1"下产生一系列跟踪关键帧，如图 18-45 所示。

图 18-45　进行跟踪分析

（5）在"跟踪器"面板中查看"运动目标"为"照片 01 横向"，单击"应用"按钮，在"照片 01 横向"层上自动添加"边角定位"效果和关键帧，同时"变换"属性下的"位置"也添加了关键帧，如图 18-46 所示。

图 18-46　应用目标图层

（6）在切换回的合成视图面板中，查看照片具有了系列位置关键帧，照片被放置在相框中跟随相框一起移动，如图 18-47 所示。

图 18-47　目标图像被跟踪到视频动画中

（7）选中"照片 01 横向"层，按 S 键展开"缩放"，将其设为（95，95%），将照片缩小一些，露出相框中部部分白色区域的边缘，如图 18-48 所示。

图18-48 手动调整目标图像的大小匹配视频内容

步骤4：建立"相框02跟踪"合成。

（1）从项目面板中将"相框02.mov"拖至面板的 ▣ 按钮上释放新建合成，将其重命名为"相框02跟踪"，然后将"照片02纵向"也拖至时间轴中放在上层。

（2）双击"相框02.mov"层，打开其图层视图面板，单击"跟踪运动"按钮，产生"跟踪器1"，将"跟踪类型"选择为"透视边角定位"。将时间移至第0帧处，将4个跟踪点移至相框中部白色照片区对应的4个角上，单击"跟踪器"面板下的 ▶ 向前分析按钮，进行跟踪运算。然后单击"应用"按钮，如图18-49所示。

图18-49 设置跟踪类型并进行跟踪分析和应用目标图层

（3）在切换回的合成视图面板中，查看照片具有了系列位置关键帧，照片被放置在相框中跟随相框一起移动。选中"照片02纵向"层，按S键展开"缩放"，将其设为（95，95%），露出相框中部部分白色区域的边缘，如图18-50所示。

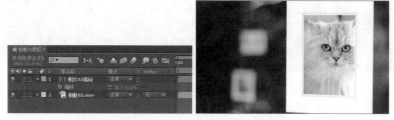

图18-50 手动调整目标图像的大小

步骤5：建立"相框03跟踪"合成。

（1）从项目面板中将"相框03.mov"拖至面板的 ▣ 按钮上释放新建合成，将其重命名为"相框03跟踪"，然后将"照片03A横向"和"照片03B纵向"也拖至时间轴中放在上层。

（2）双击"相框03.mov"层，打开其图层视图面板，单击"跟踪运动"按钮，产生"跟踪器1"，将"跟踪类型"选择为"透视边角定位"。将时间移至第0帧处，将4个跟踪点移至相框横向照片区对应的4个角上，单击"跟踪器"面板下的 ▶ 向前分析按钮，进行跟踪运算，如图18-51所示。

（3）在"跟踪器"面板中单击"编辑目标"按钮，在弹出的"运动目标"对话框中选择"照片03A横向"，单击"确定"按钮，然后在"跟踪器"面板中单击"应用"按钮，将"跟踪器1"的结果应用到"照片03A横向"层上，如图18-52所示。

图 18-51　设置"跟踪器 1"并进行跟踪分析

图 18-52　编辑目标图层应用

（4）在切换回的合成视图面板中，查看"照片 03A 横向"被放置在相框横向照片区中跟随相框一起移动。同样将其设为（95，95%），露出相框中部部分白色区域的边缘，如图 18-53 所示。

图 18-53　手动调整图像大小

（5）再次双击"相框 03.mov"层，打开其图层视图面板，单击"跟踪运动"按钮，此时产生另一个"跟踪器 2"，将"跟踪类型"选择为"透视边角定位"。将时间移至第 0 帧处，将 4 个跟踪点移至相框纵向照片区对应的 4 个角上，单击"跟踪器"面板下的 ▶ 向前分析按钮，进行跟踪运算。

（6）运算结束后在"跟踪器"面板中单击"编辑目标"按钮，在弹出的"运动目标"对话框中选择"照片 03B 纵向"，然后单击"应用"按钮，将"跟踪器 2"的结果应用到"照片 03B 纵向"层上，如图 18-54 所示。

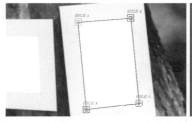

图 18-54　设置"跟踪器 2"并进行跟踪分析和应用目标图层

（7）在切换回的合成视图面板中，查看"照片 03B 纵向"被放置在相框纵向照片区跟随相框一起移动。同样将其设为（95，95%），露出相框中部部分白色区域的边缘，如图 18-55 所示。

步骤 6：建立"相框动画"合成。

（1）按 Ctrl+N 键打开"合成设置"对话框，将合成名称设为"相框动画"，将预设选择为 HDTV 1080 25，将持续时间设为 20 秒，单击"确定"按钮建立合成。

图 18-55　手动调整图像大小

（2）从项目面板中将"相框 01 跟踪"、"相框 02 跟踪"和"相框 03 跟踪"拖至时间轴中前后连接。

（3）按 Ctrl+Y 键创建一个黄色调的纯色层，这里设置颜色为 RGB（230，255，70），在工具栏中选择◉椭圆形工具，在其顶部绘制一个椭圆形的蒙版，如图 18-56 所示。

图 18-56　建立纯色层并绘制蒙版

（4）将"蒙版羽化"设为（400，400%），将图层的"不透明度"设为 50%，如图 18-57 所示。

图 18-57　设置不透明度

（5）选中纯色层，按 Ctrl+C 键复制，切换到"相框 01 跟踪"时间轴面板，按 Ctrl+V 键粘贴纯色层，并删除其上的蒙版，将"不透明度"恢复为 100%。选择菜单"效果 > 模拟 > CC Particle World"命令，添加粒子效果，因为粒子效果在开始有一个发射过程，所以这里将纯色层的入点向左移动 10 秒，即将原来的为 0 帧的入点设为 -10 秒，可以单击时间轴下部的◨按钮显示入点栏和设置入点时间。然后调整粒子参数，暂时只显示当前层，如图 18-58 所示。

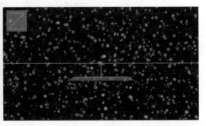

图 18-58　添加粒子效果

（6）选择菜单"效果 > 模糊和锐化 > 镜头模糊"命令，设置"光圈半径"为 95、"镜面亮度"为 100、"镜面阈值"为 20、"重复边缘像素"为"开"，如图 18-59 所示。

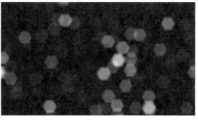

图 18-59　设置镜头光斑

（7）在时间轴栏列名称上右击，选择菜单"列数 > 父级"命令，显示"父级"栏，将纯色层的"父级"栏设为"照片 01 横向"层，光斑随画面内容一起产生晃动效果。将纯色层的"缩放"设为（150，150%），并选择工具栏中的 ◉ 椭圆工具，在照片区域绘制一个椭圆形蒙版，设置"蒙版羽化"为（50，50），防止光斑影响照片上画面的显示，如图 18-60 所示。

图 18-60　设置父级层并为重要的画面内容添加蒙版以消除光斑

（8）选中设置了光斑效果的纯色层，切换到"相框 02 跟踪"，按 Ctrl+V 键粘贴，并设置纯色层的父级层为"照片 02 纵向"层，将纯色层的"缩放"设为（200，200%），然后调整蒙版到照片上，如图 18-61 所示。

图 18-61　复制光斑效果到"相框 02 跟踪"

（9）选中纯色层，切换到"相框 03 跟踪"，按 Ctrl+V 键粘贴，并设置纯色层的父级层为"照片 03A 横向"层，将纯色层的"缩放"设为（150，150%），然后调整"蒙版 1"到其中一个照片上，按 Ctrl+D 键创建一个副本"蒙版 2"，调整其到另一个照片上，如图 18-62 所示。

图 18-62　复制光斑效果到"相框 03 跟踪"

（10）切换回"相框动画"合成，向时间轴添加配乐素材，完成最终的制作，按小键盘的 0 键查看最终的视音频效果。

第 19 章

脚本与表达式

脚本是一系列的命令，它告知应用程序执行一系列操作。可以在大多数 Adobe 应用程序中使用脚本来自动执行重复性任务、执行复杂计算，甚至使用一些没有通过图形用户界面直接显露的功能。例如，可以指示 After Effects 对一个合成中的图层重新排序、查找和替换文本图层中的源文本，或者在渲染完成时发送一封电子邮件。

表达式很像脚本，它的计算结果为某一特定时间点单个图层属性的单个值。脚本告知应用程序执行某种操作，而表达式表明属性是什么内容。当创建和链接复杂的动画，但避免手动创建数十乃至数百个关键帧时，请尝试使用表达式。

本章从基本用法开始对脚本与表达式进行列举和讲解，在入门 After Effects 的学习之后，可以适当了解脚本与表达式的用法，在许多模板的使用修改中会存在表达式的应用。

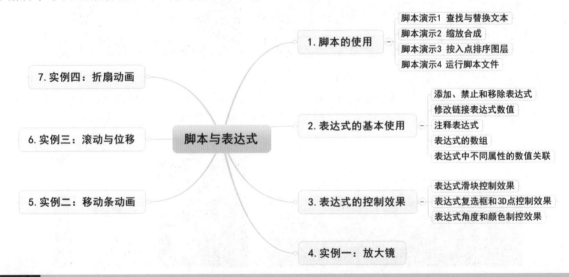

19.1　脚本的使用

After Effects 脚本使用 Adobe ExtendScript 语言，该语言是 JavaScript 的一种扩展形式，类似于 Adobe ActionScript。ExtendScript 文件具有 .jsx 或 jsxbin 文件扩展名。

当 AE 启动时，从"脚本"文件夹加载脚本。对于 AE，"脚本"文件夹默认位于以下位置：

- Windows 系统下为：Program Files\Adobe\Adobe After Effects < 版本 >\Support Files。
- Mac OS 系统下为：Applications\Adobe After Effects < 版本 >。

AE 自带的几个脚本将自动地安装在"脚本"文件夹中。从"文件 > 脚本"菜单可以使用加载的脚本。

默认设置是不允许脚本写入文件或通过网络收发通信。要允许脚本写入文件和通过网络通信，请选择"编辑 > 首选项 > 常规"，然后选择"允许脚本写入文件和访问网络"选项，如图 19-1 所示。

要运行已加载的脚本，请选择"文件 > 脚本"> [脚本名称]。

要运行尚未加载的脚本，请选择"文件 > 脚本 > 运行脚本文件"，找到并选择脚本，单击"打开"。

要停止运行脚本，请按 Esc 键。

操作文件位置：光盘 \AE CC 手册源文件 \CH19 操作文件夹 \CH19 操作 .aep

图 19-1　使用脚本前的首选项设置

操作1：脚本演示1 查找与替换文本

（1）打开本章操作对应的合成，有文本图层，如图 19-2 所示。

（2）选中文本层，选择"文件 > 脚本 >Find and Replace Text（查找和替换文本）"，打开脚本浮动面板，在 Find Text（查找文本）栏中输入"V12"，在 Replacement Text（替换文本）栏中输入"CC"，单击"Replace All（替换全部）"按钮，可以将图层中的文本进行替换，如图 19-3 所示。

图 19-2　打开合成

图 19-3　应用查找和替换文本的脚本

操作2：脚本演示2 缩放合成

（1）打开本章操作对应的合成，合成为 1920×1080 的高清尺寸，展开其中图层的"缩放"查看当前的数值，如图 19-4 所示。

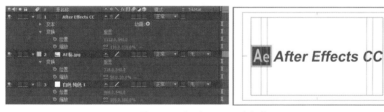

图 19-4　打开 1080P 的合成

（2）选择菜单"文件 > 脚本 >Scale Composition（缩放合成）"，打开脚本浮动面板，选择 New Comp Height（新合成高度）项，输入 720，单击"Scale"按钮，等比缩放当前合成的尺寸，由原来的 1080P 转变为 720P，同时合成中的图层也自动调整缩放，与合成进行同步缩放，如图 19-5 所示。

图 19-5　使用脚本连同合成与其中的图层缩放至 720P

提示：打开"合成设置"也可以通过更改"预设"或设置"宽度"和"高度"来改变合成的尺寸，但对于包括多个图层的合成，其中的图层尺寸并没有跟着改变。而此处的脚本则可以很好地解决这一问题，这也是一个很实用的方法。

操作3：脚本演示3 按入点排序图层

（1）打开本章操作对应的合成，合成中有多个入点不同的图层，如图 19-6 所示。

图 19-6　打开合成

（2）选择菜单"文件 > 脚本 >Demo Palette.jsx"命令，打开脚本浮动面板，单击"Sort Layers by In Point（按入点排序图层）"按钮，自动按入点的先后顺序整理合成中图层的顺序，如图 19-7 所示。

图 19-7　使用脚本排序

（3）如果需要入点靠前的图层在下层，即颠倒图层顺序，可以先选中底层，按住 Shift 键再选中顶层，这样按从下至上的顺序选中图层，按 Ctrl+X 键剪切，再按 Ctrl+V 键粘贴。因为粘贴时会按从上至下的顺序，所以此时得到一个颠倒的顺序，如图 19-8 所示。

图 19-8　颠倒图层的排序

操作4：脚本演示4 运行脚本文件

（1）新建一个高清尺寸的合成，选择菜单"文件 > 脚本 > 运行脚本文件"命令，在打开的对话框中选择本章操作文件夹中准备好的脚本文件"从文本文件创建 AE 三维文字 .jsx"，单击"打开"按钮。

（2）在提示"请打开一个 TXT 文本"对话框中选择准备好的"文本 .txt"，其内容为一行"After Effects CC"文本，单击"打开"按钮。

（3）弹出创建行数对话框，输入 10，单击"OK"按钮，如图 19-9 所示。

图 19-9　运行脚本文件弹出对话框设置

（4）此时会在合成的时间轴中自动建立 10 个三维文本图层，使用"自定义视图 1"的方式查看合成视图，如图 19-10 所示。

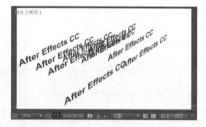

图 19-10　使用脚本文件创建三维文字

提示： 以上为AE中已加载的脚本，另外可以使用脚本编辑器（ExtendScript 工具包的一部分）编写自己的用于After Effects 的脚本。ExtendScript 工具包为创建、调试和测试自己的脚本提供了一个便利界面。有时，需要做的只是对现有脚本稍加修改以便满足要求；这样的小改动常常无需多少计算机编程和脚本语言知识就能完成。选择"文件>脚本>打开脚本编辑器"启动脚本编辑器。

19.2　表达式的基本使用

通过表达式，可创建图层属性之间的关系，以及使用某一属性的关键帧来动态制作其他图层的动画。表达式语言基于标准的 JavaScript 语言，但不必了解 JavaScript 就能使用表达式。可以通过使用关联器或者复制简单示例并修改示例的方法来创建和使用表达式，并满足制作需求。

操作5：添加、禁止和移除表达式

（1）打开本章操作对应的合成，合成中有"前轮"、"后轮"和车身三个图层，按 R 键展开"前轮"和"后轮"图层的"旋转"属性，并设置"前轮"图层"旋转"属性的关键帧，如图 19-11 所示。

图 19-11　设置"前轮"旋转动画

（2）按住 Alt 键单击"后轮"图层"旋转"前的秒表，打开表达式输入栏，此时不直接填写表达式，用鼠标在 ◎ 表达式关联器按钮上按下，并拖至"前轮"图层的"旋转"属性上释放，如图 19-12 所示。

图 19-12　为"后轮"添加表达式链接

（3）这样建立属性链接表达式，预览动画，"后轮"的"旋转"属性数值与"前轮"的"旋转"属性数值一同发生变化，如图 19-13 所示。

图 19-13　预览表达式链接效果

（4）单击表达式的 ▤ 铵钮，使其切换为 ▨ 铵钮状态，这样禁止表达式的使用，但表达式设置仍然保留，再次单击这个按钮将切换为启用状态，如图 19-14 所示。

（5）按住 Alt 键再次单击"后轮"图层"旋转"前的秒表，将移除其上的表达式，恢复原来默认的状态，如图 19-15 所示。

图 19-14　禁止表达式　　　　　　　　　　　　图 19-15　移除表达式

操作6：修改链接表达式数值

（1）链接的表达式数值始终保持与目标数值一致，例如以上表达式中"后轮"与"前轮"的"旋转"数值始终相同，如果想让两者有所区别，前轮在 0° 时，后轮为 30°，可以在"后轮"表达式栏中单击，将光标移至表达式尾部，输入"+30"，这样"后轮"将会始终比"前轮"的"旋转"数值大30°，如图 19-16 所示。

（2）对于已添加关键帧的属性，也可以添加表达式。按住 Alt 键单击"前轮"图层"旋转"前的秒表，在原有关键帧的基础上添加表达式。在表达式输入栏中自动生成的表达式后输入"-10"，即在原有关键帧数值的基础上减小10°，如图19-17所示。

图19-16　修改链接表达式的数值

图19-17　在已设置关键帧的属性上进一步设置表达式

操作7：注释表达式

（1）为表达式添加注释可以使表达式更具可读性，有备忘作用，也方便合作沟通。如果注释仅有一行文字，可以使用"// 注释文字"的格式，如图19-18所示。

（2）如果注释有多行文字，可以在第一行使用"/* 注释文字"做开始，在最后一行以"注释文字 */"做结束的格式，如图19-19所示。

图19-18　注释仅有一行文字时的格式

图19-19　注释有多行文字时的格式

操作8：表达式的数组

（1）打开本章操作对应的合成，合成中有3个图标图层，按S键展开图层的"缩放"属性，并设置"中图标"图层"缩放"从（100，100%）到（200，200%）的动画关键帧，如图19-20所示。

图19-20　设置"中图标"层关键帧

（2）按住Alt键单击"左图标"图层"缩放"前的秒表，打开表达式输入栏，填写"x="，然后用鼠标在◎表达式关联器按钮上按下，并拖至本图层"缩放"属性的X轴数值上释放，生成链接表达式，如图19-21所示。

图19-21　为"左图标"层添加表达式链接第一个变量

（3）在第一行表达式结尾处输入";"结束，按主键盘上的Enter键换行，输入"y="，然后用鼠标在◎表达式关联器按钮上按下，并拖至"中图标"图层"缩放"属性的Y轴数值上释放，生成链接表达式，如图19-22所示。

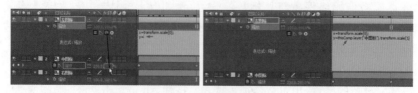

图19-22　链接第二个变量

提示： 未填写完的表达式换行要以半角的逗号来结束。表达式中的语名和字符要以英文的半角字符来输入，例如冒号、括号、逗号、双引号等，注释文字除外。

（4）接着输入"；"结束第二行表达式，按主键盘上的 Enter 键换行，输入"[x,y]"，按小键盘的 Enter 键或用鼠标在表达式栏之外单击，结束表达式的填写。这样"左图标"图层"缩放"的 Y 轴数值随"中图标"一起变化，X 轴数值保持原来数值不变，如图 19-23 所示。

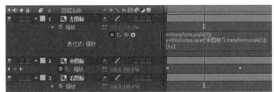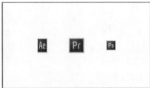

图 19-23　填写完成表达式

提示： 缩放属性表达式"[x,y]"中括号中的两个数值表示一个二维数组，在链接生成的"scale[0]"和"scale[1]"中，[0]表示X轴，[1]表示Y轴，如果是三维图层，以[2]来表示Z轴。

（5）同样为"右图标"建立一个 X 轴随"中图标"变化的表达式。其中最后的数值以"[a,b]"数组表示，如图 19-24 所示。

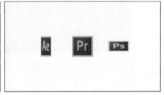

图 19-24　为"右图标"层添加表达式

操作9：表达式中不同属性的数值关联

（1）打开本章操作对应的合成，合成中有"足球"和"地板"两个图层，按 P 键展开图层的"位置"属性，设置第 0 帧时为（960，100），第 1 秒时为（960，900），如图 19-25 所示。

图 19-25　设置"位置"关键帧

（2）按 Shift+S 键增加显示"缩放"属性，按住 Alt 键单击"缩放"前的秒表，打开表达式输入栏，填写"a="，然后用鼠标在 ◎ 表达式关联器按钮上按下，并拖至本图层"位置"属性的 Y 轴数值上释放，生成链接表达式，以半角逗号结束第一行表达式。换行输入以下部分：

```
b=900;
x=100+((a-b)/100);
y=100-(a-b)/100;
[x,y]
```

可以在表达式行后添加相应的注释。将时间移至第 0 帧处，可以看到因"位置"中 Y 轴数值变小使"缩放"的 X 轴数值变小、Y 轴数值变大，如图 19-26 所示。

（3）预览动画，如图 19-27 所示。

图 19-26　设置表达式并注释

图 19-27　预览动画效果

（4）选中"足球"图层，选择菜单"效果 > 模糊和锐化 > 定向模糊"命令，按住 Alt 键单击"定向模糊"效果下"模糊长度"前的秒表，打开表达式输入栏，填写"(900-transform.position[1])/10"，如图 19-28 所示。

图 19-28　设置模糊效果的表达式

（5）将时间移至第 0 帧处，可以看到因"位置"中 Y 轴数值变小使"模糊长度"的数值变大，"位置"中 Y 轴数值为 900 时，"模糊长度"的数值为 0。预览动画，如图 19-29 所示。

图 19-29　预览动画

19.3　表达式的控制效果

使用表达式控制效果，可通过使用表达式将属性链接到控制来添加一个可用于处理一个或多个属性值的控制。单个控制可同时影响多个属性。

表达式控制效果的名称指示其提供的属性控制类型：角度控制、复选框控制、颜色控制、图层控制、点控制、滑块控制和 3D 点控制，如图 19-30 所示。

操作10：表达式滑块控制效果

（1）打开本章操作对应的合成，合成中为一个三维场景，建立一个"空对象"层，命名为"控制层"，选择菜单"效果 > 表达式控制 > 滑块控制"命令，并在图层中展开其下的"滑块"。

（2）再建立一个"环境光"层，展开"灯光选项"下的"强度"，如图 19-31 所示。

（3）按住 Alt 键单击"强度"前的秒表，打开表达式输入栏，然后

图 19-30　表达式控制效果的种类

用鼠标在表达式关联器按钮上按下，并拖至"滑块"属性上释放，生成链接表达式，如图 19-32 所示。

图 19-31　打开合成并建立"控制层"和灯光

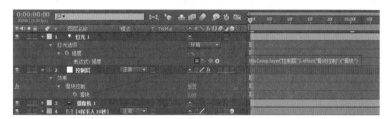

图 19-32　建立表达式链接

（4）这样设置好使用"滑块"来控制场景的亮度，测试滑块的数值，低于 50 时过暗，高于 130 时过亮，可以更改滑条 0 至 100 的默认数值，在"滑块"名称上右击，选择弹出菜单中的"编辑值"，将"滑块范围"设为 50 至 130，单击"确定"按钮，如图 19-33 所示。

（5）在设置的滑条上拖动"滑块"的数值，可以调整场景的亮度，如图 19-34 所示。

图 19-33　更改"滑块"属性默认数值范围

图 19-34　拖动"滑块"的数值可以调整场景的亮度

操作11：表达式复选框和3D 点控制效果

（1）打开本章操作对应的合成，为上一操作相同的三维场景。建立一个"空对象"层，命名为"摄像控制"，在"效果和预设"面板的搜索栏中输入"控制"字样，显示"表达式控制"下的效果，依次选中"复选框控制"、"3D 点控制"和"滑块控制"，将其一起拖至时间轴的"摄像控制"层上，然后选中"3D 点控制"，按 Ctrl+D 键创建副本，并分别重命名为"复选框控制 景深开关"、"3D 点控制 摄像机目标"、"3D 点控制 摄像机位置"、和"滑块控制 焦距"，如图 19-35 所示。

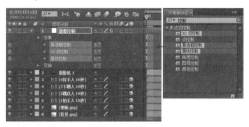 

图 19-35　建立"摄像控制"层并添加表达式控制效果

（2）展开"摄像机 1"下的"目标点"、"位置"、"景深"和"焦距"属性，按住 Alt 键的同时单击秒表添加表达式，并用鼠标在表达式关联器按钮上按下，拖至"摄像控制"层上对应效果的属性上释放，生成链接表达式，并分别设置"3D 点控制 摄像机目标"、"3D 点控制 摄像机位置"的数值，打开"复选框控制 景深开关"、调整"滑块控制 焦距"的数值，如图 19-36 所示。

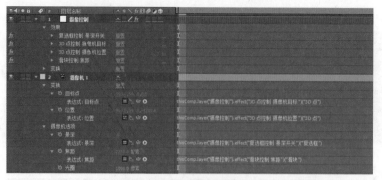

图 19-36　建立表达式链接

（3）设置"复选框控制 景深开关"第 0 帧时为"开"，第 1 秒 10 帧时为"关"。设置"滑块控制 焦距"第 0 帧时为 2250，第 1 秒时为 5300，如图 19-37 所示。

图 19-37　设置表达式控制效果的关键帧

（4）预览动画效果，景深效果中，第 0 帧时前面第一个人物为清晰状态，至第 1 秒时，清晰的景深范围从第一个人物向后移至第四个处，在第 1 秒 10 帧处，控制景深开关的"复选框"切换为"关"后，景深效果消失，如图 19-38 所示。

图 19-38　预览动画效果

操作12：表达式角度和颜色控制效果

（1）打开本章操作对应的合成，为上一操作相同的三维场景。建立一个类型为"环境"的"灯光 1"；一个类型为"聚光"的"灯光 2"；建立一个"空对象"层并命名为"灯光控制"，为其添加表达式控制效果，并分别重命名为"颜色控制 射灯颜色"和"角度控制 射灯角度"，如图 19-39 所示。

图 19-39　建立灯光和"灯光控制"层

（2）展开"灯光 2"下的"X 轴旋转"和"颜色"属性，使用按住 Alt 键单击秒表添加表达式，并用鼠标在  表达式关联器按钮上按下，拖至"灯光控制"层上对应效果的属性上释放，生成链接表达式。设置"颜色控制 射灯颜色"第 0 帧为红色，第 12 帧为绿色，第 1 秒为蓝色；设置"角度控制 射灯角度"第 0 帧为 -20°，第 1 秒为 20°，如图 19-40 所示。

图 19-40　设置表达式连接和表达式控制效果的关键帧

（3）预览动画效果，如图 19-41 所示。

图 19-41　预览动画效果

19.4　实例一：放大镜

本实例将一张放大镜的图片建立蒙版去除背景，再使用表达式制作查看放大文字的动画效果，实例效果如图 19-42 所示。

图 19-42　实例效果

实例的合成流程图示如图 19-43 所示。

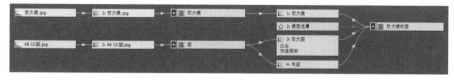

图 19-43　实例的合成流程图示

实例文件位置：光盘 \AE CC 手册源文件 \CH19 实例 01 文件夹 \ 放大镜 .aep

步骤 1：导入素材。

在项目面板中双击打开"导入文件"对话框，将本实例准备的图片文件全部选中，单击"导入"，将其导入到项目面板中。

步骤 2：处理放大镜图片。

（1）从项目面板中将"放大镜 .jpg"拖至 新建合成按钮上释放，建立"放大镜"合成。

（2）在工具栏中选择 椭圆工具，选中"放大镜 .jpg"层，按住 Shift 键在其上按圆形的镜面外轮廓绘制一个圆形的蒙版，调整蒙版的大小和位置与镜面对齐，如图 19-44 所示。

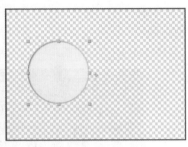

图 19-44　按图像绘制圆形蒙版

提示： 可以暂时将蒙版默认的"相加"方式修改为"无"，方便查看，在操作中配合放大视图。

（3）选中"蒙版 1"按 Ctrl+D 键创建副本"蒙版 2"，然后将"蒙版 2"设为"相减"方式，"蒙版扩展"设为 -20，如图 19-45 所示。

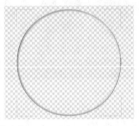

图 19-45　创建蒙版副本并设置运算方式

（4）在视图面板下方单击 按钮，在弹出菜单中选中"标题 /
动作安全"，这样视图中心会出现十字标记。再次单击 按钮，在
弹出菜单中选中"标尺"（快捷键为 Ctrl+R 键），在合成视图中显示
标尺。将鼠标移至顶部标尺上按下鼠标向下拖动，拖出一条水平参
考线到视图中部；再将鼠标移至左侧标尺上按下鼠标向右拖动，拖
出一条垂直参考线到视图中部。放大视图，将两个参考线移至十字
标记上居中，如图 19-46 所示。

（5）对照参考线移动"放大镜 .jpg"层，使其镜面居中放置，
并在工具栏中选择 锚点工具，将图层的锚点也移至 + 字标记上
居中，同时在时间轴上"锚点"和"位置"的数值将发生改变，
如图 19-47 所示。

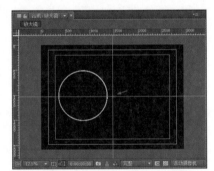

图 19-46　建立居中的参考线

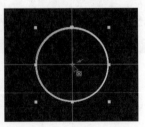

图 19-47　将图层以镜面图像居中放置

（6）双击打开"放大镜 .jpg"图层，打开其图层视图，将原"蒙版 1"和"蒙版 2"的运算方式暂
时设置为"无"，在工具栏中选择 钢笔工具，在图层视图中为放大手柄绘制"蒙版 3"，如图 19-48 所示。

图 19-48　按图像绘制蒙版

（7）在时间轴中将图层的"缩放"设为（62，62%），完成放大镜图片的处理，如图 19-49 所示。

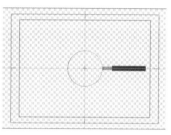

图 19-49　调整缩放

步骤 3：建立"图"合成。

（1）按 Ctrl+N 键打开"合成设置"对话框，将合成名称设为"图"，将预设选择为 HDTV 1080 25，将持续时间设为 10 秒，单击"确定"按钮建立合成。

（2）从项目面板中将"AE CC 图 .jpg"拖至时间轴中，这是一个 4K 尺寸的图片，按 Ctrl+Shift+Alt+H 键将图片设置为适合当前合成宽度的比例，如图 19-50 所示。

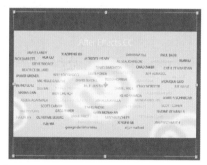

图 19-50　放置图像并调整比例

步骤 4：建立"放大镜动画"合成。

（1）按 Ctrl+N 键打开"合成设置"对话框，将合成名称设为"放大镜动画"，将预设选择为 HDTV 1080 25，将持续时间设为 10 秒，单击"确定"按钮建立合成。

（2）从项目面板中将"放大镜"和"图"拖至时间轴中。选中"图"层，按 Ctrl+D 键创建一个副本，分别按主键盘的 Enter 键将其重新命名为"放大图"和"底图"。

（3）选中"放大图"层，选择菜单"效果 > 扭曲 > 凸出"命令，添加凸面镜放大的效果。

（4）在时间轴中选中"放大镜"层，按 S 键展开"缩放"属性，再展开"放大图"层"凸出"效果属性，按住 Alt 键单击"水平半径"前的秒表建立表达式，并将 表达式关联器拖至"放大镜"层"缩放"属性的一个数值上释放，自动建立关联表达式，保持数值与目标一致，如图 19-51 所示。

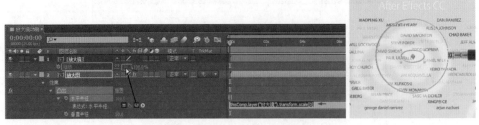

图 19-51　添加效果并设置表达式

（5）因为圆形的凸出效果中"垂直半径"与"水平半径"一样，所以这里建立一个"垂直半径"并链接到"水平半径"上。按住 Alt 键单击"垂直半径"前的秒表建立表达式，并将 表达式关联器拖至"水平半径"属性上释放，自动建立关联表达式，保持数值与目标一致，如图 19-52 所示。

图 19-52　建立表达式链接

（6）此时的凸出效果范围较小，在"水平半径"属性表达式的后面添加输入"*3"，即将目标数值乘以 3，如图 19-53 所示。

图 19-53　修改表达式数值

提示：这里乘以一个系数使凸出效果的范围与放大镜一致，根据放大镜大小的不同，需要测试乘以不同的系数。

（7）当放大镜移动时，需要凸出效果的中心点跟随放大镜一起移动。选中"放大镜"层，按 P 键展开其"位置属性"，按住 Alt 键单击"凸出中心"前的秒表建立表达式，并将 表达式关联器拖至"放大镜"层"位置"属性的名称上释放，自动建立关联表达式，保持数值与目标一致，如图 19-54 所示。

 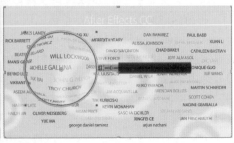

图 19-54　建立表达式链接

（8）"凸出高度"属性的数值影响着放大效果，选中"放大镜"层，按 S 键展开"缩放"属性，按住 Alt 键单击"凸出高度"前的秒表建立表达式，并将  表达式关联器拖至"放大镜"层"缩放"属性的一个数值上释放，自动建立关联表达式，因为这个数值较大，所以这里在表达式后添加输入"/50"，如图 19-55 所示。

图 19-55　设置表达式

（9）这样在制作放大镜动画时，靠近"底图"时即"放大镜"缩小时将减小凸出效果，远离"底图"时即"放大镜"放大时将增大凸出效果。同时在远离"底图"过多时放大镜会产生模糊，这里选中"放大图"，选择菜单"效果 > 模糊和锐化 > 快速模糊"命令，并在时间轴中展开"快速模糊"，按住 Alt 键单击"模糊度"前的秒表建立表达式，在表达式填写栏中输入"a="，然后将 表达式关联器拖至"放大镜"层"缩放"属性的一个数值上释放，自动建立关联表达式，然后输入"；"（半角的分号），按主键盘的 Enter 键换行，再输入"a/100*(a-100)"并按小键盘的 Enter 键结束输入状态，其中均使用半角的字符，如图 19-56 所示。

图 19-56　添加效果并设置表达式

（10）按 Ctrl+Shift+A 键取消时间轴中的任何选择，双击工具栏中的 椭圆工具，在时间轴中建立了一个形状图层，按主键盘上的 Enter 键将其重命名为"镜面遮罩"，将其拖至"放大图"的上层。

（11）选中"放大镜"层和"镜面遮罩"层，按 P 键展开其"位置"属性，按住 Alt 键单击"镜面遮罩"层"位置"前的秒表建立表达式，并将 表达式关联器拖至"放大镜"层"位置"属性名称上释放，自动建立关联表达式，如图 19-57 所示。

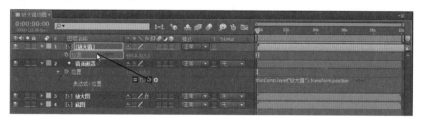

图 19-57　添加表达式链接

（12）展开"放大图"的"凸出"效果，再展开"镜面遮罩"下的"椭圆路径 1"，按住 Alt 键单击"大小"前的秒表建立表达式，在表达式填写栏中输入"a="，然后将 表达式关联器拖至"放大图"层"凸出"效果下的"水平半径"属性上释放，自动建立关联表达式，然后输入"；"（半角的分号），按主键盘的 Enter 键换行，再输入"[2*a,2*a]"并按小键盘的 Enter 键结束输入状态，其中均使用半角的字符。这样使遮罩中由宽和长决定的圆的大小与"凸出"效果中的由半径决定的范围保持相同的大小，如图 19-58 所示。

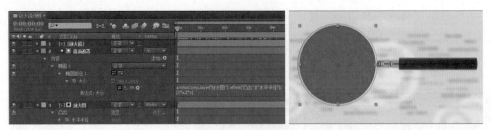

图 19-58　设置表达式

（13）将"放大图"的轨道遮罩设为 Alpha 遮罩"镜面遮罩"，查看镜面中的区域为放大的效果，如图 19-59 所示。

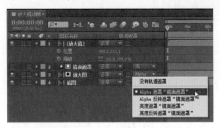

图 19-59　设置轨道遮罩

（14）这样设置完毕，可以为"放大镜"制作移动、缩放和旋转的动画，同时自动产生相应的放大效果，如图 19-60 所示。

图 19-60　设置"放大镜"的关键帧动画

19.5　实例二：移动条动画

本实例将纯色层使用表达式制作成随机移动的条块动画，实例效果如图 19-61 所示。

图 19-61　实例效果

实例的合成流程图示如图 19-62 所示。

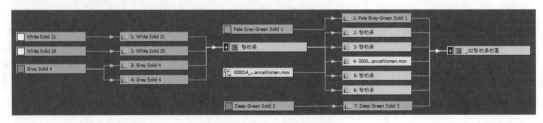

图 19-62　实例的合成流程图示

实例文件位置：光盘 \AE CC 手册源文件 \CH19 实例 02 文件夹 \ 移动条动画 .aep

步骤 1：导入素材。

在项目面板中双击打开"导入文件"对话框，将本实例准备的文件选中，单击"导入"，将其导入到项目面板中。

步骤 2：建立"移动条"合成。

（1）按 Ctrl+N 键打开"合成设置"对话框，将合成名称设为"移动条"，将预设选择为 HDTV 1080 25，将持续时间设为 10 秒，单击"确定"按钮建立合成。

（2）按 Ctrl+Y 键建立一个灰色的纯色层，RGB 为（128，128，128），按 S 键展开"缩放"，将其设为（5，100%），如图 19-63 所示。

图 19-63　建立纯色层并设置成条状

（3）按住 Alt 键单击"位置"前的秒表建立表达式，在表达式输入栏中输入"x="，然后单击  按钮在弹出菜单中选择 "Random Numbers>random(minValOrArray,maxValOrArray)"，在表达式输入栏中加入这样的语句，将其修改为"random(1，1920)"并添加"；"（半角分号），按主键盘的 Enter 键换行，输入"y="，将 表达式关联器拖至"位置"属性的 Y 轴数值上释放，自动建立关联表达式，如图 19-64 所示。

图 19-64　为"位置"建立表达式

（4）然后输入"；"（半角的分号），按主键盘的 Enter 键换行，再输入"[x,y]"并按小键盘的 Enter 键结束输入状态。查看结果，移动条图形在 1 ～ 1920 的屏幕宽度范围内左右随机移动，如图 19-65 所示。

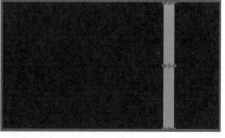

图 19-65　设置随机左右移动的效果

（5）用相似的方法为移动条建立宽度的随机变化。按住 Alt 键单击"缩放"前的秒表建立表达式，在表达式输入栏中输入"x=random(2,10)"，按主键盘的 Enter 键换行输入"y="，将 表达式关联器拖至"缩放"属性的 Y 轴数值上释放，自动建立关联表达式，然后输入"；"（半角的分号），按主键盘的 Enter 键换行，再输入"[x,y]"并按小键盘的 Enter 键结束输入状态。查看结果，移动条图形的宽度在 2 ～ 10 之间随机变化，如图 19-66 所示。

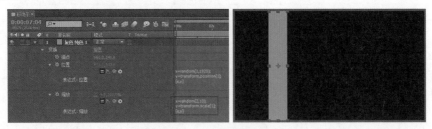

图 19-66　建立"缩放"表达式

（6）为移动条的不透明度再建立一个随机变化。按住 Alt 键单击"不透明度"前的秒表建立表达式，在表达式输入栏中输入"random(10,100)"，按小键盘的 Enter 键结束输入状态。查看结果，移动条图形的不透明度在 10 ～ 100 之间随机变化，如图 19-67 所示。

图 19-67　建立"不透明度"表达式

（7）选中纯色层，按 Ctrl+D 键 3 次创建 3 个副本，并选中其中一层，按 Ctrl+Shift+Y 打开"纯色设置"对话框，将其中的灰色更改为白色，将图层均设为"屏幕"模式，从而得到一组随机的移动条，如图 19-68 所示。

图 19-68　创建副本并设置图层模式

步骤 3：建立"叠加移动条效果"合成。

（1）按 Ctrl+N 键打开"合成设置"对话框，将合成名称设为"叠加移动条效果"，将预设选择为 HDTV 1080 25，将持续时间设为 10 秒，单击"确定"按钮建立合成。

（2）按 Ctrl+Y 键建立一个绿色层，RGB 为（50，160，45），按 Ctrl+D 键创建一个副本。

（3）单击打开上面层的三维开关，展开"变换"属性，设置"X 轴旋转"为 90°，"位置"为（960，1000，0），"缩放"为（200，200，200%）。再选择菜单"效果 > 生成 > 梯度渐变"命令，设置"起始颜色"为白色、"结束颜色"为 RGB（50，160，45）的绿色，如图 19-69 所示。

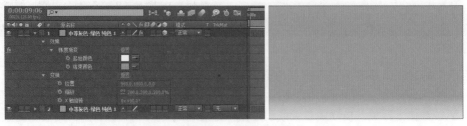

图 19-69　建立渐变层

（4）从项目面板中将"舞蹈.mov"拖至时间轴中，按 S 键展开"缩放"属性，将其设为（66，66%），如图 19-70 所示。

图 19-70　放置素材

（5）选中"舞蹈.mov"层，选择菜单"效果 > 键控 > 亮度键"命令，抠除黑色的背景，将"阈值"设为 10。由于边缘残留一些黑色，再选择菜单"效果 > 生成 > 填充"命令，将"颜色"设为白色，如图 19-71 所示。

图 19-71　抠除背景色并填充白色

（6）从项目面板中将"移动条"拖至时间轴中，设为"屏幕"模式，按 Ctrl+D 键创建一个副本，将其中一层的位置设为（960，328），并在第 5 秒处按 Ctrl+Shift+D 键分割图层，如图 19-72 所示。

图 19-72　分割图层

（7）将两个分割开的图层交换前后顺序，从而得到位置不同的移动条，完成实例的制作，如图 19-73 所示。

图 19-73　交换前后顺序

19.6　实例三：滚动与位移

本实例为一张汽车图片进行去背处理，再使用表达式设置由车轮的旋转带动汽车行驶的动画，实例效果如图 19-74 所示。

图 19-74　实例效果

实例的合成流程图示如图 19-75 所示。

图 19-75　实例的合成流程图示

实例文件位置：光盘 \AE CC 手册源文件 \CH19 实例 03 文件夹 \ 滚动与位移 .aep

步骤 1：导入素材。

在项目面板中双击打开"导入文件"对话框，将本实例准备的图片文件选中，单击"导入"，将其导入到项目面板中。

步骤 2：处理汽车图片。

（1）从项目面板中将"汽车 .jpg"拖至 新建合成按钮上释放，建立"汽车"合成。按 Ctrl+K 键打开"合成设置"对话框，将合成背景设置为方便查看透明图像的颜色背景，这里为绿色。

（2）在工具栏中选择 Roto 笔刷工具，双击"汽车 .jpg"图层，在打开的图层视图中，在汽车图像上绘涂抠除背景，可以按住 Ctrl 键拖动鼠标调节画笔的大小，在边缘处多次绘涂补充选区范围，或者按住 Alt 键绘制排除选区范围，如图 19-76 所示。

图 19-76　使用 Roto 抠除背景

（3）切换到合成视图，查看边缘，再从工具栏中选择 钢笔工具，建立蒙版辅助去除边缘残留的部分，并为后面单独放置轮子的位置留出空间，如图 19-77 所示。

步骤 3：设置"车轮"合成。

（1）从项目面板中将"汽车 .jpg"拖至 新建合成按钮上释放，建立合成，并将合成重新命名为"车轮"。

（2）在工具栏中选择 椭圆工具，为"车轮"时间轴中图像的前轮建立一个蒙版，如图 19-78 所示。

图 19-77 进一步建立蒙版

图 19-78 建立车轮图像的蒙版

（3）选中图层，按 Ctrl+D 键创建一个副本，选中下面层，将"蒙版扩展"设为 5。选择菜单"效果 > 生成 > 填充"命令，将颜色设为黑色，如图 19-79 所示。

图 19-79 创建副本并填充黑色

（4）在合成视图面板下部选择 目标区域按钮，在视图中参照轮子图像建立方形的区域，选择菜单"裁剪合成到目标区域"命令，如图 19-80 所示。

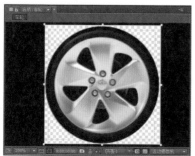
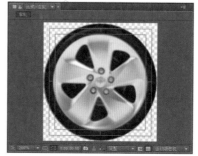

图 19-80 裁剪合成

（5）按 Ctrl+K 键打开"合成设置"对话框，将"宽度"和"高度"设置为相同的数值，这里均为160。关闭时间轴中下层的显示，如图 19-81 所示。

图 19-81　设置合成

步骤 4：设置"车轮亮面"合成。

（1）在项目面板中选中"车轮"，按 Ctrl+D 键创建副本，并重新命名为"车轮亮面"，打开其时间轴，打开下层的显示。选中上层的"汽车 .jpg"层，选择菜单"效果 > 生成 > 填充"命令，设置颜色为白色。

（2）选中上层的蒙版向上移动，并将"蒙版羽化"设为（0，10），"蒙版扩展"设为 -2，如图 19-82 所示。

图 19-82　设置"填充"效果和蒙版效果

（3）从项目面板中将"车轮"拖至时间轴中，查看轮子的上部有亮光的效果，如图 19-83 所示。

图 19-83　制作轮子上部的亮光效果

步骤 5：设置"行驶的汽车"合成。

（1）按 Ctrl+N 键打开"合成设置"对话框，将合成名称设为"行驶的汽车"，将预设选择为 HDTV 1080 25，将持续时间设为 10 秒，单击"确定"按钮建立合成。

（2）按 Ctrl+Y 键建立纯色层，选择菜单"效果 > 生成 > 梯度渐变"命令，设置"渐变起点"为（960，540）、"起始颜色"为 RGB（168，168，168）的灰色、"渐变终点"为（1000，1000）、结束颜色为黑色、"渐变形状"为"径向渐变"。单击打开图层的三维开关，设置"X 轴旋转"为 90°、"位置"为（960，786，0）、"缩放"为（400，400，400%），如图 19-84 所示。

（3）再按 Ctrl+Y 键建立纯色层，选择菜单"效果 > 生成 > 梯度渐变"命令，设置"起始颜色"为白色、结束颜色为黑色、"渐变形状"为"径向渐变"。单击打开图层的三维开关，设置"位置"为（960，-285，2000）、"缩放"为（200，200，200%），如图 19-85 所示。

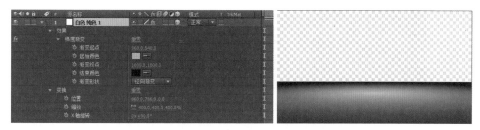

图 19-84　设置渐变平面效果

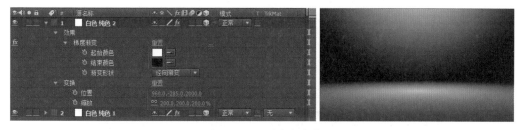

图 19-85　设置渐变背景

（4）从项目面板中将"汽车"拖至时间轴中，将时间移至前面使用 Roto 抠像完成的时间段，这里为图层入点处，选择菜单"图层 > 时间 > 冻结帧"命令。

（5）从项目面板中将"车轮"和"车轮亮面"拖至时间轴中，移至汽车图像中的前轮处，然后选中这两层，按 Ctrl+C 键复制，再按 Ctrl+V 键粘贴，并移至汽车图像中的后轮处，如图 19-86 所示。

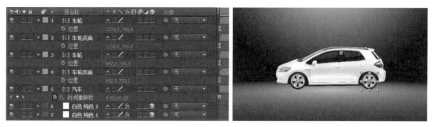

图 19-86　放置汽车图层

（6）将前轮的两个图层重命名为"前车轮"和"前车轮亮面"，将后轮的两个图层重命名为"后车轮"和"后车轮亮面"。

（7）在时间轴的空白处右击，选择菜单"新建 > 空对象"命令新建一个空层，并重命名为"移动"，如图 19-87 所示。

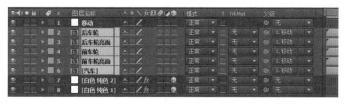

图 19-87　设置父级层

（8）选中"前车轮"层，按 R 键展开其"旋转"，按住 Alt 键单击其前面的秒表建立表达式，在表达式输入栏中输入以下表达式：

```
距离 =thisComp.layer("移动").transform.position[0];
周长 =width*Math.PI;
（距离 / 周长）*360
```

其中，thisComp.layer("移动").transform.position[0] 可以使用表达式关联器链接到"移动"层"位置"的 X 轴数值上得到；width 在单击 ▶ 按钮弹出的表达式菜单中的 Comp 下，Math.PI 在表达式菜单中的 JavaScript Math 下，如图 19-88 所示。

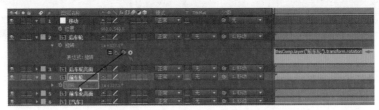

图 19-88　设置"前车轮"的表达式

（9）选中"后车轮"层，按 R 键展开其"旋转"属性，按住 Alt 键单击其前面的秒表建立表达式，直接使用表达式关联器拖至"前车轮"层的"旋转"属性上释放，建立表达式关联即可，如图 19-89 所示。

（10）选中地平面的纯色层，按 Ctrl+D 键创建一个副本，在原层上面，将其重命名为"阴影"，修改"梯度渐变"中原来的灰色为黑色，在工具栏中选择█圆角矩形工具，在视图中参照汽车的底部，在"阴影"层上绘制一个蒙版，将"蒙版羽化"设为（100，100）。将"阴影"层的父级层也选择为"移动"层，如图 19-90 所示。

图 19-89　设置"后车轮"的表达式

图 19-90　设置阴影

（11）这样可以为汽车制作轮子跟随转动的行驶动画了，这里为"移动"层的"位置"设置关键帧，如图 19-91 所示。

图 19-91　设置行驶动画

19.7　实例四：折扇动画

本实例使用一张低分辨率的折扇图片作为参考，重新建立折扇的各部分图形，并使用表达式设置折扇图形的动画效果。通过这个实例会感受到表达式能在某些方面实现"不可能"的想法。实例效果如图 19-92 所示。

图 19-92　实例效果

实例的合成流程图示如图 19-93 所示。

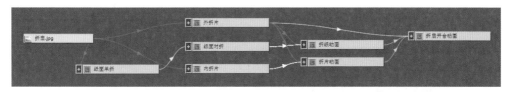

图 19-93　实例的合成流程图示

实例文件位置：光盘 \AE CC 手册源文件 \CH19 实例 04 文件夹 \ 折扇动画 .aep

步骤 1：导入素材。

在项目面板中双击打开"导入文件"对话框，将本实例准备的图片文件中，单击"导入"，将其导入到项目面板中。

步骤 2：建立"外折片"合成。

（1）按 Ctrl+N 键打开"合成设置"对话框，将合成名称设为"外折片"，将预设选择为 HDTV 1080 25，将持续时间设为 10 秒，单击"确定"按钮建立合成。

（2）从项目面板中将"折扇 .jpg"拖至时间轴中，在视图面板下方单击██按钮，在弹出菜单中选中"标题 / 动作安全"，视图中心出现十字标记。将折扇调整到扇钉位置视图中心的十字标记处，然后选择工具栏中的██锚点工具，将图层的锚点移至中心的十字标记处；调整旋转角度使扇外折位于右侧水平的角度，这里"旋转"为 25.5°；调整适当的大小，这里"缩放"设为（150,150%）。在工具栏中选择██钢笔工具，为外折绘制一个蒙版，如图 19-94 所示。

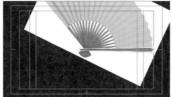

图 19-94　绘制外折片蒙版

（3）按 Ctrl+Y 键建立一个纯色层，选择菜单"效果 > 杂色和颗粒 > 分形杂色"命令，设置"分形类型"为"涡旋"、"杂色类型"为"线性"、效果中"变换"下的"旋转"为 30°、"统一缩放"为关、"缩放宽度"为 5000、"偏移（湍流）"为（490，300），如图 19-95 所示。

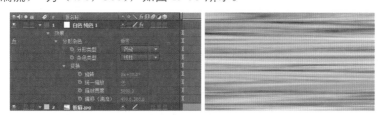

图 19-95　建立纹理图案

（4）选择菜单"效果 > 颜色校正 > 色调"命令，设置"将黑色映射到"为 RGB（183,130,95），设置"将白色映射到"为 RGB（102，81，57），如图 19-96 所示。

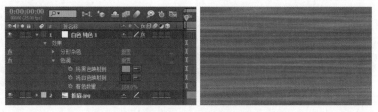

图 19-96　映射颜色

（5）选择菜单"效果 > 生成 > 梯度渐变"命令，设置"渐变起点"为（870，500）、"起始颜色"为 RGB（64，43，29）、"渐变终点"为（1728，520）、"结束颜色"为 RGB（130，92，64）、"与原始图像混合"为 30%。将图层的"缩放"设为（100，10%），如图 19-97 所示。

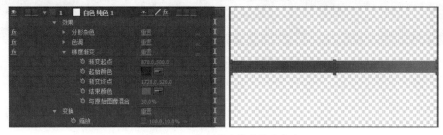

图 19-97　添加渐变色并缩放大小

（6）将纯色层拖至"折扇 .jpg"层的下面，并设置轨道遮罩，如图 19-98 所示。

图 19-98　设置轨道遮罩

步骤 3：建立"内折片"合成。

（1）在项目面板中选中"外折片"，按 Ctrl+D 键创建副本，并重命名为"内折片"，双击打开其时间轴面板。

（2）调整"折扇 .jpg"蒙版右侧的两个锚点，减小间距，并向左侧移动一些，即缩短折片的长度，"内折片"图形与"外折片"图形的对比如图 19-99 所示。

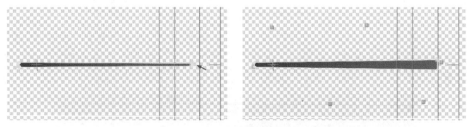

图 19-99　设置内折片图形

步骤 4：建立"纸面单折"合成。

（1）在项目面板中选中"外折片"，按 Ctrl+D 键创建副本，并重命名为"纸面单折"，双击打开其时间轴面板。在其中删除纯色层，删除"折扇 .jpg"的蒙版。

（2）在视图面板下方单击█按钮，在弹出菜单中选中"标题 / 动作安全"，视图中心出现十字标记。再次单击█按钮，在弹出菜单中选中"标尺"（快捷键为 Ctrl+R 键），在合成视图中显示标尺。将鼠标移至顶部标尺上按下鼠标向下拖动，拖出一条水平参考线到视图中部。

（3）将"折扇 .jpg"层的"旋转"设为 38°，使其一条内折片与参考线水平。按 Ctrl+Y 键建立一个纯色层，暂时关闭显示，参照内折片部分的纸面图像绘制一个蒙版，如图 19-100 所示。

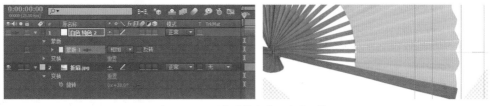

图 19-100 调整图像绘制纸面图形蒙版

（4）打开纯色层的显示，关闭"折扇 .jpg"层的显示。在时间轴顶层新建一个"调整图层 1"，选择菜单"效果 > 生成 > 梯度渐变"命令，设置"渐变起点"为（1258,496）、"起始颜色"为 RGB（180,180,180）、"渐变终点"为（1746，608）、"结束颜色"为 RGB（200，200，200），如图 19-101 所示。

图 19-101 设置渐变色

步骤 5：建立"纸面对折"合成。

（1）在项目面板中，将"纸面单折"拖至  新建合成按钮上释放建立合成，并将合成重命名为"纸面对折"。在打开的时间轴中选择"纸面单折"层，按 Ctrl+D 键创建副本，并设置下面层的"缩放"为（100，-100%），如图 19-102 所示。

图 19-102 创建副本

（2）返回到"纸面单折"合成的时间轴中选中"调整图层 1"，按 Ctrl+C 键复制，再切换到"纸面对折"合成的时间轴中，按 Ctrl+V 键粘贴，放在第二层，并修改"起始颜色"为 RGB（150，150，150）、"结束颜色"为 RGB（180，180，180），如图 19-103 所示。

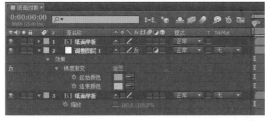

图 19-103 设置渐变颜色

步骤 6：建立"折片动画"合成。

（1）按 Ctrl+N 键打开"合成设置"对话框，将合成名称设为"折片动画"，将预设选择为 HDTV

1080 25，将持续时间设为 10 秒，将"背景颜色"设为中间色青色，便于查看透明背景的图像，单击"确定"按钮建立合成，如图 19-104 所示。

（2）从项目面板中将"内折片"和"外折片"拖至时间轴中，选择"外折片"，按 Ctrl+D 键创建一个副本，然后分别重命名为"右外折片"和"左外折片"。在时间轴空白处右击，选择弹出菜单"新建 > 空对象"命令，建立一个空层，并重命名为"折扇控制"。从上至下按"折扇控制"、"右外折片"、"内折片"和"左外折片"的顺序放置，如图 19-105 所示。

（3）选中"折扇控制"层，选择"效果 > 表达式控制 > 角度控制"，选中图层下的"角度控制"效果，按 Ctrl+D 键创建一个副本，

图 19-104　建立合成

然后按主键盘的 Enter 键将这两个效果分别重命名为"右外折片角度控制"和"左外折片角度控制"，如图 19-106 所示。

图 19-105　放置图层并建立控制层

图 19-106　添加控制效果

（4）展开"折扇控制"层"左外折片角度控制"下的"角度"，选中"左外折片"层，按 R 键展开其"旋转"属性，按住 Alt 键单击"旋转"前的秒表建立表达式，并将◎表达式关联器拖至"折扇控制"层"左外折片角度控制"的"角度"上释放，自动建立关联表达式，如图 19-107 所示。

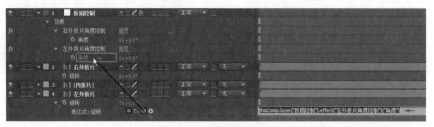

图 19-107　建立表达式

（5）展开"折扇控制"层"右外折片角度控制"下的"角度"，选中"右外折片"层，按 R 键展开其"旋转"属性，按住 Alt 键单击"旋转"前的秒表建立表达式，并将◎表达式关联器拖至"折扇控制"层"右外折片角度控制"的"角度"上释放，自动建立关联表达式，如图 19-108 所示。

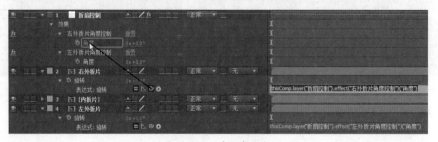

图 19-108　建立表达式

（6）将"折扇控制"层"右外折片角度控制"的"角度"设为 -10°，将"左外折片角度控制"的"角度"设为 -170°，如图 19-109 所示。

图 19-109　调整控制效果属性数值

（7）选中"右外折片"、"内折片"和"左外折片"，按 R 键展开"旋转"属性，按住 Alt 键单击"内折片"层"旋转"前的秒表建立表达式，在表达式填写栏中输入"a="，将 ◎ 表达式关联器拖至"右外折片"层的"旋转"上释放，自动建立关联表达式，添加";"（半角分号），按主键盘的 Enter 键换行，输入"b="，将 ◎ 表达式关联器拖至"左外折片"层的"旋转"上释放，自动建立关联表达式，添加";"（半角分号），按主键盘的 Enter 键换行，输入：

```
m=thisComp.layer("右外折片").index;
n=thisComp.layer("左外折片").index;
x=(b-a)/(n-m);
(index-m)*x+a
```

按小键盘的 Enter 键结束输入状态，如图 19-110 所示。

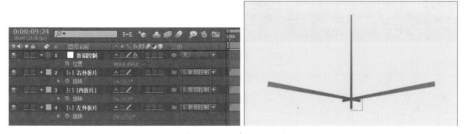

图 19-110　建立表达式

（8）此时的"内折片"将根据两个外折片的角度变化，始终位于两个外折片的中间。在时间轴上部栏列名称处右击，选择弹出菜单"列数 > 父级"命令，显示父级栏，将"右外折片"、"内折片"和"左外折片"层的父级栏均设为"折扇控制"，如图 19-111 所示。

图 19-111　建立父级层

（9）选中"内折片"，按 Ctrl+D 键 24 次，创建 24 个副本，如图 19-112 所示。

步骤 7：建立"折纸动画"合成。

（1）在项目面板中选中"折片动画"，按 Ctrl+D 键创建副本，并重命名为"折纸动画"，打开其合成的时间轴面板。

（2）选中"折纸动画"时间轴中所有"内折片"层，按住 Alt 键的同时从项目面板中将"纸面对折"拖至其上释放，将其全部替换，如图 19-113 所示。

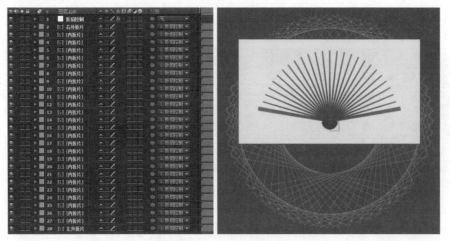

图 19-112　创建副本

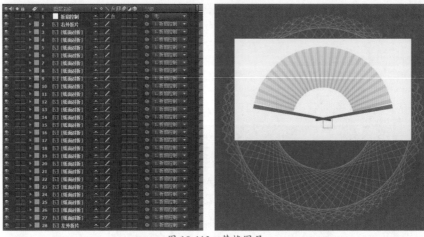

图 19-113　替换图层

（3）选中底层的"左外折片"层，按 Ctrl+D 键创建副本层，并将副本层拖至底层，如图 19-114 所示。

图 19-114　创建副本

（4）选中这个副本层，按住 Alt 键从项目面板中将"纸面对折"拖至其上释放，将其替换，并按主键盘的 Enter 键将其重命名为"纸面对折补"，这是因为在实际的折扇中，纸面折始终会比内折多一份，如图 19-115 所示。然后关闭"左外折片"和"右外折片"图层的显示。

图 19-115　替换图层

（5）调整"右外折片角度控制"和"左外折片角度控制"的数值，查看效果，如图 19-116 所示。

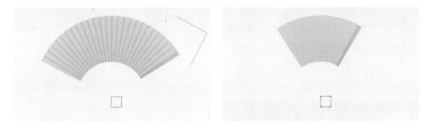

图 19-116　调整控制属性数值并查看效果

（6）为各个"纸面对折"的宽度设置随折扇的开合而变化的效果。展开"折扇控制"层"右外折片角度控制"和"左外折片角度控制"下的"角度"，选择其中的一个"纸面对折"层，按 S 键展开其"缩放"属性，按住 Alt 键单击"缩放"前面的秒表建立表达式，在表达式填写栏中输入"a="，将 ◎ 表达式关联器拖至"折扇控制"层"右外折片角度控制"的"角度"上释放，自动建立关联表达式，添加";"（半角分号），按主键盘的 Enter 键换行，输入"b="，将 ◎ 表达式关联器拖至"折扇控制"层"左外折片角度控制"的"角度"上释放，自动建立关联表达式，添加";"（半角分号），按主键盘的 Enter 键换行，输入"x="，将 ◎ 表达式关联器拖至本层"缩放"的 X 轴数值上释放，自动建立关联表达式，添加";"（半角分号），按主键盘的 Enter 键换行，输入：

```
c=(a-b)/180;                // 宽度变化范围
d=1/3;                      // 最小宽度比
y=(d+c*2/3)*100;
[x,y]
```

这样，"纸面对折"层的 Y 轴向宽度随折片的展开角度变化而变化，如图 19-117 所示。

图 19-117　建立表达式

（7）单击选中当前设置好的"缩放"属性名称，按 Ctrl+C 键复制，再选中其余所有的"纸面对折"图层，包括"纸面对折补"层，按 Ctrl+V 键粘贴，将这些层添加相同的"缩放"属性表达式。查看效果，如图 19-118 所示。

图 19-118　设置缩放动画效果

（8）选中"纸面对折"层，选择菜单"效果＞透视＞投影"命令，设置"不透明度"为15%、"方向"为0°、"距离"为2。然后选中"投影"效果名称，按Ctrl+C键复制，再选中其余所有的"纸面对折"图层，包括"纸面对折补"层，按Ctrl+V键粘贴，将这些层添加相同的"投影"效果。这样在控制折扇展开角度较小时也有了折痕，如图19-119所示。

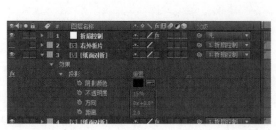

图19-119　设置"投影"效果

步骤8：建立"折扇开合动画"合成。

（1）按Ctrl+N键打开"合成设置"对话框，将合成名称设为"折扇开合动画"，将预设选择为HDTV 1080 25，将持续时间设为10秒，单击"确定"按钮建立合成。

（2）切换到"折片动画"合成的时间轴中选中"折扇控制"层，按Ctrl+C键复制，再切换回"折扇开合动画"合成时间轴中按Ctrl+V键粘贴。

（3）在"折扇开合动画"时间轴上部的合成名称标签处右击，选择弹出菜单"浮动面板"命令，将"折扇开合动画"转换为浮动面板状态，展开其"折扇控制"下"右外折片角度控制"和"左外折片角度控制"的"角度"。

（4）切换到"折片动画"合成时间轴中展开"折扇控制"下"左外折片角度控制"的"角度"，按住Alt键单击前面的秒表建立表达式，将 ⊙ 表达式关联器拖至浮动的"折扇开合动画"合成时间轴中对应的"折扇控制"层"左外折片角度控制"的"角度"上释放，自动建立关联表达式，如图19-120所示。

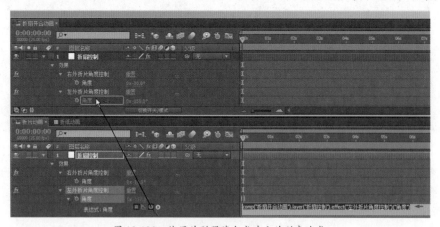

图19-120　使用关联器跨合成建立关联表达式

（5）同样，为"折片动画"合成时间轴中"折扇控制"下"右外折片角度控制"的"角度"建立对应的关联表达式。然后为"折纸动画"合成时间轴中"折扇控制"下的两个角度控制建立同样的表达式关联到"折扇开合动画"合成中的"折扇控制"下，如图19-121所示。

（6）将"折纸动画"和"折片动画"合成中的"折扇控制"层更改过的变换属性重置为默认数值，即将"位置"恢复为（960，540），以视图中心为旋转中心。同时均关闭这两个合成中的"右外折片"和"左外折片"层的显示。

图 19-121　在两个合成间建立关联表达式

（7）从项目面板中将"折纸动画"和"折片动画"拖至时间轴中，并打开图层的 ⚙ 折叠变换开关。

（8）从"折纸动画"合成中选择"右外折片"、"左外折片"两个图层，按 Ctrl+C 键复制，切换到"折扇开合动画"合成中按 Ctrl+V 键粘贴，调整各层的顺序，并将"折扇控制"之外图层的父级层均设为"折扇控制"，如图 19-122 所示。

图 19-122　设置父级层

（9）将"折扇控制"层的"位置"设为（960，850），展开其效果，将时间移至第 0 帧处，单击打开两个"角度"前面的秒表，设置"右外折片角度控制"的"角度"为 -90°，设置"左外折片角度控制"的"角度"为 -90°；将时间移至第 9 秒 24 帧处，设置"右外折片角度控制"的"角度"为 0°，设置"左外折片角度控制"的"角度"为 -180°，将"折纸动画"的"旋转"设为 2°，这样纸面与"右外折片"之间不再有空隙和错位，如图 19-123 所示。

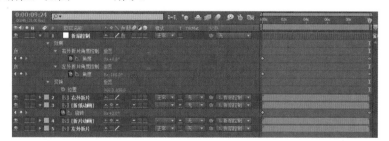

图 19-123　设置控制属性数值关键帧

（10）最后，建立一个纯色层或形状层，为折扇绘制一个扇钉，完成实例的制作。查看此时的动画效果，如图 19-124 所示。

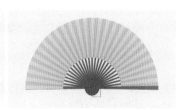

图 19-124　预览动画

第 20 章

时间、输出与备份

合成动画制作中，时间概念贯穿始终，有必要对其进行全面的了解和总结，预览和输出也是必须掌握并灵活运用的设置操作，本章对时间、预览、输出和文件备份的相关内容进行列举和讲解。

20.1　合成中的时间操作

视频制作时刻在与时间打交道，在合成制作时，可以采用"时间码"或"帧数"的显示方式。"时间码"显示样式适合大多数情况下的制作，而"帧数"显示样式对于在计算帧数制作动画时比较方便，制作过程中也可以随时切换。

操作文件位置：光盘 \AE CC 手册源文件 \CH20 操作文件夹 01\CH20 操作 01.aep

操作1：合成的时码类型

（1）在合成时间轴的左上方有显示当前时间指示器所在位置的时间码，按住 Ctrl 键在其上单击可以在"时间码"显示样式和"帧数"显示样式之间转换，如图 20-1 所示。

图 20-1　切换时间码和帧数显示

（2）要改变建立合成时默认的时间显示样式，可以选择菜单"文件 > 项目设置"，在打开的对话框中勾选"时间码"和"帧数"其中的一项，如图 20-2 所示。

图 20-2　更改默认时间显示样式

操作2：素材和合成的起始时码

（1）合成通常将第 0 帧作为起始时码，但对于一些分段制作的合成，从某个时间点开始对于整个项目来说更直观。可以在"合成设置"对话框中设置"开始时间码"，如图 20-3 所示。

（2）对于一些拍摄的素材，可以按源素材时码创建合成，这样可以方便与导演或摄像师之间按源素材时码定镜头时的交流。例如将导入的拍摄素材拖至项目面板的▣▣按钮上释放按素材属性新建合成，合成的时码能够以素材的起始时码为起点，前提是"项目设置"中选中了"使用媒体源"的"时间码"，如图 20-4 所示。

图 20-3　左侧为默认开始时间，右侧为自定义开始时间

图 20-4　使用媒体源时间码

（3）在项目面板中选中素材，在其上右击，选择弹出菜单"解释素材 > 主要"命令，或者是选择菜单"文件 > 解释素材 > 主要"，在打开的对话框中，可以看到开始时间码的选项和设置，使用"覆盖开始时码"可以更改素材的开始时间码，如图 20-5 所示。

图 20-5　使用"解释素材"菜单更改时间码

操作3：合成的工作区时段

（1）在一个合成中有时只需输出使用其中的一部分，可以使用工作区来确定需要的时段。将时间移至需要时段的开始位置，按 B 键定义工作区开始点；再将时间移至需要时段的结束位置，按 N 键定义工作区结束点。也可以用鼠标来拖动工作区的两端确定范围，如图 20-6 所示。

图 20-6　按 B 和 N 键定义工作区

（2）以上确定了工作区范围之后，可以根据工作区来确定输出文件的时间范围。另外也可以进一步选择菜单"合成 > 将合成裁剪到工作区"命令，自动适配合成持续时间为工作区范围。此时需要注意合成的开始时点是从第 0 帧或其他时间点，如图 20-7 所示。

图 20-7　裁剪工作区

20.2　视频的快慢放、倒放和定格操作

视频的快放、慢放、倒放和定格是制作中经常使用的方法，可以在时间轴中的相关栏列和"时间"菜单中进行设置。

操作4：视频的快、慢放和入、出点设置

（1）对于视频图层的速度调整，可以单击时间轴左下方的 按钮，显示出图层与时间和速度相关的"入"、"出"、"持续时间"、"伸缩"栏列。在其中可以通过拖动"入"、"出"栏的数值调整素材层自身启用部分的入、出点，即剪切图层的入、出点，相当于按 Alt+[键和 Alt+] 键的方式，如图 20-8 所示。

图 20-8　拖动数值剪切入、出点

（2）如果在"入"、"出"栏的数值上单击，可以弹出对话框，输入的数值将移动图层在时间轴中的入、出点，即移动图层所处时间位置，相当于按 [键和] 键的方式。例如在图层的"入"栏下单击数值，在弹出对话框中输入 100，即 1 秒，此时图层的入点移至第 1 秒处，如图 20-9 所示。

图 20-9　单击输入数值移动入、出点

（3）通过拖动或单击的方式调整"持续时间"、"伸缩"栏的数值，可以修改素材图层的速度，从而也影响素材层的长度，如图 20-10 所示。

图 20-10　调整素材速度

操作5：视频的倒放

（1）在时间轴中选中视频素材层，选择菜单"图层 > 时间 > 时间反向图层"命令，可以将视频设置为倒放效果，如图 20-11 所示。

图 20-11　使用菜单设置倒放

（2）在时间轴中查看，"持续时间"和"伸缩"栏的数值为负数时即倒放，所以也可以通过修改数值为负数的方式得到倒放效果，如图 20-12 所示。

图 20-12　在时间轴中设置倒放

操作6：视频的定格

（1）在时间轴中选中视频素材层，选择菜单"图层 > 时间 > 冻结帧"命令，可以将动态的视频定格为一幅静止的图像效果，如图 20-13 所示。

图 20-13　使用"冻结帧"定格整段视频

（2）如果要得到播放到某个时间点再定格的效果，可以选择菜单"图层 > 时间 > 启用时间重映射"命令，然后将时间移至需要定格的时间点，单击"时间重映射"前面的■按钮添加一个关键帧，然后在这个关键帧上右击，选择弹出菜单"切换定格关键帧"命令，如图 20-14 所示。

图 20-14　使用"时间重映射"设置定格时段

20.3　视频的无级变速操作

无级变速是影视特效中较有视觉效果的常用手法，在 AE 中使用时间重映射配合图表编辑器调整关键帧速率，会很快捷地制作出这种效果。

操作7：视频的无级变速

（1）在时间轴中选中视频素材层，选择菜单"图层 > 时间 > 启用时间重映射"命令，图层下添加"时间重映射"属性，在素材的入点和出点位置自动添加关键帧，并将原图层的出点向后无限延长，延长部分为出点位置的静帧画面，如图 20-15 所示。

图 20-15　启用时间重映射

（2）准备将原素材第 2 至 4 秒间做慢放，并且为速度递减和递增的效果。先在第 2 秒、第 4 秒处单击"时间重映射"前面的■按钮添加两个关键帧，如图 20-16 所示。

图 20-16　添加关键帧

（3）然后选中右侧两个关键帧，同时向右移两秒的距离，即原第4秒的关键帧移至第6秒处，如图20-17所示。

图 20-17　增加关键帧间距

（4）单击时间轴上部的■按钮，切换到图表编辑器，选中时间重映射属性，查看第二、第三个关键帧之间的视频速度降为原来的50%，此时速度为直接变化，如图20-18所示。

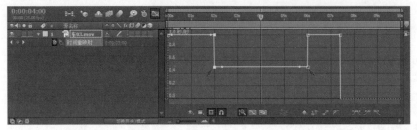

图 20-18　在图表编辑器中查看

（5）选中第二、第三个关键帧，单击■按钮，将关键帧转变为自动贝塞尔曲线，此时速度的变化变得缓和，即从100%逐渐向90%、80%及更低速度下降，并在之后逐渐恢复到100%的速度，如图20-19所示。

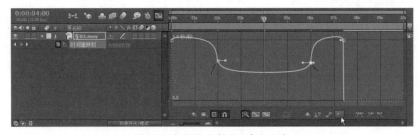

图 20-19　转变为自动贝塞尔曲线

（6）可以调整速度曲线中关键帧的手柄，使中间的速度更低，如图20-20所示。

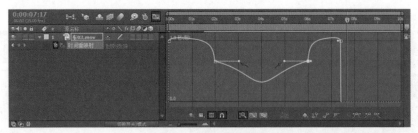

图 20-20　调整速度曲线

（7）播放调整后汽车行驶的效果，开始和结束是以原速行驶，中间部分为逐渐放慢和逐渐恢复速度的效果，如图20-21所示。

图 20-21　预览动画

20.4　可循环素材的操作

循环素材的关键是末尾的画面与开始画面能无缝连接。AE 中可以将导入的素材设置循环的次数，当素材可循环播放时，就可以设置不受限制的长度了。

操作8：制作可循环的视频素材

（1）对于不同制式的视频素材，帧速率也有所不同，这里导入一个 NTSC 制式的视频文件"原野流云.mov"，准备将其转换为 PAL 制式 720P 分辨率的素材。先按 Ctrl+N 键新建一个预设为 HDV/HDTV 720 25 的合成，长度设为 25 秒。

（2）将"原野流云.mov"拖至时间轴中，缩放到满屏的大小，并注意其时长，如图 20-22 所示。

图 20-22　放置素材

提示：这里可以按Ctrl+Shift+Alt+H键以适配当前合成宽度来等比例缩放素材；按Ctrl+Shift+Alt+G键以适配当前合成高度来等比例缩放素材，适合人物照片类素材的缩放操作；如果不考虑宽高是否需要等比缩放，可以使用Ctrl+Alt+F键。另外将小画面的视频放大为大画面时，画质不会提高，需要注意画质是否符合制作要求。

（3）在项目面板中选中"原野流云.mov"，选择菜单"文件 > 解释素材 > 主要"命令，在打开的对话框中，默认使用原来的帧速率，即 29.97fps，选择"匹配帧速率"项，设为 25 帧 / 秒，单击"确定"按钮，原来的素材时长发生相应变化，如图 20-23 所示。

图 20-23　解释素材

（4）将当前时间指示器移至素材中部，选中素材，按 Ctrl+Shit+D 键分割开，将两段素材的前后交换顺序，并在中间设置"不透明度"的渐变动画。这里将时间移至第 0 帧处，选中后半段的图层，按 [键，将时间移至第 14 秒 24 帧处，选中前半段的图层，按] 键，这样重新调整两层的时间位置，并选中上面层，在开始重叠处设置"不透明度"为 100%，在结束重叠处设置"不透明度"为 0%，并在 14 秒 24 帧处按 N 键设置工作区的结束点，如图 20-24 所示。

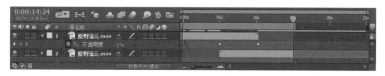

图 20-24　分割素材并设置

（5）这样，输出工作区时段为一个新的视频素材之后，因为新素材的入点与出点是原相邻的两帧，所以可以前后无缝衔接。按 Ctrl+M 键将当前合成添加到渲染队列，设置并输出，如图 20-25 所示。

图 20-25　输出素材

操作9：使用可循环的视频素材

（1）在项目面板中导入输出的可循环素材后，选择菜单"文件 > 解释素材 > 主要"命令，在打开的对话框中，将"其他选项"下的"循环"设为 20 次数，单击"确定"按钮，这样 15 秒的素材循环 20 次变成 5 分钟的长度，如图 20-26 所示。

图 20-26　使用"解释素材"菜单设置素材循环

（2）将素材拖至时间轴中，得到一个较长的视频图层，如图 20-27 所示。

图 20-27　使用循环素材

20.5　视频的抽帧动画

视频动画是由每秒播放若干幅静态画面形成的，单幅画面即为帧速率中的 1 帧，电影为 24 帧 / 秒，PAL 制视频为 25 帧 / 秒，NTSC 制约为 30 帧 / 秒。如果每秒播放的帧数过低，画面就会产生卡顿的效果，这也是早期帧速率较低的卡通动画效果。播放流畅的视频通过每秒抽去若干帧也可以模拟卡通动画的效果。应用抽帧效果的视频，原来的长度不发生变化。

操作10：视频的抽帧动画

选中放置到时间轴的视频图层，选择菜单"效果 > 时间 > 色调分离时间"命令，将帧速率大幅降低，设为 3，即每秒只播放 3 帧画面，视频变得跳跃有趣，如图 20-28 所示。

图 20-28　设置抽帧动画效果

注意：此处首次中文化的AE CC版本中将"抽帧时间"效果误命名为"色调分离时间"，不要受名称误导，在后续的版本中会修正。

20.6　视频的超级慢放效果

视频在低于 50% 速度的伸缩慢放操作时，容易出现卡顿的不流畅现象，可以考虑使用"时间扭曲"效果来代替伸缩慢放操作，而且可以制作远低于 50% 速度的流畅的超级慢放效果。

操作11：视频的超级慢放一

（1）选中放置在时间轴中的视频素材，选择菜单"效果 > 时间 > 时间扭曲"命令，将速度设为 25，即原来速度的 25%，如图 20-29 所示。

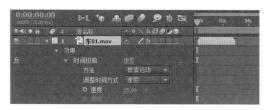

图 20-29　使用"时间扭曲"效果制作慢放

（2）查看效果，速度放慢的同时没有卡顿现象，不过也出现两个问题，一个问题是长度不够，即原素材慢放到 1/4 的速度后需要增加 4 倍的长度才能播放完整；另一个问题是由于车体在地面上有影子，虽然微弱，但也引起了看上去多余的像素变化。先选择菜单"图层 > 时间 > 启用时间重映射"命令，图层下添加"时间重映射"属性，在素材的入点和出点位置自动添加关键帧，并将图层的出点自动向后无限延伸，这样就有了足够的长度播放完视频，如图 20-30 所示。

图 20-30　启用时间重映射

（3）选中图层，按 Ctrl+D 键在其上层创建一个副本，删除副本层的"时间扭曲"效果，保留时间重映射，在地面有多余像素变化的部分建立蒙版遮挡，如图 20-31 所示。

图 20-31　修复画面

提示：　"时间扭曲"效果中"时间"属性还可以设置成变化数值的关键帧，这样也可以制作无级变速的效果，而且在慢速效果处理上比时间重映射更流畅。

操作12：视频的超级慢放二

（1）使用"时间扭曲"效果中的"源帧"属性可以更容易控制视频动态的进程。将"下落.mov"拖至时间轴中，选择菜单"效果 > 时间 > 时间扭曲"命令，将"调整时间方式"设为"源帧"，将时间移至第 0 帧处，单击打开"源帧"前面的码表，设为 0；将时间移至第 5 秒处，设为 45 帧，即物品碰到地面之前为慢放效果；将时间移至第 5 秒 05 帧，设为 100 帧，即物品瞬间加速爆裂开；将时间移至第 9 秒 24 帧处，设为 120，即物品爆裂开后为慢放效果，如图 20-32 所示。

（2）单击时间轴上部的按钮，切换到图表编辑器，单击按钮，选择"编辑值图表"，双击"源帧"属性，选中全部关键帧，单击按钮将关键帧转变为自动贝塞尔曲线。然后单独调整第一个关键帧的手柄，适当上移，即物品开始下落时速度快一点；调整最后一个关键帧向左侧拉长，即将速度逐渐放慢，如图 20-33 所示。

图 20-32 使用"时间扭曲"效果并设置关键帧

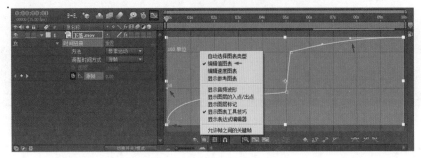

图 20-33 调整关键帧曲线

（3）查看物品下落时的变速过程，开始下落时越来越慢，接着加速碰地爆裂，爆裂开后再次慢放并逐渐接近停止的状态，如图 20-34 所示。

图 20-34 预览效果

20.7 预览提效操作

临时预览合成效果的方法是按空格键，但要实时预览正常速度的视音频，需要按小键盘的 0 键，预先花费一定的时间计算和存储预览临时文件，然后再实时播放预览效果。当计算量大时，可以采取一些对应的方法提高效率。

操作13：计算量大时的预览操作

（1）选择菜单"窗口 > 预览"命令，显示出"预览"面板。通常预览时会按最高效果的预览设置，按小键盘的 0 键预览，经计算之后，工作区下显示为可以实时播放的绿色线条，并从头实时播放，如图 20-35 所示。

图 20-35 按小键盘的 0 键预览

（2）选择菜单"编辑 > 清理 > 所有内存与磁盘缓存"命令，弹出对话框，其中显示有缓存文件的大小，单击"确定"按钮，删除缓存。这样可以清除当前或以前的临时缓存，释放磁盘空间，当前工作区的绿色线条也同时被清除，如图 20-36 所示。

图 20-36　清除缓存

（3）可以通过低帧速率、跳帧、降低分辨率、勾选从当前时间计算和预览的方法来提高预览计算的速度。这种预览方式虽然不是最好的方式，但是可以快速了解当前效果，便于进一步的修改和制作，如图 20-37 所示。

图 20-37　更改设置加速预览

提示： 此外，直接将合成预览设为"自动"或"完整"之下的分辨率，以及降低图层的质量和采样都有助于提高预览速度。甚至可以在某些时候进行"盲操作"，即按下 Caps Lock 键，禁止预览画面的更新，这样进行一些需要的操作之后再按下 Caps Lock 键切换为正常预览，节省操作中的预览响应过程。

20.8　输出设置

制作好的合成在预览满意之后，就到了按照"要求"输出成品文件的步骤了，这个"要求"可能是对文件格式、编码、文件画面大小、文件存储大小、是否输出音频、文件命名方法等一项或多项要求。掌握 AE 的输出设置，有助于顺利诞生 AE 制作的最终成品。

操作14：渲染设置和输出模块

（1）将合成的结果输出为视音频文件的方法是按 Ctrl+M 键将当前合成添加到"渲染队列"面板，在其中视需要，设置"渲染设置"、"输出模块"和"输出到"之后的文件名称，如图 20-38 所示。

（2）单击"渲染设置"后黄色下划线的选项，打开"渲染设置"对话框，在其中可以对输出质量进行设置，这个设置中大多数情况下都使用"最佳"品质，在输出小尺寸小样的情况下，可以将分辨率设置低一些，如二分之一或更低，有利于加快速度和减小文件存储大小，如图 20-39 所示。

图 20-38　添加渲染队列

（3）单击"输出模块"后黄色下划线的选项，在打开的对话框中可以对文件的格式和是否输出音频进行设置，此外在这里也可以进一步自定义调整输出文件的画面大小，如图 20-40 所示。

图 20-39　更改分辨率

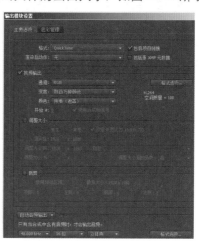

图 20-40　设置文件格式等

（4）在"渲染队列"面板单击"输出到"可以弹出文件存储的路径选项，选择文件夹并命名文件，最后单击"渲染"按钮即可进行渲染计算，输出文件。

操作15：输出的格式、编码与压缩设置

（1）在以上的输出操作中，"渲染设置"、"输出模块"和"输出到"的右侧均有下拉选项，例如在"输出到"后的下拉选项中选择"合成名称"会自动以合成的名称来命名输出文件，如图 20-41 所示。

（2）在"渲染设置"、"输出模块"后的下拉选项中可以选择多种模板预设，有利于输出文件质量或格式的统一，也节省重复设置的时间。预设模板的方法是使用"创建模板"选项，或者选择菜单"编辑 > 模板"下的选项。这里先设置一个三分之一尺寸输出的模板，用于输出小样时使用，选择菜单"编辑 > 模板 > 渲染设置"命令，打开"渲染设置模板"对话框，单击"新建"按钮，打开"渲染设置"对话框，将分辨率设置为三分之一，如图 20-42 所示。

图 20-41　渲染队列中的下拉选项

图 20-42　新建渲染设置模板并更改分辨率

（3）单击"确定"按钮，返回到"渲染设置模板"对话框，将"未命名 1"进行命名，如"1/3 尺寸小样"，单击"确定"按钮。这样在"渲染队列"面板中单击"渲染设置"后的下拉选项，就可以选择自定义的选项了，如图 20-43 所示。

图 20-43　设置模板名称并在队列中选择该模板选项

（4）再来自定义"输出模块"，选择菜单"编辑 > 模板 > 输出模块"命令，打开"输出模块模板"对话框，然后单击"新建"按钮，在打开的"输出模块设置"对话框中，将"格式"选项选择为 QuickTime，然后单击"格式选项"按钮，如图 20-44 所示。

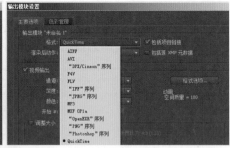

图 20-44　新建输出模块模板并设置文件格式

（5）在打开的对话框中将"视频编解码器"选择为"H.264"，单击"确定"按钮，返回到"输出模块设置"对话框，根据需要确定音频选项，例如使用"自动音频输出"选项让其自动判断有无音频，然后单击"确定"按钮，回到"输出模块模板"对话框，在"设置名称"后将"未命名 1"进行命名，如"H264MOV"，单击"确定"按钮，如图 20-45 所示。

图 20-45　选对编码方式并设置模板名称

（6）这样在"渲染队列"面板中单击"渲染设置"后的下拉选项，就可以选择自定义的选项了，同时文件的扩展名也发生了变化，如图 20-46 所示。

图 20-46　在渲染队列中选择模板选项

（7）输出文件的格式、编码与压缩设置也是重要的设置，需要根据需求来设置。例如常用的 MOV 格式中，按以上"H.264"编码、100% 的品质输出的文件，同时具有小尺寸和较好清晰度的优点，是常用的一种输出形式。此外也可以使用"动画"编码方式，其好处之一是高质量，之二是可以选择 RGB+Alpha 通道输出带有透明背景的视频文件，缺点是文件尺寸大，如图 20-47 所示。

图 20-47　设置带 Alpha 透明通道的视频格式

（8）非透明背景文件的输出办法是选择 Photo-JPEG，清晰度比"H.264"编码好，尺寸比"动画"编码小。同为 6 秒的视频输出文件，这三种编辑方式，100% 品质时的比较如图 20-48 所示。

图 20-48　三种编码方式的尺寸比较

操作16：渲染队列面板批量渲染操作

（1）按 Ctrl+M 键（菜单"合成 > 添加到渲染队列"）可以将选项添加到"渲染队列"面板，这个选项可以是打开并激活的合成、可以是项目面板中选中的合成，也可以是项目面板中选中的素材。例如打开一个合成的时间轴，但当前项目面板为激活的状态（有黄色线框），并有其他合成被选中，此时按 Ctrl+M 键输出的将不是打开合成时间轴的内容，如图 20-49 所示。

图 20-49　防止添加错误的渲染队列

提示：选中素材按 Ctrl+M 键的同时会按素材自动建立合成，即最终渲染对象是与素材属性相同的合成。

（2）从项目面板中将合成或素材拖至"渲染队列"面板中，也可以添加渲染队列。另外同时选中多个选项向"渲染队列"面板拖入，或按 Ctrl+M 键，可以一次性添加多个渲染队列，这样有利于批量操作。当进行相同设置的批量操作时，不要一次性添加渲染队列再逐一设置，而是要分两个步骤：第一步是设置好"渲染设置"和"输出模块"，并添加第一个输出队列，设置好"输出到"的存储路径；第二步是一次性添加其余输出队列，沿用设置而节省一些重复性的操作。这里以 10 个合成输出为 1/3 尺寸、H.264 编码方式的 MOV 来举例说明操作过程：选择菜单"编辑 > 模板 > 渲染设置"命令，在打开的"渲染设置模板"对话框中将"影片默认值"选择为"1/3 尺寸小样"，单击"确定"按钮，如图 20-50 所示。

（3）选择菜单"编辑 > 模板 > 输出模块"命令，在打开的"输出模块模板"对话框中将"影片默认值"选择为"H264MOV"，单击"确定"按钮，如图 20-51 所示。

图 20-50　在"渲染设置模板"中选择默认选项　　　　图 20-51　在"输出模块模板"中选择默认选项

提示： 如果没有自定义的"1/3尺寸小样"和"H264MOV"选项，请按上一操作进行设置。

（4）在项目面板中选中"合成1"，按 Ctrl+M 键将其添加到"渲染队列"面板中，此时"渲染设置"和"输出模块"均为设置好的选项，再单击"输出到"后的下拉选项，选择"合成名称"，并指定存储文件的路径文件夹，如图 20-52 所示。

（5）完成以上操作后，就可以在项目中选中其余的合成了。按 Ctrl+M 键或将其拖至"渲染队列"面板中，这样"渲染设置"、"输出模块"和"输出到"均一致，文件名称及视频内容则依据各自的合成而定。单击"渲染"按钮即可一次性输出这些合成，如图 20-53 所示。

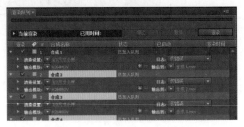

图 20-52　在"输出到"后使用合成名称并指定路径　　　　图 20-53　添加其他渲染队列

20.9　整理和备份

在完成全部的制作之后，整理和备份工作不可忽视。整理项目可以使备份时的项目更加简洁明了，备份则是一个最好的结束工作和保障成果的方式。

操作17：项目素材的整合、减少与删除未用素材

操作文件位置：光盘 \AE CC 手册源文件 \ CH20 操作 02 项目收集前 \CH20 操作 02.aep

（1）项目中有时会存在众多的素材和合成，对项目中的素材和合成进行适当的整理，可以使项目简洁明了，有助于修改制作或合作交流。选择菜单"文件 > 整理工程（文件）"命令，在下级有多项子菜单用来整理项目。对于重复导入的素材，例如项目中有 6 个导入两次的素材，选择子菜单"整合所有素材"命令可以将重复的素材进行合并，同时弹出已操作数量提示，如图 20-54 所示。

图 20-54　整合所有素材

（2）对于没有在合成中使用的素材以及相关文件夹，选择子菜单"删除未用过的素材"命令可以将其从项目面板中移除，如图 20-55 所示。

（3）对于多余的合成，也可以删除，方法是先选中主合成和其他没有嵌套关系但也有用的合成，选择子菜单"减少项目"命令可以只保留选中的合成及其有嵌套关系的子合成，其他无关合成将被删除，如图 20-56 所示。

图 20-55　删除未用过的素材　　　　　　　　　　图 20-56　减少项目

操作文件位置：光盘 \AE CC 手册源文件 \ CH20 操作 03 项目收集后 \CH20 操作 03.aep

对于已经整理过的项目,进一步对其备份的操作为:选择菜单"文件 > 整理工程（文件）> 收集文件"命令，弹出"收集文件"对话框，在其中将"收集源文件"选择为"全部"，会显示待收集文件数量和所占用存储大小供参考，单击"收集"按钮，弹出存储文件夹选择和命名的对话框，确认后即可收集整个项目的文件保存到目标文件夹中，如图 20-57 所示。

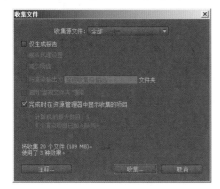

图 20-57　收集备份文件

第 21 章

内置效果与外挂插件

效果有时被误称为滤镜。滤镜和效果之间的主要区别是：滤镜可永久修改图像或图层的其他特性，而效果及其属性可随时被更改或删除；滤镜有破坏作用，而效果没有破坏作用。After Effects 提供使用效果，因此更改没有破坏性。效果根据时间的变化更改效果属性，这样得到动画的效果。

安装后的 After Effects CC 包含二百多个效果，除此之外，还有大量可利用的外挂插件。

外挂插件也被称作第三方软件或插件，我们在使用 After Effects 进行制作的过程中，发现了不能解决的制作问题，After Effects 也没有提供这个功能，我们又不能通过自己的努力来解决，这时候就有可能用到其他组织或个人开发的软件来帮助我们解决问题，我们就称这个组织或个人为"第三方"。"第一方"和"第二方"可以理解为是官方和使用者。效果插件虽然不是软件官方一同发布的，但因为是遵循一定规范的应用程序接口编写出来的程序，经过安装后，就可以在软件中像内置的效果一样使用了。After Effects 功能强大的一个原因就是拥有数量庞大的外挂插件，弥补软件本身的不足和扩展更广阔的创作空间。

本章对 AE 中的效果和插件进行综述，对效果中的基本调色效果进行列举和讲解，并制作效果实例和插件实例。

21.1 效果的查看和使用

After Effects 包含各种效果，应用于图层上以添加或修改静止图像、视频和音频的特性。例如调色类的效果可以改变图像的曝光度或颜色，生成类的效果可以添加新视觉元素，音频类的效果可以操作声音，扭曲类的效果可以变形图像，以及其他各类效果可以删除颗粒、增强照明或创建过渡效果等。

效果的使用可以从菜单或"效果和预设"面板中选择，前者用法是先选中要应用效果的图层，然后从菜单中打开效果组，从其下级选择效果，这样图层即应用了此效果；后者用法是从"效果和预设"面板中查找或展开效果组，选择需要的效果拖至图层，也可以先选中图层再双击效果名称，这样都可以应用所选效果。

效果在菜单中的排序与"效果和预设"面板中有所不同，在"效果和预设"面板中通常以"类别"

的排序方式，也可以使用"资源管理器文件夹"的方式来集中查看效果，可以在右上角单击██图标，利用弹出菜单来选择，如图 21-1 所示。

图 21-1 "效果"菜单与"效果和预设"面板

在右上角单击██图标，在弹出的菜单中将"显示动画预设"勾选上，在搜索栏中输入内容将对相关的预设和效果同时显示出来，另外因为存在英文的预设和部分英文的效果，所以在搜索时输入中文和英文会有不同的结果，如图 21-2 所示。

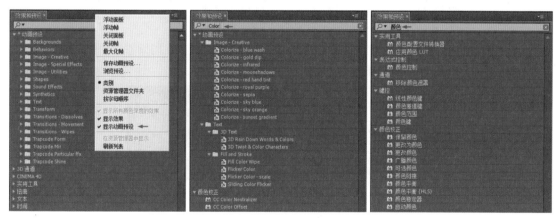

图 21-2 "显示动画预设"选项和中文版的搜索注意事项

许多效果支持在深度为 16 或 32 bpc 时处理图像颜色和 Alpha 通道数据。在 16bpc 或 32bpc 项目中使用 8bpc 效果会导致颜色细节损失。如果某效果仅支持 8 bpc，而项目设置为 16 bpc 或 32 bpc，则在"效果控件"面板的此效果名称旁会显示警告。例如当前为 16bpc 的合成，在添加一个 8bpc 的效果时，效果名称前显示警告图标，如图 21-3 所示。

图 21-3 不同颜色深度的效果

在"效果和预设"面板中，可以通过右上角的菜单，切换"仅显示 16 bpc-capable 效果"的勾选，这样在 16 位以上的合成制作时，可以将 8bpc 的效果排除显示，如图 21-4 所示。

图 21-4　将 8bpc 的效果排除显示

　　AE 渲染蒙版、效果、图层样式以及变换属性的顺序称为渲染顺序，此顺序可能会影响应用效果的最终结果。默认情况下，效果按其应用顺序显示在"时间轴"面板和"效果控件"面板中。效果按此列表中从上至下的顺序进行渲染。要更改渲染效果的顺序，请将效果名称拖到列表中的新位置。例如下面两个效果顺序不同效果也不同，如图 21-5 所示。

图 21-5　效果顺序影响结果

　　另外，在时间轴中使用"变化"功能，可以轻松得到需要的效果设置。在时间轴中为图层添加效果之后，选中这个效果，单击时间轴上部的 ◙ 按钮，如图 21-6 所示。

图 21-6　使用"变化"功能

　　这样打开"变化"的效果选择面板，在其中根据"随机性"的大小，进行各种属性数值的变化，显示出多种可能的效果，可以直观地从中选择合适的效果变化，应用于合成，如图 21-7 所示。

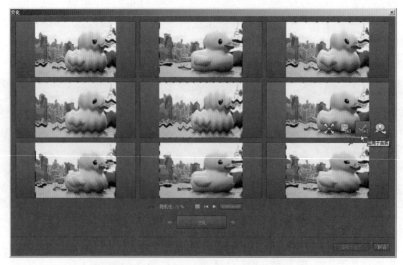

图 21-7　在"变化"效果面板中查看和选择效果

21.2　内置效果组简介

　　AE 效果位于"效果"菜单或"效果和预设"面板的不同分组中，以下按大致的常用顺序对内置效果分组进行简介。

　　（1）生成组

　　生成组中有二十多种效果，可以在画面上创建一些效果，例如渐变的颜色、网格效果、镜头光晕效果、闪电效果等，是一个常用的效果组。

　　（2）颜色校正组

　　颜色校正组中有三十种左右的效果，用来对画面进行色彩方面的调整，例如常用的色阶调整、曲线调整、色相 / 饱和度、亮度和对比、色调、三色调、保留颜色等。

　　（3）扭曲组

　　扭曲组中有二十多种效果，用来对图像进行扭曲变形类的处理，例如球面化效果、凸出效果、网格变形处理、边角定位处理、旋转扭曲效果、极坐标处理、波纹效果等。

　　（4）模糊和锐化组

　　模糊和锐化组有十多种效果，用来使图像模糊和锐化，其中多数为不同方式的模糊效果，例如快速模糊、高斯模糊、径向模糊、通道模糊、摄像机镜头模糊等效果。

　　（5）风格化组

　　风格化组有十多种效果，用来模拟一些实际的绘画效果或将画面处理成某种风格，例如画笔描边效果、卡通效果、毛边效果、浮雕效果、马赛克效果、纹理化等效果。

　　（6）透视组

　　透视组中的效果有几个用来产生简单三维视觉的效果，例如投影效果、径向阴影效果、斜面 Alpha效果、边缘斜面效果。此外还有根据视频创建摄像机的 3D 摄像机跟踪器效果和模拟 3D 影片的 3D 眼镜效果。

　　（7）杂色和颗粒组

　　杂色和颗粒组有十种左右的效果，其中有用来移除画面中原有的颗粒效果，但大数多用来在画面中增加新的杂色、颗粒、蒙尘与划痕效果。

　　（8）键控组

　　键控即抠像操作，在影视制作领域是被广泛采用的抠除演员蓝色或绿色幕布的技术，键控组有十左右的效果，例如颜色键、线性颜色键、颜色差值键、亮度键、溢出抑制效果。

　　（9）遮罩组

　　遮罩组下的效果用来生成遮罩，辅助键控效果进行抠像处理，例如简单阻塞工具、遮罩阻塞工具、调整柔和遮罩、调整实边遮罩效果。

　　（10）模拟组

　　模拟组效果用来仿真模拟多种逼真的效果，例如模拟水波、泡沫、碎片以及粒子运动形式的动画效果，这些效果功能强大，同时也有较多的选项，设置也比较复杂。

　　（11）过渡组

　　过渡组中为预设的过渡效果，类似 Premiere 中的在两个镜头之间的过渡效果，例如径向擦除效果、线性擦除效果、渐变擦除、卡片擦除效果、块溶解效果、百叶窗效果。

　　（12）时间组

　　时间组中提供和时间相关的特技效果，以原素材作为时间基准，在应用时间效果的时候，忽略其他使用的效果。

　　（13）表达式控制组

　　表达式控制组下的效果用来设置不同类型的属性动画，链接和控制表达式，有点控制、3D 点控制、复选框控制、滑块控制、角度控制、图层控制和颜色控制。

（14）通道组

通道组效果用来控制、抽取、插入和转换一个图像的通道，通道包含各自的颜色分量（RGB）、计算颜色值（HSL）和透明值（Alpha），例如复合运算效果、设置通道效果、设置遮罩效果、最小／最大效果。

（15）3D 通道

3D 通道组效果，用来设置导入三维软件中制作的附加信息素材，例如提取 3D 通道信息作为其他特技效果的参数，有 3D 通道提取、ID 遮罩、场深度、深度遮罩、雾 3D 等效果。

（16）实用工具

实用工具主要调整设置素材颜色的输入、输出，有 HDR 高光压缩、HDR 压缩扩展器、范围扩散、颜色配置文件转换器、应用颜色 LUT、Cineon 转换器等。

（17）Cinema 4D

通过 Cinema 4D 与 AE 之间的紧密集成，可以导入和渲染 C4D 文件（R12 或更高版本）。Cineware 效果可直接使用 3D 场景及其元素。

（18）文本组

文本组效果用来在图层的画面上产生编号、时间码效果，可以兼容早一些的版本，使用文本层也可以制作相似的效果。

（19）音频组

AE 主要偏重于对视频部分的合成和特效制作，此外也有部分音频处理功能。音频组效果用来为音频进行一些简单的音频处理，大多音频效果需要使用 Premiere Pro 或音频处理软件。

（20）过时组

过时组中包括基本 3D 效果、基本文字效果、路径文本效果和闪光效果，为了与 AE 早期版本创建的项目兼容，因而保留了旧版类别的效果。其中基本 3D 效果可以使用三维图层来实现，基本文字和路径文本效果可以在文本层中设置实现，闪光效果可以用高级闪电来替代。

此外，AE CC 中除了内置效果之外还预装了七十多种第三方的 CycoreFXHD 效果，分布在多个内置效果组中，效果名称以 CC 字样开头，因为是第三方的效果，当前还是以英文版本的形式存在。不过 CC 效果中有很多较为实用，例如扭曲组中的 CC Page Turn（卷页）效果、生成组中的 CC Light Sweep（划光）效果、模糊和锐化组中的 CC Radial Blur（CC 放射状模糊）、模拟组中的 CC Particle World（CC 粒子仿真世界）等。

21.3 使用帮助文件自助学习内置效果

随着 AE 的中文化，对效果的学习也有了很大的便利，加上帮助文件中有详细权威的中文版详解，本书在有限的页数中就不再对内置效果一一加以说明。选择菜单"帮助 > 效果参考"打开中文在线帮助，随时查看相应效果的详细说明，如图 21-8 所示。

提示：可以选择"帮助>After Effects帮助"打开中文在线帮助的首页，下载其中的"After Effects CC手册（Pdf）"文件（中文版），其中包含全部内置效果的中文说明。

图 21-8　使用在线帮助查看效果的使用说明

21.4　插件使用说明

在众多的合成软件中，After Effects 之所以能够脱颖而出，成为使用最广泛的合成软件，除了其自身拥有强大的合成制作能力及系列同类软件良好的兼容和联用之外，有众多第三方的插件支持也是很重要的原因。全世界有不计其数的软件厂商和软件爱好者在为 After Effects 编写第三方的外挂插件，使得其能满足各类制作效果的需求。

After Effects 的插件简单地说就是内置效果的扩展，安装了某个外挂插件之后，就可以像使用内置效果一样来使用外挂插件。After Effects 外挂插件的安装有两种方式。一部分插件需要运行其安装程序，如运行类似 Setup.exe 或 Install.exe 的安装文件，对其进行安装就可以使用。另一部分插件只要复制到 After Effects 的插件文件夹中即可使用，如扩展名为 AEX 的插件文件，复制到效果文件夹 Adobe\Adobe After Effects CC\Support Files\Plug-ins 下，就可以使用了。

另外为了便于区分和管理外挂插件，也可以在 Plug-ins 下新建一个文件夹，例如 3Plugins，将外挂插件安装或复制到这个文件夹中。

对于运行在 64 位系统下的 After Effects CC 需要支持 64 位系统的插件，大量原来只支持 32 位系统的插件需要进行进一步的开发和升级，使其可以运行在 64 位系统之下，这样才可以支持 After Effects CC。

大部分的插件安装之后会在效果菜单下增加相应的效果组，对其可以像内置效果一样来使用。

21.5　效果的应用——调色效果操作

众多的效果中，调色效果比较直观和常用，这里以调色来对效果组的应用进行举例，不对调色做长篇重点讲解。逐渐了解一些简单易用的调色效果后，再学习复杂的调色工具，进一步去扩展专攻调色工作。

在 After Effects 项目文件中，可以使用 8bpc、16bpc 或 32bpc 三种不同的色位深度。颜色深度（或位深度）是用于表示像素颜色的每通道位数（bpc）。每个 RGB 通道（红色、绿色和蓝色）的位数越多，每个像素可以表示的颜色就越多。8bpc 像素的每个颜色通道可以具有从 0（黑色）到 255（纯饱和色）的值。16bpc 像素的每个颜色通道可以具有从 0（黑色）到 32768（纯饱和色）的值，如果所有三个 RGB 颜色通道都具有最大纯色值，则结果是白色。32bpc 像素可以具有低于 0.0 的值和超过 1.0（纯饱和色）的值，因此 After Effects 中的 32bpc 颜色也是高动态范围（HDR）颜色。HDR 值可以比白色更明亮。项目的颜色深度设置确定整个项目中颜色值的位深度。由于受素材的限制，当前普通制作仍以 8bpc 色位深度为主。

设置颜色深度的方法如下。

（1）选择菜单"文件"＞"项目设置"命令，或单击"项目"面板右上角的按钮，从弹出菜单中选择"项目设置"，打开"项目设置"对话框，在"颜色设置"下的"深度"选项选择颜色深度。

（2）在"项目"面板中单击 8 bpc 按钮，也可打开"项目设置"对话框来选择颜色深度。另外按住 Alt 键的同时单击 8 bpc 按钮可以在 8bpc、16bpc 和 32bpc 三种不同的色位深度间转换，如图 21-9 所示。

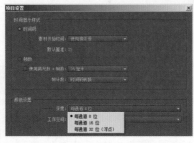

图 21-9　设置项目的色位深度

调色效果对操作者的色彩理论知识有一定的要求，对画面细节的调色往往还会涉及蒙版、追踪或多种效果的共同使用，指标较高的要求下还需要进一步使用专业的调色软件来单独应付调色工作。After Effects 中涉及颜色调整的效果在"颜色校正"下，多为基础调色效果。

实例文件位置：光盘 \AE CC 手册源文件 \CH21 实例文件夹 \ 调色操作 .aep

操作1：颜色、亮度、对比度修正

（1）打开本章操作对应的合成，查看视频素材放置在时间轴中，当前素材的效果如图 21-10 所示。

图 21-10　当前素材效果

（2）选中素材图层，选择菜单"效果＞颜色校正＞自动颜色"命令，将修正画面的颜色效果，如图 21-11 所示。

图 21-11　使用"自动颜色"效果

（3）与"自动颜色"效果相类似的还有"自动色阶"和"自动对比度"，可以先关闭或删除当前效果，添加"自动色阶"或"自动对比度"，将会得到相似的修正效果，如图 21-12 所示。这些效果也是最简单直接的调色效果。

图 21-12　使用"自动色阶"和"自动对比度"

操作2：饱和度调整

（1）打开本章操作对应的合成，查看素材放置在时间轴中，当前素材的效果如图 21-13 所示。

图 21-13　当前素材效果

（2）选中素材图层，选择菜单"效果 > 颜色校正 > 自然饱和度"命令，并调整效果下的两个参数值，增大饱和度，得到一个颜色鲜明的画面效果，如图 21-14 所示。

图 21-14　使用"自然饱和度"效果

（3）此外，使用"颜色校正"下的"颜色平衡（HLS）"效果或者"色相 / 饱和度"效果，均可以调整饱和度的大小，如图 21-15 所示。

图 21-15　使用"颜色平衡（HLS）"或"色相 / 饱和度"效果

操作3：黑白效果

（1）打开本章操作对应的合成，查看素材放置在时间轴中，当前素材的效果如图 21-16 所示。

图 21-16　当前素材效果

（2）选中素材图层，选择菜单"效果 > 颜色校正 > 黑色和白色"命令，将得到去色的画面效果，如图 21-17 所示。

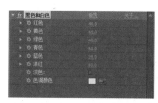

图 21-17　使用"黑色和白色"

（3）当调整某一颜色通道的参数时，这一通道的灰色变化将影响黑白画面中相应区域亮度的变化，如图 21-18 所示。

图 21-18　调整颜色通道

（4）使用"颜色校正"下的"色调"，以及有关饱和度调整的效果，例如"自然饱和度"、"色相／饱和度"、"颜色平衡（HLS）"，将其中的饱和度数值调整为最小的 -100，都可以制作出黑白画面的效果，如图 21-19 所示。

图 21-19　通过饱和度调整为黑白效果

操作4：单色调效果

（1）打开本章操作对应的合成，查看素材放置在时间轴中，当前素材的效果如图 21-20 所示。

图 21-20　当前素材效果

（2）选中素材图层，选择菜单"效果 > 颜色校正 > 三色调"命令，为效果下的"中间调"设置一个彩色，将得到画面中只包含某一种颜色的效果，如图 21-21 所示。

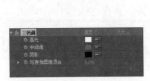

图 21-21　使用"三色调"效果

（3）使用"颜色校正"下的"色相／饱和度"效果，勾选"彩色化"并调整"着色色相"和"着色饱和度"，也可以设置单色效果，如图 21-22 所示。

图 21-22　使用"色相／饱和度"效果

（4）另外，使用"颜色校正"下的"黑色和白色"效果，勾选"淡色"，并调整某个通道同样可以设置单色效果，如图 21-23 所示。

图 21-23　使用"黑色和白色"效果

操作5：保留颜色

（1）打开本章操作对应的合成，查看素材放置在时间轴中，当前素材的效果如图 21-24 所示。

图 21-24　当前素材效果

（2）选中素材图层，选择菜单"效果 > 颜色校正 > 保留颜色"命令，使用"要保留的颜色"之后的吸色管在画面中要保留的颜色上单击，然后调整"容差"，并设置"匹配颜色"选项，可以得到将画面去色并保留某一单色的效果，如图 21-25 所示。

图 21-25　使用"保留颜色"效果

操作6：剪影效果

（1）打开本章操作对应的合成，查看素材放置在时间轴中，当前素材的效果如图 21-26 所示。

图 21-26　当前素材效果

（2）选中素材图层，选择菜单"效果 > 颜色校正 > 色阶"命令，将"直方图"中左上方的小三角图标向中部拖动，同时"输入黑色"的数值会发生改变，对照合成视图中的效果变化，可以将图面调整为剪影的效果，如图 21-27 所示。

图 21-27　使用"色阶"效果

操作7：替换颜色

（1）打开本章操作对应的合成，查看素材放置在时间轴中，当前素材的效果如图21-28所示。

图21-28　当前素材

（2）选中素材图层，选择菜单"效果＞颜色校正＞更改为颜色"命令，在效果下使用"自"之后的颜色吸管在画面中红色的信号灯上吸取红色，为RGB（177，2，2），在第0帧时单击打开"收件人"前面的秒表记录动画关键帧。将时间移至第2秒处，将"收件人"之后的颜色设为黄色，为RGB（225，220，0）。再将时间移至第4秒处，将"收件人"之后的颜色设为绿色，为RGB（0，255，0）。选中三个关键帧，并在其中一个关键帧上右击，选择弹出菜单中的"切换定格关键帧"，如图21-29所示。

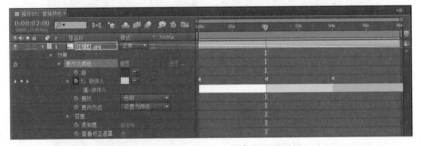

图21-29　设置"更改为颜色"效果动画

（3）查看变色效果，如图21-30所示。

图21-30　变色动画效果

操作8：色彩风格

（1）打开本章操作对应的合成，查看素材放置在时间轴中，当前素材的效果如图21-31所示。

图21-31　当前素材效果

（2）选中素材图层，选择菜单"效果＞颜色校正＞照片滤镜"命令，在效果下将"滤镜"选项选择为"暖色滤镜"。再选择菜单"效果＞风格化＞发光"命令，在效果下调整"发光阈值"、"发光半径"和"发光强度"，得到一个更为暖色柔光风格的效果，如图21-32所示。

（3）关闭以上效果，选中素材图层，添加外挂插件（这里需要安装对应的插件），选择"效果 >
Magic Bullet Misfire>MisFire"，在效果下勾选各效果选项，并对照效果变化调整部分参数值，可以将新
拍摄的素材做旧处理，如图 21-33 所示。

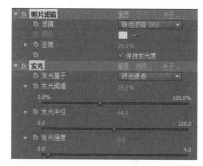

图 21-32　设置暖色柔光效果

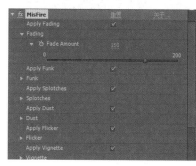

图 21-33　设置画面做旧效果

（4）关闭以上效果，选中素材图层，添加外挂插件（这里需要安装对应的插件），选择"效果
>Magic Bullet Misfire>Looks"，在效果下单击 Edit 按钮，打开 Magic Bullet Looks 调色设置界面。将鼠标
移至左下部的 Looks 区域，会弹出多种效果预设，从中选中适合的效果，如图 21-34 所示。

图 21-34　打开 Magic Bullet Looks 调色设置界面

（5）单击选中的效果略图，可以进一步在下部对所应用的调色选项进行调整，设置完毕后，单击
Finished 按钮，应用调色效果并退出调色界面，如图 21-35 所示。

图 21-35　选择预设效果并应用

21.6　效果实例：撕页动画

本实例使用蒙版绘制撕开的部分页面，使用"毛边"效果设置撕开的边缘，再使用"CC Page Turn（卷页）"效果制作撕页的动画，效果如图 21-36 所示。

图 21-36　实例效果

合成的流程图示如图 21-37 所示。

实例文件位置：光盘 \AE CC 手册源文件 \CH21 实例文件夹 \ 撕页动画 .aep

步骤 1：导入素材。

在项目面板中双击打开"导入文件"对话框，将本实例准备的图片文件全部选中，将其导入到项目面板中。

步骤 2：建立"A 纸张"合成。

按 Ctrl+N 键打开"合成设置"对话框，将合成名称设为"A 纸张"，将预设选择为 HDTV 1080 25，将持续时间设为 10 秒，单击"确定"按钮建立合成。将"纸张 .png"拖至时间轴中。

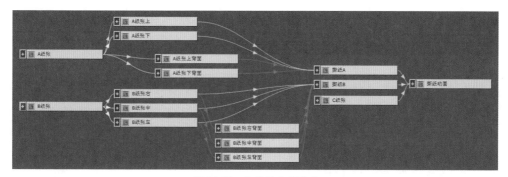

图 21-37　合成的流程图示

步骤 3：建立 "A 纸张上" 合成。

（1）在项目面板中将 "A 纸张" 拖至 ▨ 按钮上释放建立合成，将其重新命名为 "A 纸张上"。

（2）在工具栏中选择 ▨ 钢笔工具，在 "A 纸张" 层上绘制撕下一半纸页的蒙版，这里勾选了 "反转"，如图 21-38 所示。

图 21-38　绘制撕页蒙版

（3）选中 "A 纸张" 层，选择菜单 "效果 > 风格化 > 毛边" 命令，设置 "边界" 为 75、"分形影响" 为 0.7、"比例" 为 68，如图 21-39 所示。

图 21-39　设置 "毛边" 效果

（4）按 S 键展开 "A 纸张" 层的 "缩放" 属性，将其设为（105，105%），以将其边缘处的毛边效果放大到画面之外，如图 21-40 所示。

图 21-40　设置缩放

步骤 4：建立 "A 纸张下" 合成。

（1）在项目面板中选中 "A 纸张上"，按 Ctrl+D 键创建副本，并重命名为 "A 纸张下"，打开其合成时间轴面板。

（2）选中 "A 纸张" 层，按 Ctrl+D 键创建副本。

（3）将上层的"蒙版扩展"设为50。将下层的"蒙版扩展"设为65。修改设置下层"毛边"效果下的"边界"为62、"边缘锐度"为3、"分形影响"为"0.7"、"比例"为180。

（4）选中下层，选择菜单"效果 > 生成 > 填充"命令，将颜色设为白色，如图21-41所示。

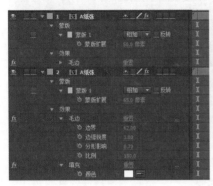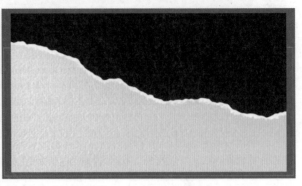

图21-41　建立"A纸张下"

步骤5：建立"A纸张上背面"合成。

（1）在项目面板选中"A纸张上"，按Ctrl+D键创建副本，将其重新命名为"A纸张上背面"，打开其时间轴面板。

（2）在时间轴的空白外右击，选择弹出菜单"新建 > 调整图层"命令，选择菜单"效果 > 颜色校正 > 亮度和对比度"命令，设置"亮度"为-50，如图21-42所示。

图21-42　建立"A纸张上背面"

步骤6：建立"A纸张下背面"合成。

（1）在项目面板中选中"A纸张下"，按Ctrl+D键创建副本，将其重新命名为"A纸张下背面"，打开其时间轴面板。

（2）切换到"A纸张上背面"，选中其调整图层，按Ctrl+C键复制；切换回"A纸张下背面"合成，按Ctrl+V键粘贴。然后关闭第二层"A纸张"的显示，选中第三层"A纸张"，按E键展开效果，将"填充"效果关闭，如图21-43所示。

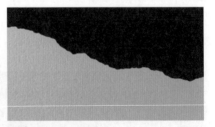

图21-43　建立"A纸张下背面"

步骤7：建立"撕纸A"合成。

（1）按Ctrl+N键打开"合成设置"对话框，将合成名称设为"撕纸A"，将预设选择为HDTV 1080 25，将持续时间设为10秒，单击"确定"按钮建立合成。

（2）将"A纸张上"、"A纸张下"、"A纸张上背面"和"A纸张下背面"拖至时间轴中，按从上至下的图层顺序放置，关闭第三、第四层的显示。

（3）选中"A 纸张上"图层，选择菜单"效果 > 扭曲 >CC Page Turn"命令，设置 Controls 为 Classic UI、Fold Position 为（1650，1045）、Fold Direction 为 327°、Fold Radius 为 100、Light Direction 为 -177°、Back Page 为"A 纸张上背面"、Back Opacity 为 100。在第 0 帧时单击打开 Fold Position 前面的秒表记录关键帧，再将时间移至 20 帧处，设为（-578，210）。

（4）选中"A 纸张上"图层，选择菜单"效果 > 透视 > 投影"命令，设置"不透明度"为 50%、"方向"为 50°、"距离"为 35、"柔和度"为 30，如图 21-44 所示。

图 21-44　建立"撕纸 A"合成

（5）选中"A 纸张下"图层，选择菜单"效果 > 扭曲 >CC Page Turn"命令，设置 Controls 为 Classic UI、Fold Position 为（-700，670）、Fold Direction 为 130°、Fold Radius 为 150、Light Direction 为 -170°、Back Page 为"A 纸张下背面"、Back Opacity 为 100。在第 1 秒 10 帧时单击打开 Fold Position 前面的秒表记录关键帧，再将时间移至 2 秒 05 帧处，设为（-1450，1890）。

（6）选中"A 纸张下"图层，选择菜单"效果 > 透视 > 投影"命令，设置"不透明度"为 20%、"方向"为 50°、"距离"为 35、"柔和度"为 20，如图 21-45 所示。

图 21-45　设置卷页与投影

步骤 8：建立"B 纸张"合成。

按 Ctrl+N 键打开"合成设置"对话框，将合成名称设为"B 纸张"，将预设选择为 HDTV 1080 25，将持续时间设为 10 秒，单击"确定"按钮建立合成。将"CC 画面 .png"拖至时间轴中。

步骤 9：建立"B 纸张中"合成。

（1）在项目面板中将"B 纸张"拖至 按钮上释放建立合成，并将其重新命名为"B 纸张中"。

（2）在工具栏中选择 钢笔工具，在"B 纸张"层上绘制撕下左右两侧部分纸页的蒙版。

（3）选中"B 纸张"层，选择菜单"效果 > 风格化 > 毛边"命令，设置"边界"为 75、"分形影响"为 0.7、"比例"为 150。

（4）按 S 键展开"B 纸张"层的"缩放"属性，将其设为（105，105%），以将其边缘处的毛边效果放大到画面之外，如图 21-46 所示。

（5）选中"B 纸张"层，按 Ctrl+D 键创建一个副本，选中下层，选择菜单"效果 > 生成 > 填充"命令，将颜色设为白色。按 P 键展开"位置"，设为（983，540），即将其向右侧移动一点，使其左侧不出现白边，右侧露出白边，如图 21-47 所示。

图 21-46　设置毛边效果

图 21-47　设置白色撕边

步骤 10：建立"B 纸张左"合成。

（1）在项目面板中选中"B 纸张中"，按 Ctrl+D 键创建副本，并重命名为"B 纸张左"，打开其合成时间轴面板。

（2）先将上层中"蒙版 1"的"反转"勾选上，并将"蒙版扩展"设为 -30。然后在工具栏中选择■矩形工具，绘制一个"蒙版 2"，并设为"相减"方式，将右侧多余的部分去除掉，如图 21-48 所示。

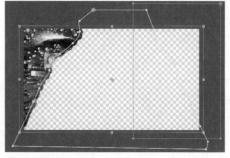

图 21-48　建立"B 纸张左"

（3）同样通过修改和复制将下层设置相同的"蒙版 1"和"蒙版 2"，如图 21-49 所示。

图 21-49　复制和修改

步骤 11：建立"B 纸张右"合成。

（1）在项目面板中选中"B 纸张左"，按 Ctrl+D 键创建副本，并重命名为"B 纸张右"，打开其合成时间轴面板。

（2）先将上层中"蒙版 2"修改为"交集"方式。然后关闭下层的显示，如图 21-50 所示。

图 21-50　设置交集

步骤 12：建立 "B 纸张中背面" 合成。

（1）在项目面板中将 "B 纸张中" 拖至  按钮上释放建立合成，并将其重新命名为 "B 纸张中背面"。

（2）从项目面板中将 "纸张 .png" 拖至时间轴下层，将轨道遮罩设为 "Alpha 遮罩 'B 纸张中'"，如图 21-51 所示。

图 21-51　建立 "B 纸张中背面"

（3）切换到 "A 纸张上背面" 合成的时间轴中，选择 "调整图层 1" 层按 Ctrl+C 键复制，切换回 "B 纸张中背面" 时间轴中，按 Ctrl+V 键粘贴，如图 21-52 所示。

图 21-52　复制图层

步骤 13：建立 "B 纸张左背面" 合成。

（1）在项目面板中选择 "B 纸张中背面"，按 Ctrl+D 键创建副本，并重命名为 "B 纸张左背面"。

（2）在打开的 "B 纸张左背面" 时间轴中，选中 "B 纸张中" 层，按住 Alt 键从项目面板中将 "B 纸张左" 拖至其上释放将其替换，如图 21-53 所示。

图 21-53　建立 "B 纸张左背面"

步骤 14：建立 "B 纸张右背面" 合成。

（1）在项目面板中选择 "B 纸张中背面"，按 Ctrl+D 键创建副本，并重命名为 "B 纸张右背面"。

（2）在打开的 "B 纸张右背面" 时间轴中，选中 "B 纸张中" 层，按住 Alt 键从项目面板中将 "B 纸张右" 拖至其上释放将其替换，如图 21-54 所示。

图 21-54　建立"B 纸张右背面"

步骤 15：建立"撕纸 B"合成。

（1）按 Ctrl+N 键打开"合成设置"对话框，将合成名称设为"撕纸 B"，将预设选择为 HDTV 1080 25，将持续时间设为 10 秒，单击"确定"按钮建立合成。

（2）从项目面板中将 B 纸张右、中、左和其背面的 6 个合成拖至时间轴中，按顺序放置，关闭背面层的显示，此时显示的是一张未撕开前完整的画面，如图 21-55 所示。

图 21-55　建立"撕纸 B"

（3）选中"B 纸张右"图层，选择菜单"效果 > 扭曲 >CC Page Turn"命令，设置 Controls 为 Classic UI、Fold Position 为（2000，1120）、Fold Direction 为 325°、Fold Radius 为 150、Light Direction 为 275°、Back Page 为"B 纸张右背面"、Back Opacity 为 100，如图 21-56 所示。在第 0 帧时单击打开 Fold Position 前面的秒表记录关键帧，再将时间移至 20 帧处，设为（0，500）。

图 21-56　设置"CC Page Turn"

（4）选中"B 纸张中"图层，选择菜单"效果 > 扭曲 >CC Page Turn"命令，设置 Controls 为 Classic UI、Fold Position 为（1900，100）、Fold Direction 为 220°、Fold Radius 为 150、Light Direction 为 175°、Back Page 为"B 纸张中背面"、Back Opacity 为 100，如图 21-57 所示。在第 1 秒 10 帧时单击打开 Fold Position 前面的秒表记录关键帧，再将时间移至 2 秒 05 帧处，设为（600，1800）。

图 21-57　设置"CC Page Turn"

（5）选中"B 纸张左"图层，选择菜单"效果 > 扭曲 >CC Page Turn"命令，设置 Controls 为 Classic UI、Fold Position 为（1300，150）、Fold Direction 为 -150°、Fold Radius 为 150、Light Direction 为 -100°、

Back Page 为"B 纸张左背面"、Back Opacity 为 100，如图 21-58 所示。在第 2 秒 05 帧时单击打开 Fold Position 前面的秒表记录关键帧，再将时间移至 3 秒处，设为（300，1500）。

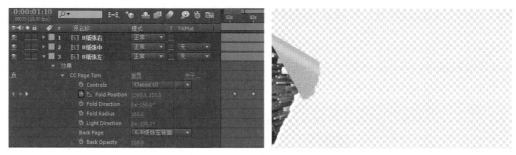

图 21-58　设置"CC Page Turn"

（6）选中"B 纸张右"图层，选择菜单"效果 > 透视 > 投影"命令，设置"不透明度"为 20%、"方向"为 106°、"距离"为 35、"柔和度"为 20。然后选中"投影"效果，按 Ctrl+C 键复制，选中"B 纸张中"和"B 纸张左"层，按 Ctrl+V 键粘贴这个效果，如图 21-59 所示。

图 21-59　设置投影

步骤 16：建立"撕纸动画"合成。

（1）按 Ctrl+N 键打开"合成设置"对话框，将合成名称设为"撕纸动画"，将预设选择为 HDTV 1080 25，将持续时间设为 10 秒，单击"确定"按钮建立合成。

（2）在项目面板中将"撕纸 A"、"撕纸 B"和"C 纸张"拖至时间轴中，按从上至下顺序放置。将"撕纸 B"的入点移至第 4 秒处，如图 21-60 所示。

图 21-60　建立"撕纸动画"

（3）选中"撕纸 B"层，选择菜单"时间 > 启用时间重映射"命令，然后将时间移至第 0 帧处，按 Alt+[键，将入点延伸至第 0 帧处，即将第 4 秒的静帧画面延伸至第 0 帧。查看动画效果，如图 21-61 所示。

图 21-61　启用时间重映射调整撕页速度

（4）从项目面板中将音频素材拖至合成中为动画配乐，完成实例的制作，按小键盘的 0 键预览最终的视音频效果。

21.7 插件实例：发散小画面

在画面空间中同时出现众多的画面，使用在空间中放置多个画面的方法时会比较繁琐，本实例使用粒子插件制作发散画面的动画，使制作变得快速简捷。本实例中使用了安装的 Trapcode Particular 插件。效果如图 21-62 所示。

图 21-62　实例效果

实例的合成流程图示如图 21-63 所示。

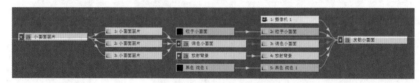

图 21-63　实例的合成流程图示

实例文件位置：光盘 \AE CC 手册源文件 \CH21 实例文件夹 \ 发散小画面 .aep

步骤 1：导入素材。

在项目面板中双击打开"导入文件"对话框，将本实例准备的各图片文件全部选中，单击"导入"，将其导入到项目面板中。

步骤 2：建立"小画面"合成。

（1）按 Ctrl+N 键打开"合成设置"对话框，将合成名称设为"小画面图片"，先将预设选择为 HDTV 1080 25，然后在"宽度"和"高度"的数值后输入 /4，自动换算出原来 1/4 的尺寸，即"宽度"为 480，"高度"为 270，将"持续时间"设为 10 秒，单击"确定"按钮建立合成。

（2）从项目面板中将图片素材全部选中，拖至时间轴中，在全部图层被选中的状态下，在第 0 帧处按 Alt+] 键剪切全部图层的出点，即均设为 1 帧的长度。

（3）选择菜单"动画 > 关键帧辅助 > 序列图层"命令，在打开的对话框中，确认"重叠"未被勾选，单击"确定"按钮，将图层在时间轴中前后连接，如图 21-64 所示。

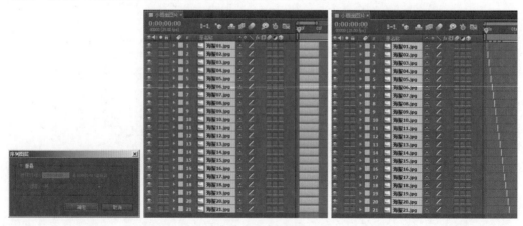

图 21-64　连接图层

步骤 3：建立"调色小画面"合成。

（1）在项目面板中将"小画面图片"拖至 按钮上释放新建合成，重命名为"调色小画面"。

（2）在时间轴中将时间移至最后一个小画面处，这里为第 20 秒，按 Alt+] 键剪切出点。

（3）选中"小画面图片"层，按 Ctrl+D 键两次创建两个副本，前后连接起来，并在最后一个画面处按 N 键设置工作区结束点。

（4）选择菜单"合成 > 将合成裁剪到工作区"命令，将合成的时间设置为三个图层连接后的长度，如图 21-65 所示。

图 21-65　将合成裁剪到工作区

（5）选中第二个图层，选择菜单"效果 > 颜色校正 > 色相 / 饱和度"命令，勾选"彩色化"选项，将"着色饱和度"设为 25，如图 21-66 所示。

图 21-66　设置不同的颜色区别画面

（6）选中第三个图层，选择菜单"效果 > 颜色校正 > 色相 / 饱和度"命令，勾选"彩色化"选项，将"着色色相"设为 118°，将"着色饱和度"设为 25，如图 21-67 所示。

图 21-67　设置不同的颜色区别画面

步骤 4：建立"放射背景"合成。

（1）按 Ctrl+N 键打开"合成设置"对话框，将合成名称设为"放射背景"，将预设选择为 HDTV 1080 25，将"持续时间"设为 10 秒，单击"确定"按钮建立合成。

（2）按 Ctrl+Y 键建立一个白色的纯色层，按 A 键展开其"锚点"，设为（0，0）。

（3）双击纯色层，打开其"图层视图"，双击工具栏中的 矩形工具，在其上建立矩形蒙版，用鼠标分别调整其左下角和右上角的路径锚点到右下角处，建立成一个三角形的光束。返回到合成视图，因为其"锚点"为（0，0），所以光束图形的发射点位于视图中心，如图 21-68 所示。

（4）在时间轴中选中纯色层，按 R 键展开"旋转"属性，按住 Alt 键在其前面的秒表上单击，建立表达式，在表达式输入栏中输入"index*15"，即当前层序号乘以 15，如图 21-69 所示。

（5）选中纯色层，连续按 Ctrl+D 键，将会每隔 15 帧创建新副本层，直至图形围成一周的放射状光束。

（6）在时间轴空白处右击，选择弹出菜单"新建 > 空对象"命令，建立空对象层，并将其重命名为"旋转控制"，将全部纯色层的父级设为"旋转控制"层。

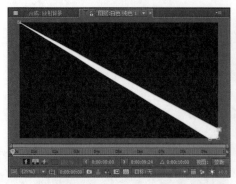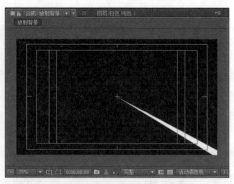

图 21-68 建立光束

图 21-69 设置表达式

（7）选中"旋转控制"层，按 R 键展开"旋转"属性，在第 0 帧处单击打开其前面的秒表记录关键帧，此时为 0°，将时间移至第 9 秒 24 帧，设为 45°，如图 21-70 所示。

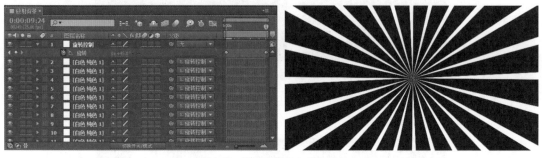

图 21-70 设置父级层和旋转动画

步骤 5：建立"发散小画面"合成。

（1）按 Ctrl+N 键打开"合成设置"对话框，将合成名称设为"发散小画面"，将预设选择为 HDTV 1080 25，将"持续时间"设为 10 秒，单击"确定"按钮建立合成。

（2）按 Ctrl+Y 键建立纯色层，选中纯色层，选择菜单"效果 > 生成 > 梯度渐变"命令，设置"渐变起点"为（960，540）、"起始颜色"为白色、"渐变终点"为（1920，1080）、"结束颜色"为 RGB（60，150，210）、"渐变形状"为"径向渐变"，如图 21-71 所示。

图 21-71 建立渐变背景色

（3）从项目面板中将"放射背景"拖至时间轴中，设置图层"缩放"为（165，100%）、"不透明度"为 50%。

（4）在工具栏中选择⬤椭圆工具，在"放射背景"上绘制一个大的"蒙版 1"，设置其"蒙版羽化"

为 500，"蒙版扩散"为 -200。再绘制一个小的"蒙版 2"，设置其为"相减"方式，"蒙版羽化"为 200，如图 21-72 所示。

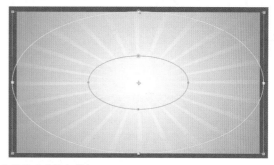

图 21-72　旋转图层并添加蒙版

（5）从项目面板中将"调色小画面"拖至时间轴中，关闭图层的显示。

（6）在时间轴空白处右击，选择菜单"新建 > 纯色"命令，创建一个纯色层，将其命名为"粒子小画面"。

（7）在时间轴空白处右击，选择菜单"新建 > 摄像机"命令，在打开的"摄像机设置"对话框中将预设选择为"15 毫米"，单击"确定"按钮。

（8）选中"粒子小画面"层，选择菜单"效果 >Trapcode>Particular"命令，添加 Particular 粒子效果并进行设置，如图 21-73 所示。

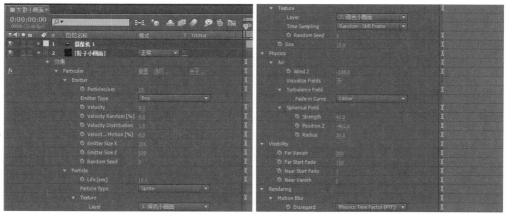

图 21-73　添加粒子效果

（9）选中摄像机层，按 P 键展开其"位置"属性，将 Z 轴设为 -400。在时间轴中从原来 0 帧的位置向后拖动时间指示器，查看此时小画面代替粒子向屏幕近处发散的动画效果，如图 21-74 所示。

图 21-74　查看小画面发散的效果

（10）将时间指示器移至开始出现小画面的第 1 秒 20 帧处，选中"粒子小画面"层，按小键盘的 *（星号）键添加一个标记点，然后将标记点移至合成的开始位置，这样一开始便开始发散小画面的动画，并将时间移至结束位置，按 Alt+] 键设置出点，如图 21-75 所示。

（11）展开摄像机层的"摄像机选项"属性，将"景深"设为"开"，然后将"光圈"设为 4，这样小画面在靠近屏幕时将产生镜头景深虚化的效果，如图 21-76 所示。

图 21-75　确定开始发散小画面的时间点

图 21-76　设置摄像机的景深效果

（12）从项目面板中将音频素材拖至时间轴中为动画配乐，完成实例的制作，按小键盘的 0 键预览视音频效果。

第 22 章

模板资源和 AE 使用小秘笈

在使用 AE 进行制作的工作人员都会有这样的经验，将以前制作过的 AE 项目保存下来，在后来的制作中有相似的需求时，就可以将原来的项目拿来做参考，或者修改使用。此时原来的项目就有了类似模板的作用。AE 受广大制作人员青睐的原因之一就是有丰富的、各类用途的模板资源可以利用。本章介绍模板的使用经验和自己制作模板的方法，此外还介绍一些读者可能感兴趣的小秘笈。

以下是思维导图：

1. 模板的意义及套用经验总结

模板资源和AE使用小秘笈

复活节彩蛋
机密选项
提升可能的显卡性能
开启多个AE应用界面
让中文版变成英文版
管理安装的插件

3. AE CC中的小秘笈

2. 自己制作备用模板

22.1 模板的意义及套用经验总结

简单地讲，模板就是一种备用的项目文件，使用者只需简单地修改替换一些与自身相关的文字或素材即可输出成片的项目文件。AE 模板预想可能用得上的某些特效动画或包装效果，先制作出来，并预留出可修改或替换的标题文字、Logo 图层，预设不同的画面尺寸、调色方案，甚至细分出 PAL 制式或 NTSC 制式，在项目面板中明确分类命名，方便使用者以最简单化的操作，将其改造成符合自己需求的视频效果。

AE 经多年多版本的发布，使用时间较长，用户群庞大，市面上有大量的模板可供选择使用。在很多没有严格创意要求的情况下，通常都可以找到与需求相符的模板，而且有很多模板凝聚了创作者的创意、技术、时间和精力，普通制作人员不一定能制作出来，或者短时间内难以完成。模板有的可以直接拿来使用，有的需要进行改造，对于初学者来说，分析使用模板的过程也是在向 AE 制作高手学习的过程。

以下是使用模板的一些经验总结，在此一同与初学者分享。

（1）使用 AE CC 打开低版本模板项目（也称工程）文件，会有版本不同的提示，这个对项目没有影响，将打开的项目保存为新的项目文件即可。另外低版本软件将无法打开高版本软件的模板文件，当手头使用新版软件时不存在这种现象，如图 22-1 所示。

（2）打开项目时有时会出现效果丢失提示，通常为第三方的插件效果，需要记下所提示的效果名称，待打开项目后，查看缺少的这个效果对制作结果有没有影响，没有影响的话可以忽略；有影响的话，一种解决方法是使用类似的效果，或者使用其他制作方法来实现这一部分的效果，另一种解决方法是安装提示效果名称的插件，如图 22-2 所示。

图 22-1 版本提示

图 22-2 缺少效果提示

（3）打开项目时有时会有缺少字体的提示。不同用户的电脑系统安装的字体库也可能不尽相同，出现这种情况也需要在打开的项目中查看对制作结果有没有影响，通常文字是属于重新编辑的内容，可以重新选择合适的字体，如果需要原字体效果则根据提示在系统上安装相应的字体，如图 22-3 所示。

图 22-3　缺少字体提示

（4）打开项目时有时会出现文件丢失提示，通常是由于路径名称改变造成的，需要在打开的项目面板中选中丢失的素材，按 Ctrl+H 键（菜单"文件 > 替换素材 > 文件"），然后在打开的对话框中指定文件所在路径，选中文件导入即可。如果有多个在同一路径的文件丢失，手动替换更新其中的一个文件，其余文件也随着链接新路径，自动更新，如图 22-4 所示。

图 22-4　文件丢失提示与手动替换和链接

（5）在打开的项目中，可以选择菜单"文件 > 整理工程"，在其下级有"查找缺失的效果"、"查找缺失的字体"和"查找缺失的素材"子菜单，用来查找定位缺失内容，如图 22-5 所示。

图 22-5　在项目面板中定位缺失内容

（6）打开模板项目后，在项目面板中查看合成的命名情况，结合时间轴的"合成微型流程图"（Tab 键）、合成视图上部的嵌套层级关系，如图 22-6 所示。

图 22-6　查看合成嵌套关系

或者单击█按钮打开合成流程图，查看合成的嵌套关系，如图 22-7 所示。

图 22-7　查看流程图中的嵌套和图层关系

（7）选中需要的合成，将其他无关的合成及素材精减排除，方法参见本书"预览、输出与备份"部分内容。

（8）查看合成的制式、尺寸及长度。

（9）按 E 键可以展开图层所使用的特效。

（10）按 U 键可以展开图层所添加的关键帧。

（11）按 UU 键（快速按两次 U 键）可以展开图层所有更改过设置的属性。

（12）使用●开关在视图中只显示打开此开关的图层的内容。

（13）修改复杂合成之前，可以在项目面板中选中合成，按 Ctrl+D 键创建一个副本，用来参考对照。

（14）修改复杂设置的图层之前，可以选中这个图层，按 Ctrl+D 键创建一个副本，用来参考对照。

（15）对于色调不相符的效果，可以采用新建调整图层并添加"色相 / 饱和度"效果进行调色等方法。

（16）对于长度不相符的动画，可以调整其关键帧的时间，或者在新的合成中嵌套整个动画，使用"时间重映射"来调整动画的时长和节奏，可以配合需要的音频和添加标记点来进行操作。

（17）对于尺寸不相符的合成，可以更改合成设置修改尺寸；如果因其中的图层设置不便直接修改尺寸，可以使用嵌套合成的方法；如果不便使用嵌套，可以使用本书中"脚本与表达式"部分"缩放合成"脚本改变合成与其中图层的尺寸。

（18）对于计算量大的项目，使用本书中"预览、输出与备份"部分相关方法进行预览、输出小样测试效果，满意后输出最终的成品文件。

22.2　自己制作备用模板

通常看起来简单的合成包装效果，在制作过程中也需要花费一定的时间。通过制作一些可能用得上的模板文件，对提升 AE 技术和积累自己的制作资源库很有帮助。以下通过一个简单通用的效果动画，演示自己动手制作模板的全过程。效果如图 22-8 所示。

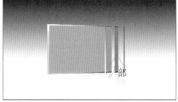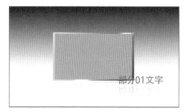

图 22-8　实例效果

实例的合成流程图示如图 22-9 所示。

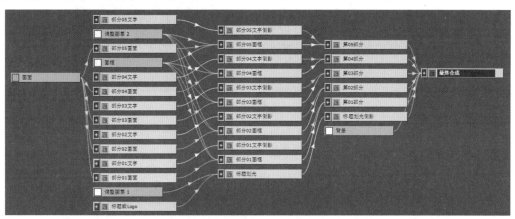

图 22-9　实例的合成流程图示

实例文件位置：光盘 \AE CC 手册源文件 \CH22 实例文件夹 \ 通用标题和部分版块模板 .aep

步骤 1：建立"标题或 Logo"合成。

（1）按 Ctrl+N 键打开"合成设置"对话框，将合成名称设为"标题或 Logo"，将预设选择为 HDTV 1080 25，将持续时间设为 10 秒，单击"确定"按钮建立合成。

（2）建立文本"标题或 Logo"和"副标题或英文字母"，再使用工具栏中的矩形工具绘制一个线条形状的"形状图层 1"，制作一个标题的版面，如图 22-10 所示。

步骤 2：建立"标题划光"合成。

（1）在项目面板中将"标题或 Logo"拖至▣按钮上释放，建立合成，将合成命名为"标题划光"。

（2）在时间轴的空白处右击，选择弹出菜单中的"新建 > 调整图层"命令，建立一个"调整图层 1"。选择菜单"效果 > 生成 >CC Light Sweep（划光）"命令，设置 Direction（方向）为 45°。将时间移至第 0 帧处，单击打开 Center（中心）前面的秒表，设为（0，270）；将时间移至第 9 秒 24 帧，设为（1920，

270），如图 22-11 所示。

图 22-10　建立预备的文字

图 22-11　设置划光效果

步骤 3：建立"标题划光倒影"合成。

（1）在项目面板中将"标题划光"拖至 ▣ 按钮上释放，建立合成，将合成命名为"标题划光倒影"。

（2）在时间轴中选中"标题划光"层，按 Ctrl+D 键创建一个副本，选择下面的图层，按主键盘的 Enter 键重命名为"倒影"，并将其"位置"设为（960，760），"缩放"设为（100，-100），"不透明度"设为 50%，如图 22-12 所示。

图 22-12　创建副本并设置倒影

（3）选中"倒影"层，选择菜单"效果 > 模糊和锐化 > 快速模糊"命令，将"模糊度"设为 7。

（4）再选择菜单"效果 > 过渡 > 线性擦除"命令，将"过渡完成"设为 50%，将"擦除角度"设为 180°，将"羽化"设为 300，如图 22-13 所示。

图 22-13　设置倒影渐变

步骤 4：建立各部分所用画面的合成。

（1）按 Ctrl+N 键打开"合成设置"对话框，将合成名称设为"部分 01 画面"，将预设选择为 HDTV 1080 25，将持续时间设为 10 秒，单击"确定"按钮建立合成。

（2）按 Ctrl+Y 键创建一个当前合成大小的纯色层。

（3）建立一个说明用处的文本。选中文本层，选择菜单"图层 > 参考线图层"命令，图层名称前面添加了 ▣ 标志，标明此图层起着参考提示的作用，不参与最终的渲染输出，嵌套在其他合成中也不会显示出来，如图 22-14 所示。

图 22-14 设置参考图层

（4）在项目面板中选中"部分 01 画面"，按 Ctrl+D 键创建 4 个副本，依次命名为"部分 02 画面"至"部分 05 画面"，如图 22-15 所示。

图 22-15 创建合成副本

步骤 5：建立各部分画框的合成。

（1）在项目面板中将"部分 01 画面"拖至 按钮上释放，建立合成，将合成命名为"部分 01 画框"。

（2）按 Ctrl+Y 键创建一个当前合成大小的纯色层，命名为"画框"，将其移至底层，并将"部分 01 画面"层的"缩放"设为（95，95%）。

（3）选中"画框"层，选择菜单"效果 > 生成 > 四色渐变"命令，设置"颜色 1"为 RGB（217，217，217），设置"颜色 2"为 RGB（100，100，100），设置"颜色 3"为 RGB（187，187，187），设置"颜色 4"为 RGB（59，59，59）。

（4）选中"画框"层，选择菜单"效果 > 生成 >CC Light Sweep（划光）"命令，设置 Direction（方向）为 45°，设置 Width（宽度）为 100，设置 Sweep Intensity（划光强度）为 100。将时间移至第 0 帧，单击打开 Center（中心）前面的秒表，设为（-800，270），将时间移至第 6 秒处，设为（3000，270），如图 22-16 所示。

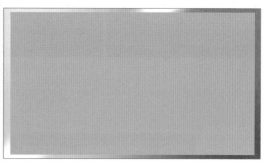

图 22-16 设置画面边框

（5）在时间轴的空白处右击，选择弹出菜单中的"新建 > 调整图层"命令，建立一个"调整图层 2"。选择菜单"效果 > 过渡 > 卡片擦除"命令，设置"背面图层"为无、"行数"为 1、"列数"为 10、"翻转轴"为 Y、"翻转方向"为"正向"、"翻转顺序"为"从右到左"。将时间移至第 0 帧处，单击打开"过渡完成"前面的秒表，设为 100%；将时间移至第 1 秒处，设为 0%，如图 22-17 所示。

（6）在项目面板中选中"部分 01 画框"，按 Ctrl+D 键创建 4 个副本，依次命名为"部分 02 画框"至"部分 05 画框"，并替换各个合成中对应的图层，如图 22-18 所示。

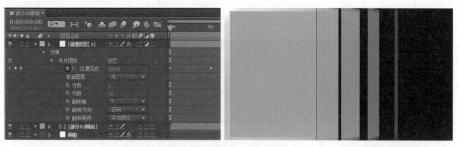

图 22-17　设置卡片翻转效果

图 22-18　创建合成副本

步骤 6：建立各部分所用文字的合成。

（1）按 Ctrl+N 键打开"合成设置"对话框，将合成名称设为"部分 01 文字"，将预设选择为 HDTV 1080 25，将持续时间设为 10 秒，单击"确定"按钮建立合成。

（2）建立一个内容为"部分 01 文字"的文本层，在其下的"动画"后单击 ▶ 按钮，选择菜单"启用逐字 3D 化"。在"动画"后再次单击 ▶ 按钮，选择菜单"位置"，添加"动画制作工具 1"。在"动画制作工具 1"右侧单击"添加"后的 ▶ 按钮，选择菜单"属性 > 不透明度"。然后设置"位置"为（0，0，-2000）、"不透明度"为 0%。将时间移至第 0 帧处，单击打开"范围选择器 1"下"偏移"前面的秒表，设为 0%；将时间移至第 1 秒处，设为 100%，如图 22-19 所示。

图 22-19　建立文本动画

（3）查看文字动画效果，如图 22-20 所示。

图 22-20　预览文本动画效果

（4）在项目面板中选中"部分 01 文字"，按 Ctrl+D 键创建 4 个副本，依次命名为"部分 02 文字"至"部分 05 文字"，如图 22-21 所示。

图 22-21　创建合成副本

步骤 7：建立文字倒影的合成。

（1）在项目面板中将"部分 01 文字"拖至 ▣ 按钮上释放，建立合成，将合成命名为"部分 01 文字倒影"。

（2）在时间轴中选中"部分 01 文字"层，按 Ctrl+D 键创建一个副本。选中下层，按主键盘的 Enter 键，将其重命名为"倒影"。调整"部分 01 文字"的"位置"为（960，700），调整"倒影"的"位置"设为（960，746），"缩放"设为（100，-100），"不透明度"设为 50%，如图 22-22 所示。

图 22-22　创建副本并设置倒影

（3）选中"倒影"层，选择菜单"效果 > 模糊和锐化 > 快速模糊"命令，将"模糊度"设为 7。

（4）再选择菜单"效果 > 过渡 > 线性擦除"命令，将"过渡完成"设为 50%，将"擦除角度"设为 180°，将"羽化"设为 300，如图 22-23 所示。

图 22-23　设置倒影渐变

（5）在项目面板中选中"部分 01 文字倒影"，按 Ctrl+D 键创建 4 个副本，依次命名为"部分 02 文字倒影"至"部分 05 文字倒影"，如图 22-24 所示。

图 22-24　创建合成副本

步骤 8：建立各部分动画。

（1）按 Ctrl+N 键打开"合成设置"对话框，将合成名称设为"第 01 部分"，将预设选择为 HDTV 1080 25，将持续时间设为 10 秒，单击"确定"按钮建立合成。

（2）从项目面板中将"部分 01 画框"拖至时间轴中，缩小一半，打开三维开关，调整位置，设置旋转动画，第 0 帧时为 -20°，第 6 秒时为 10°。然后按 Ctrl+D 键创建副本，并将下层重命名为"倒影"，同样设置"快速模糊"和"线性擦除"效果，如图 22-25 所示。

图 22-25　设置画框倒影和动画

（3）从项目面板将"部分01文字倒影"拖至时间轴中第15帧处，打开三维开关，设置位置动画，第15帧时为（1530，670，0），第9秒24帧时为（1400，670，0），如图22-26所示。

图 22-26 设置文字动画

（4）在项目面板中选中"第01部分"，按Ctrl+D键创建4个副本，依次命名为"第02部分"至"第05部分"，替换合成中对应的图层，如图22-27所示。

图 22-27 创建合成副本

步骤9：建立最终合成。

（1）按Ctrl+N键打开"合成设置"对话框，将合成名称设为"最终合成"，将预设选择为HDTV 1080 25，将持续时间设为1分钟，单击"确定"按钮建立合成。

（2）按Ctrl+Y键创建一个当前合成大小的纯色层，命名为"背景"。选择菜单"效果>生成>梯度渐变"命令，设置"起始颜色"为RGB（189，167，125）、"渐变终点"为（960，700），如图22-28所示。

图 22-28 设置渐变背景

（3）从项目面板中将"标题划光倒影"、"第01部分"至"第05部分"按从下至上的顺利拖至时间轴中。选中"第01部分"至"第05部分"层，将时间移至第5秒04帧，按Alt+]键剪切出点，如图22-29所示。

图 22-29 放置图层和剪切出点

（4）设置"标题划光倒影"层的"不透明度"关键帧动画，第0帧时为0%，第2秒时为100%。设置"位置"关键帧动画，第9秒10帧时为（960，540），第9秒24帧时为（-420，540）。

（5）设置"第 01 部分"至"第 05 部分"层的"位置"关键帧动画，第 0 帧时均为（2600，540），第 15 帧和第 4 秒 15 帧时均为（960，540）；第 5 秒 04 帧时均为（-850，540），如图 22-30 所示。

图 22-30　设置动画关键帧

（6）选中"标题划光倒影"层，按住 Shift 键再单击"第 05 部分"，这样从下至上选中这 6 个图层，选择菜单"动画 > 关键帧辅助 > 序列图层"命令，在打开的对话框中取消"重叠"选项，单击"确定"按钮，将图层前后连接。在 35 秒 24 帧处按 N 键设置工作区出点，并打开除"背景"之外图层的运动模糊开关和时间轴上部的运动模糊总开关，如图 22-31 所示。

图 22-31　连接图层、设置工作区和打开运动模糊

（7）预览效果，如图 22-32 所示。

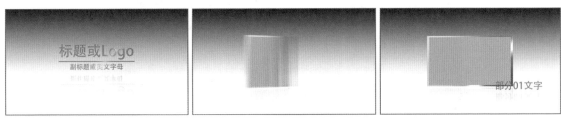

图 22-32　预览动画效果

步骤 10：整理工程。

（1）在项目面板中建立"合成"、"模板修改部分"、"输出"和"素材"文件夹，将以后制作中需要修改的合成放置在"模板修改部分"文件夹中，将除"最终合成"之外的其他合成放置在"合成"文件夹中。"素材"文件夹用来放置视音频或图像素材，在未使用本模板项目文件之前，没有素材文件。

（2）建立一个名为"输出 _1/3 小样"的合成，设置为 1/3 大小的尺寸和动画范围的长度，将"最终合成"拖至时间轴中，按 Ctrl+Alt+F 缩放为合成尺寸的大小。同样再建立其他常用输出尺寸的合成，例如"输出 _720P"和"输出 _ 高清"，并设置相应选项，放置"最终合成"层，方便输出使用。将用来输出的合成放置在"输出"文件夹中，如图 22-33 所示。

（3）查看项目面板中的文件夹归类，其中"最终合成"可以放在文件夹外，容易找到，如图 22-34 所示。

（4）将项目文件另存为扩展名为 .aet 的模板项目文件格式，命名为"通用标题和部分版块模板 .aet"，这样在以后打开使用时，将不影响原 aet 文件。

提示: 虽然模板项目的文件格式扩展名为.aet,但当前大多数AE模板仍使用常规.aep项目文件,只要有原始备份,在使用和修改上两者没有区别。

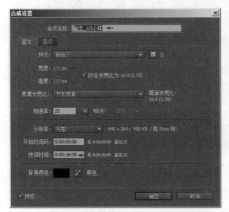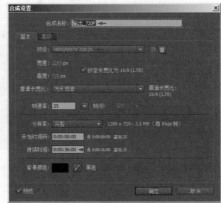

图 22-33 "输出 _1/3 小样"和"输出 _720P"合成的设置

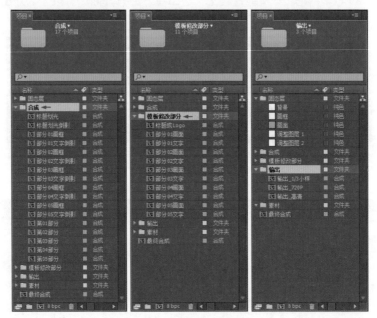

图 22-34 分类整理项目内容

(5)如果使用了素材文件,可以在最后选择菜单"文件 > 整理工程(文件)> 收集文件"命令,对项目文件进行备份。

22.3 AE CC 中的小秘笈

以下介绍一些在实际工作中获得的有趣或实用的小秘笈,以供爱好者参考。另外,以下的这些小秘笈随着版本的更新有可能有所改变。

秘笈1:复活节彩蛋

AE 和 PS 一样,不同版本在"帮助"菜单中隐藏着不同的复活节彩蛋。打开方式为按住 Alt 键的同时选择"帮助 > 关于 After Effects"菜单。

然后就会看到自动打开一个隐秘的项目 secret.aep。可以看到其中有一些制作方法值得借鉴,整个项目只使用了形状和文本图层,所以在项目面板中只有单独一个的合成;其中的标题文字 After Effects CC

采用了从文本创建形状的方法，这样不受系统字体环境的影响，保证相同的显示效果；另外还使用了表达式动画，如图 22-35 所示。

图 22-35　隐秘的项目

秘笈2：机密选项

在首选项中有一个机密选项，需要配合 Shift 键才能显示出来，方法是先选择菜单"编辑 > 首选项"，然后按住 Shift 键不放单击下级菜单，例如"常规"，这样打开的"首选项"对话框中将增加一个"机密"选项，如图 22-36 所示。

图 22-36　机密选项

当然，这个选项在大多数情况下用不上，只能是在复杂项目渲染输出过程出现错误时的一个可能性的解决方法。

秘笈3：提升可能的显卡性能

AE CC 可以发挥显卡 GPU 加速的功能，例如用于 GPU 加速的光线追踪 3D 渲染器等制作时，可以加快预览速度。对于 Windows 系统，Adobe 官方提供 After Effects CC 的显卡支持列表为：

- GeForce GTX 285

- GeForce GTX 470

- GeForce GTX 570

- GeForce GTX 580

- Quadro CX

- Quadro FX 3700M

- Quadro FX 3800

- Quadro FX 3800M

- Quadro FX 4800

- Quadro FX 5800

- Quadro 2000

- Quadro 2000D

- Quadro 2000M

- Quadro 3000M

- Quadro 4000

- Quadro 4000M

- Quadro 5000

- Quadro 5000M

- Quadro 5010M

- Quadro 6000

- Tesla C2075

如果手头有 NVIDIA 显卡但在列表中没有出现，可以试着进行以下操作，测试能不能被软件识别，以提升显卡在软件中的性能。

先打开 AE CC 软件应用程序的路径文件夹，例如 C:\Program Files\Adobe\Adobe After Effects CC\Support Files，然后打开 raytracer_supported_cards.txt 文件，将自己显卡的型号添加进去，保存退出。

然后打开 AE CC，选择菜单"编辑 > 首选项 > 预览"命令，在打开对话框的 GPU 信息中就可以查看是否有新的信息显示，即表明显卡是否被软件识别到更多的功能了，如图 22-37 所示。

图 22-37　查看显卡的 GPU 信息

秘笈4：开启多个AE应用界面

作为一个大型的应用软件，After Effects 每次只能打开一个应用界面，不能像 Word 等软件那样同时打开多份，如果从学习的角度，也可以通过更改快捷方式的设置来实现打开多个应用界面，方法是：在原 Adobe After Effects CC 的快捷方式上右击，选择弹出菜单中的"属性"命令，在打开的对话框中的"目标"后添加输入空格 -m。例如，这里在桌面上建立和复制了快捷方式，第一个为常规的快捷方式，第二个重新命名，并修改了"属性"中的"目标"参数，如图 22-38 所示。

图 22-38　设置打开快捷方式的属性参数

这样使用第二个快捷方式将可以打开多个 After Effects 应用界面，如图 22-39 所示。

图 22-39　打开多个 AE 界面

秘笈5：让中文版变成英文版

在 Adobe CC 发布之前，AE 官方只有英文版，AE CC 的推出，对于英文不好的使用者是个重大的喜讯。不过，对于用上 AE CC 中文版的使用者来说，英文版也可以继续发挥重要作用，例如以前版本或国外制作的一些包含较多表达式的项目文件，用中文版打开有可能会不断提示表达式错误，如果用英文版打开则没有问题。采用英文版软件打开，了解效果和其中的设置，再采取相应对策是解决问题的办法之一。

不过因为安装了 AE CC 的中文版，总不至于卸载后再重装英文版，其实修改一个文件名称后即可让中文版变成英文版，改回文件名称后又从英文版变成中文版，是不是很方便呢？

先打开 AE CC 软件应用程序路径下的 zdictionaries 文件夹，例如 C:\Program Files\Adobe\Adobe After Effects CC\Support Files\zdictionaries，然后修改 after_effects_zh-Hans.dat 文件名称，例如 after_effects_zh-Hans（切换英文）.dat，当然可以是其他任意名称（注意防止改乱文件名），这样再打开 AE CC 就会以英文版方式启动了，如图 22-40 所示。

图 22-40　切换中英文版本

对于经常往返于中英文版本的使用者，可以在桌面上建立一个 zdictionaries 文件夹的快捷方式，即在 zdictionaries 文件夹上右击，选择"发送到 > 桌面快捷方式"命令，每次切换中英文版本时，在桌面上打开快捷方式文件夹，修改一下文件名即可。

结合前面打开多个 AE 应用界面的方法，就可以方便地进行中英文版本的对照制作了。当中文版和英文版的表达式相互不能准确地启用时，也可以同时打开中英文两个版本的应用界面，对照着制作，手动修改一下表达式即可解决问题，如图 22-41 所示。

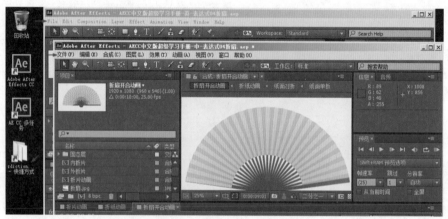

图 22-41　中英文对照制作

秘笈6：管理安装的插件

使用 AE 的制作者通常都会或多或少地安装一些 AE 插件，虽然也存在装得多用得少的情况，但安装的插件不确定什么时候会用得上，所以也不好轻易卸载或删除，AE 则一如既往地在启动时加载所有安装的插件。其实可以使用一个简单的方法让 AE 决定是否加载插件。为安装的插件文件或文件夹名称添加括号，与原来的文件或文件夹名称区别开，AE 在启动时就不再加载相应的插件了。例如可以在 Adobe\Adobe After Effects CC\Support Files\Plug-ins 路径下建立一个 3plugins 文件夹，将所有插件安装到这个文件夹中，将这个文件夹名称添加括号后，所有插件将不被加载，还 AE 一个轻装运行的启动环境。或者为其中的某些插件单独添加括号，有选择地加载插件。这个方法同样适用于内置效果。需要注意的是，工作场所的公用软件需谨慎使用此类修改，以免防碍其他制作人员的使用。